智能制造关键技术
与工业应用丛书

智能检测技术及应用

Intelligent Detection Technology and Application

李文 刘瑛 主编

化学工业出版社
·北京·

内 容 简 介

本书系统介绍了智能检测技术的理论方法及工程应用。全书分为五部分：第一部分（第1章）概述智能检测技术的基本特点及智能传感器、仪表、检测系统等，并结合机器人与智能制造案例分析发展趋势与挑战；第二部分（第2章）解析测量误差与不确定度，包括误差分类、表示与处理方法、精度概念以及不确定度的评定与合成；第三部分（第3、4章）深入讲解智能传感器的设计、标定、补偿和总线技术，并涵盖信号调理电路中的各类电桥，以及放大、转换、滤波和调制解调电路；第四部分（第5～7章）重点介绍智能检测系统的构建与设计，包括机器视觉、环境监测等系统实例，以及硬件与软件抗干扰技术和神经网络、支持向量机等智能算法；第五部分（第8～10章）探讨多传感器融合技术，包括无线传感器网络、自组网方法、多传感器数据融合算法与系统设计，以及机器视觉图像处理与实际应用。全书结构合理、内容全面，兼顾基础理论与实际应用。

本书适合智能制造及相关领域的技术人员阅读，也可作为高校智能制造工程、机械工程、机械电子工程等相关专业师生的参考书。

图书在版编目（CIP）数据

智能检测技术及应用 / 李文，刘瑛主编. -- 北京 : 化学工业出版社，2026. 1. --（智能制造关键技术与工业应用丛书）. -- ISBN 978-7-122-49294-4

Ⅰ. TP274

中国国家版本馆 CIP 数据核字第 2025EU2714 号

责任编辑：金林茹　　文字编辑：袁　宁
责任校对：王　静　　装帧设计：王晓宇

出版发行：化学工业出版社（北京市东城区青年湖南街 13 号　邮政编码 100011）
印　　装：河北延风印务有限公司
710mm×1000mm　1/16　印张 16½　字数 309 千字　2026 年 2 月北京第 1 版第 1 次印刷

购书咨询：010-64518888　　售后服务：010-64518899
网　　址：http://www.cip.com.cn
凡购买本书，如有缺损质量问题，本社销售中心负责调换。

定　　价：99.00 元

前言

工业和信息化部、国家发展和改革委员会、教育部等七部门印发的《智能检测装备产业发展行动计划（2023—2025年）》中明确了智能检测装备作为智能制造的核心装备，是“工业六基”的重要组成和产业基础高级化的重要领域。智能检测技术作为智能制造的核心技术之一，是稳定生产运行、保障产品质量、提升制造效率的核心手段。在我国向制造强国迈进的道路上，智能检测是加快高端制造、智能制造、绿色制造发展的重要支撑。目前，随着智能制造的发展，智能检测装备呈现快速发展趋势，智能检测技术相关领域需要大量专业人才。

智能检测技术涉及机械、电子、计算机、控制、通信等多个领域，对高等数学、物理学、电工电子学、人工智能等基础学科有较高的要求，这就决定了智能检测技术相关图书涉及的知识点多、理解难度大的特点。本书是编者经过长期思考和探索形成的，精心编排智能检测技术的内容，使读者更好地理解和掌握相关知识点。本书首先对检测技术进行概述，并讲解了测量误差与不确定度等相关内容；然后详细介绍了智能传感器与智能检测系统相关知识；最后介绍了多传感器融合相关知识。本书的特点如下。

（1）配套应用案例

本书的核心章节包括测量误差与数据处理、传感器及总线接口技术、抗干扰技术、智能检测方法、应用案例分析等。如果仅用传统知识讲解的形式展示，读者往往难以理解概念、参数与工程应用究竟有何联系。基于 Altium Designer、MATLAB 软件在设计、仿真、计算方面的强大功能，在多章节中将其用于智能检测技术介绍。本书核心章节的例题均配套了 Altium Designer 硬件设计、MATLAB 仿真计算等内容，通过案例设计、分析，可将抽象的概念和公式用数据、图表等形式生动地展现出来。通过实例分析的学习方法更容易加深读者的理解和对知识点的掌握。

（2）大量的数据分析和图表

抽象知识点仅用语言表达不易理解，通过知识点的相关图表更容易领会。本书的图表比例较高，在编写过程中编者往往是先精心挑选和绘制图表，再围绕图表用通俗易懂的文字讲述原理，尽可能降低读者的认知负荷。

（3）由浅入深的章节组织形式

每章都附有应用案例，从基本概念、基础原理、算法、仿真到实物，由浅入深地帮助读者聚焦本章的主要内容，明确本章的学习目标，每章小结则帮助读者梳理本章的要点、内容、案例设计思路和设计步骤，强调工程实践，通过系统设计项目掌握本章重点内容，该思想贯穿本书始终，做到内容承上启下、知识融会贯通。比如学习传感器设计,要求用三维软件 SolidWorks 对电化学传感器进行结构建模和装配，用 Altium Designer 设计传感器调理电路和电路仿真；学习智能检测方法时，要求仿照示例用 MATLAB 程序解决算法仿真问题。学完整本书后，读者可初步掌握智能检测的基础知识和设计方法，并可通过软件进行仿真，获得较强的实践感。

本书由北方工业大学的李文副教授、刘瑛副教授主编。李杰、骆紫云、李迤博、李安妮、于卓凡、于发成、韩雅凯七位研究生参与部分内容整理，并从读者的角度提出了许多宝贵的改进建议，确保本书内容安排循序渐进、讲解深入浅出，便于读者学习和理解，在此一并表示感谢。

由于编者水平有限，书中不足之处在所难免，欢迎读者反馈，帮助我们不断完善。

编者

目录

第1章

绪论

1.1 检测技术概述

检测技术是获取信息、认知自然的重要手段。先进的检测设备和检测方法是高效、精准、可靠获取和分析信息的关键。人工智能、传感器技术的飞速发展，极大地提升了检测技术的智能化水平。

智能检测技术融合控制理论、电子学、材料学、信息学等多学科综合性知识，已成为机电、自动化、信息、通信等专业的必修课程。该技术涵盖了测量、检验、信息处理、智能决策和诊断分析等多个核心内容。

1.1.1 检测技术智能化发展

目前，检测技术已渗透到农业、航空航天、化工、能源、兵器等多个领域，从早期的肉眼观察、手动测量，到现在的动态、多变量、复杂化、实时检测系统，检测理论和检测技术实现了快速发展。近年来，智能检测技术已成为现代检测发展的主要方向。智能检测技术的应用不仅减少了人为干预，降低了工作强度，还避免了检测人员在恶劣检测环境中的高强度和重复性劳动。特别是在工业生产中，智能检测技术的应用大幅提升了检测过程的智能化和自动化水平。

随着制造装备集成度的提高、自动化水平的提升以及控制对象的复杂化，检测技术正面临着检测参数多样化、工作状态复杂化以及检测环境动态化等多方面的挑战，这推动了智能检测技术向更智能、更精准、更高效的方向发展。根据智能化发展水平不同，智能检测经历了初级检测智能化、中级检测智能化和高级检测智能化的发展过程，如图 1-1 所示。

初级检测智能化阶段具有感知环境、做出决策和控制的功能。通过结合传感器技术、图像处理技术、物理化学分析技术等，该阶段检测系统实现了环境信息

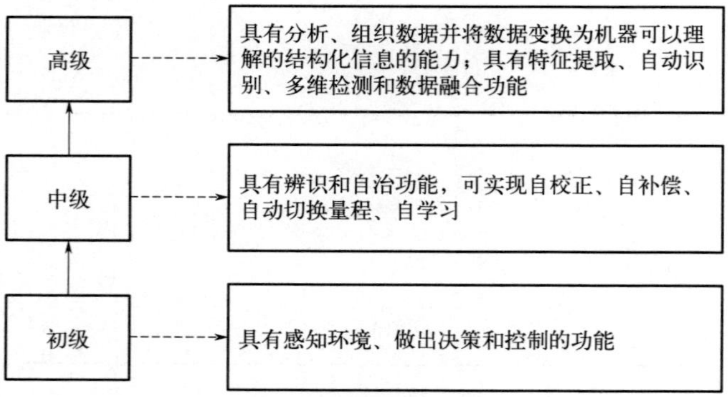

图 1-1 检测智能化发展水平

感知、数据处理和简单的决策控制。尤其是微处理器在传统检测领域的应用，使初级检测智能化不仅具有数据采集、存储、分析处理能力，而且还实现了对物理量的准确测量和对信息的精准获取。虽然初级检测智能化系统在数据采集和处理方面表现突出，但在复杂问题辨识和决策方面仍有不足。

中级检测智能化具有辨识和自治功能。中级检测智能化通过运用模式识别、模糊控制、专家系统等智能算法，不仅能够获取和表达知识，而且具有自校正、自补偿、自学习等功能，从而提高了检测系统的判断和决策能力。

高级检测智能化具有特征提取、自动识别、多维检测、数据融合等功能。高级检测智能化应用专家系统、智能算法、深度挖掘、信息组织等技术，不仅实现了复杂生产过程的全面监测和智能化控制，还能对复杂数据进行多维度理解、判断和优化，这显著提升了制造过程的自动化和智能化水平。

1.1.2 智能检测技术特点

智能检测技术解决了传统检测技术在复杂系统中无法解决的问题，其主要特点如下。

① 实时性 由于制造装备高集成度和检测对象复杂化，要求快速、及时获取系统运行状态及工作环境信息，以实现生产状态的快速响应和故障诊断，从而确保系统的安全稳定运行。

② 智能化 随着现代工业自动化、智能化水平的提高，要求检测技术具有更高的智能化水平。智能检测技术不仅要高效地完成检测任务，还要具有自适应、自学习、自组织、自诊断等功能，以实现复杂状况下的自主诊断和决策。

③ 多参数数据融合 针对当前检测对象的复杂化，单一检测参数已无法全面反映现代工业生产过程中的运行状态和环境信息，这需要检测系统具有多参数

检测和数据融合能力。

④ 检测系统智能反馈　检测系统智能反馈是提高工业生产过程控制系统准确性的关键。智能反馈通过实时获取误差信息、动态调整控制参数、不断优化系统性能，从而实现控制系统的精确控制。

1.2　智能检测装置

智能检测装置是集测量、控制、数据处理于一体的电子仪器设备，广泛应用于环境监测、机器人、工业控制、智能交通及智能工厂等领域。该装置的应用不仅提高了检测精度、检测效率、自动化程度，还在批量化生产过程中，显著提高了产品检测的效率和可靠性。

智能检测装置形式主要有智能传感器、智能仪表、虚拟仪表和智能检测系统。

1.2.1　智能传感器

智能传感器由微处理器（microcontroller unit，MCU）、外围电路和信号调理电路等部分组成，具有数据采集、存储、分析、判断和决策等功能。微电子技术、信息技术和新材料的发展，进一步推动了智能传感器在多个领域的广泛应用。

智能传感器的高效运行和多功能实现依赖于传感器硬件和软件的协同配合。智能传感器硬件由传感元件、微处理器、信号调理电路、通信电路以及电源电路等物理组件组成。软件部分不仅弥补了硬件难以完成的部分功能，而且在一定程度上替代硬件完成了数据处理、决策、控制等。软件对检测过程的分析和管理，不仅降低了传感器制造的复杂性，还提高了传感器的性能指标和智能化水平。

同传统传感器相比，智能传感器不论是在功能、兼容性方面，还是在性价比等方面都具有很大优势。智能传感器的误差补偿及自校准等功能，进一步提高了传感器的检测精度和抗干扰能力，从而保障了检测系统的稳定性和可靠性。而且，智能传感器多功能集成和接口丰富的特点，使其可实现远程通信和与多种仪器仪表的兼容，在性价比方面也显著优于传统传感器。

随着物联网技术的发展，智能传感器已广泛应用于机器人、自动驾驶、智慧城市、智慧医疗等多个领域，如图 1-2 所示。

图 1-2　MEMS 传感器的应用

1.2.2　智能仪表

智能仪表是基于智能传感器实现物理量采集、信息变换、存储、运算、逻辑判断及自动化操作的装置。智能仪表由硬件系统和软件系统组成。硬件系统一般包括微处理器、传感器、信号调理电路、显示单元、通信模块、电源模块以及输入输出接口等组件。软件系统一般包括数据采集处理程序、驱动程序、用户界面程序、数据存储管理程序、通信协议程序、系统参数配置程序等。

智能仪表结合物联网技术，在提高生产效率、降低能耗、提升安全性等方面发挥着重要作用，在多个领域得到了广泛应用。常见智能仪表如图 1-3 所示。

(a) 智能PID温控仪表　(b) 多参数水质检测仪　(c) 智能电力监控仪表

图 1-3　智能仪表

智能仪表具有自校零、自补偿、自诊断和通信功能，以及高可靠性和环境适应性等特点。结合软件，集成温度、压力等传感器，智能仪表可实现自校零和自补偿功能；通过软件可实现故障信息整理和分析，不仅能够判断故障类型，而且可迅速找到故障点并进行解决，具有故障自诊断功能；具备多种标准通信接口，使其具有良好的兼容性，不仅支持联网功能，还能够通过现场总线等多种总线形式与其他仪表进行远程通信；通过采用高质量元件，进行严格测试和质量控制，提高了可靠性；采取屏蔽设计、滤波器设计和结构设计等手段，提高了抗干扰能力，增强了电磁兼容性，使其在恶劣环境下可长期稳定工作，具有很强的环境适应性。

1.2.3 虚拟仪表

虚拟仪表是结合计算机软件、硬件和专用板卡构建而成的。如图 1-4 所示，虚拟仪表主要实现采集处理、数据分析、结果表示等功能。

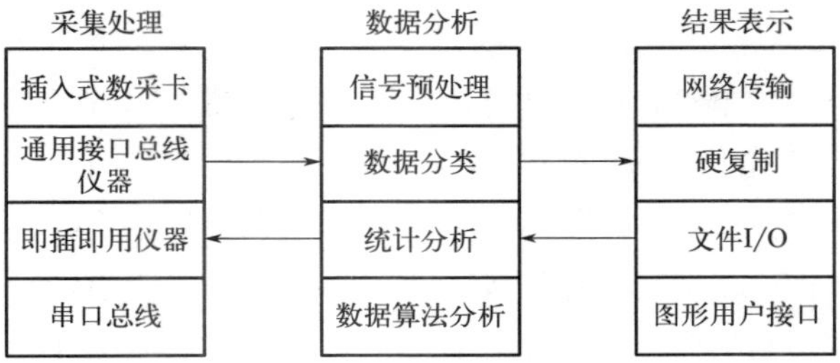

图 1-4　虚拟仪表功能

虚拟仪表通过共享计算机资源，不仅丰富了仪表功能，而且显著提高了仪表性价比。虚拟仪表根据用户实际需求可灵活扩展和升级系统，无需更改硬件便可构建新的虚拟仪表。虚拟仪表还具备强大的分析、计算和逻辑判断功能，提升了仪表的智能化水平。同时，借助面板等工具，用户通过操作界面便可完成功能选择、参数设置、数据处理、结果分析和操作控制等多个任务。

1.2.4 智能检测系统

智能检测系统是现代检测技术的发展方向。结合人工智能、传感器、计算机和总线通信等技术，智能检测系统实现了高效、准确、智能化的检测。该系统由硬件和软件两部分组成。硬件部分主要负责数据采集、控制执行、信号处理以及界面交互等功能；软件部分通过算法和逻辑控制实现对数据的分析、管理和决策等。

智能检测系统设计应全面考虑检测需求和应用环境等因素，通过稳定、可靠、低功耗的硬件系统设计，以支撑检测软件的稳定运行。该系统硬件设计包括传感器、嵌入式硬件、数据采集及信号处理电路、电源管理、接口、系统测试等环节。

传感器设计应全面考虑检测性能指标和工作环境等因素，选择满足检测设计要求的传感器，以保证数据采集的准确性；嵌入式硬件设计依据功能需求、微处理器性能、内存容量以及环境适应性等，选择性能适中、功耗低的系统硬件电路，针对快速采集和运算需求，应选择高性能微处理器及运算单元，并兼顾功耗要求；数据采集及信号处理电路设计要确保精度和数据质量，针对复杂环境，应采用数据去噪、滤波等算法以消除干扰，必要时增加数据补偿；电源管理在原位检测应用环境中尤为重要，在功率满足检测系统要求的前提下，尽可能设计超低功耗的电压管理单元，以延长系统使用寿命；接口设计应考虑检测系统的兼容性和功能扩展，以确保同其他系统的无缝连接；由于检测系统复杂且硬件模块集成度高，因此需要进行系统调试和性能测试，以确保硬件系统长期运行的稳定性。

智能检测系统软件设计包括需求分析、架构设计、数据采集及信号处理设计及用户界面设计等内容。首先根据需求分析，明确检测系统功能要求，包括检测精度、响应速度、实现功能等。架构设计主要进行嵌入式平台选择、任务划分、任务关系设计、优先级设计等。目前，智能检测系统一般采用 μC/OS-Ⅱ、RTLinux、RTOS 等嵌入式操作系统作为软件开发平台。数据采集及信号处理设计应根据硬件的计算能力、数据存储结构、数据传输方式等，选择合理的检测算法和模型，以实现算法优化和参数调整。用户界面设计应具有友好的界面显示，便于用户操作和展示结果。最后通过系统稳定性测试和功能验证，可以发现和解决系统中的潜在问题，并对设计的系统进行优化和改进，以满足设计要求。

1.3 智能检测技术应用

智能检测技术是智能制造的重要组成部分，在保障生产稳定运行、产品质量提升和制造效率提高等方面发挥着重要作用，为推动制造强国和数字中国建设提供了坚实的技术支撑。

1.3.1 环境监测机器人应用

近年来，人工智能在人机交互、行为控制、智能感知、诊断决策等领域的应用，推动了机器人技术的快速发展。机器人和智能检测系统结合已经成为一种新的检测方式，利用机器人的优势，可提高检测系统的检测效率，避免人工检测造成的人为误差影响，同时拓展了智能检测系统的应用场景。

环境监测移动机器人是一种移动式环境监测设备，采用多传感器融合技术，可实时获取监测点的温度、湿度、空气质量、环境噪声、水质污染等环境信息，能够高效地完成复杂环境下的检测任务。例如，借助导航与定位传感技术和视觉技术，环境监测移动机器人不仅能够获取精确的地理位置信息，还可通过扫描周围环境图像获得丰富的环境信息。因此，环境监测移动机器人减少了人工检测的工作量，提高了巡检效率和环境管理的智能化水平。如图 1-5 所示，我国研究人员使用新一代仿生机器鱼巡游水库、湖泊，可连续工作 20h，航程达 60km，并实时将监测到的水质数据通过无线传输系统发送至监控中心的数据库，供环保等相关单位使用。

图 1-5 水质监测仿生机器鱼

1.3.2 智能制造应用

智能检测技术是推动智能制造发展的重要技术支撑。智能检测技术在智能制造中的应用不仅提高了产品质量和加工效率，还为安全生产提供了保障。

智能检测技术在产品质量控制、设备状态监控和产品工艺控制等方面起到了重要作用。在生产过程控制中，通过激光扫描仪、光学测量仪、三坐标测量机等非接触式测量设备，不仅能够精确获取加工件的尺寸精度、形状误差等，还能有效检测出加工过程中出现的产品质量缺陷。

智能检测设备能够实时监控设备运行状态并获取相关的工作状态参数，分析运行中出现的异常情况，预测设备故障出现的概率，诊断设备故障类型，并对故障做出排除决策。例如振动分析仪，通过采集设备各项数据，分析监测数据并及时进行故障诊断，进而判断加工过程中的机床振动或刀具磨损等问题，并应用动平衡校正技术或提供故障排除方案，从而改善机床振动，避免因机床振动导致加工失效。

与传统的产品质量检测不同，智能检测技术不仅通过对产品外观、尺寸、重量等参数进行自动检测来识别产品中的缺陷，而且能监督和记录生产过程和产品信息，从而有效避免人工质检存在的漏检和人为误差等问题。例如激光超声检测技术，由于在检测过程中无须同检测对象接触，因此避免了检测环境中的高辐射、高压、高腐蚀等检测问题，该检测技术适用于各种缺陷检测和零件的运动扫描检测，广泛应用于管道裂纹缺陷、碳纤维材料结构、金属增材制造、大型复杂结构材料缺陷等多领域的快速检测。

1.4 智能检测发展与挑战

1.4.1 检测技术发展

传统检测技术经历了从基础机械仪器到高精度光学仪器、电动量仪、自动化检测系统及智能仪器的发展过程。以长度测量工具为例，从早期的卡尺、千分尺和游标卡尺等机械量具逐步发展为激光测距仪、光学尺寸测量仪和光学显微镜等光学量具，检测精度从毫米级提高到微米级甚至纳米级。自 20 世纪 60 年代以来，检测技术经历了三个阶段的发展过程，如图 1-6 所示。

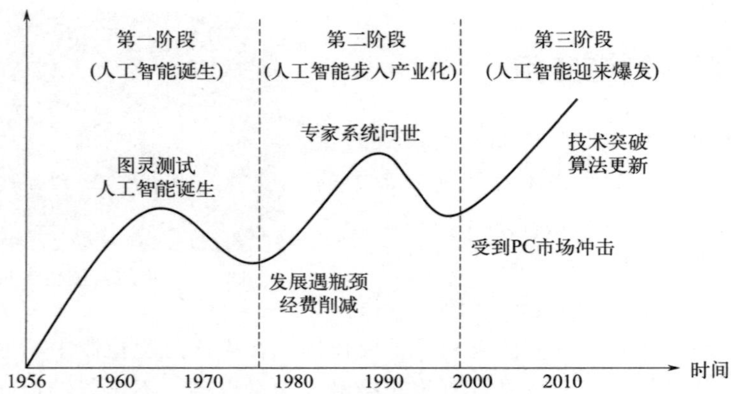

图 1-6 检测技术发展阶段

20 世纪 60 年代，随着检测技术的不断发展，出现了超声波测量仪和激光测距仪等一系列先进的仪器。在该阶段，数字化测量工具逐渐替代了传统的电动量仪或其他模拟仪表，数字化测量工具以数字化形式显示，从而避免了传统测量工具人工读数产生误差的问题。在这个时期，测量仪器通过采用新的物理、化学分析方法，显著提高了测量精度和测量效率。但是，这一时期的检测过程仍需要专业技术人员对检测仪器进行操作。

20 世纪 70 年代末到 90 年代是自动化检测技术的发展阶段。在该时期，随着电子技术、计算机技术的发展，特别是微处理器的广泛应用，出现了检测仪器与微处理器结合的智能检测设备。智能检测设备不仅能够高效完成测量任务，而且拥有数据存取和处理分析的能力，标志着检测系统向智能化方向迈进。该发展不仅是工业现代化进程的必然结果，也是工业自动化水平提升的重要体现。随着智能化和自动化检测设备的涌现，检测技术已逐步向无人化和智能化方向发展，这使检测效率和检测精度得到了明显的提升。

21 世纪初以来，是微型化智能检测阶段。随着新检测方法、新材料科学等新兴技术的发展，该阶段的检测设备不仅向微型化、智能化方向发展，而且检测技术不再局限于实验室环境，并对在线检测技术提出了新的要求。

我国智能检测装备正处于快速发展时期，主要表现在以下几个方面。

(1) 智能检测是智能制造装备创新的重要环节

《“十四五”智能制造发展规划》明确提出，智能制造是我国制造强国建设的主攻方向。智能检测装备在智能制造装备的创新和发展中占据核心地位，它代表了自动化检测技术与人工智能技术的完美结合。随着智能制造的发展，检测技术智能化程度不断提升，“无人工厂”和“智能工厂”逐渐从理论走向实践，并成为制造业未来转型和升级的关键技术。

(2) 智能检测技术提升我国制造业竞争力

随着制造业的发展，对智能检测的准确性、稳定性和可靠性提出了更高的要求。制造设备正在向高精度、高品质及定制化方向发展，单靠人工已无法满足加工精度和产品质量的高标准。近年来，由于我国人工成本迅速增长，许多制造企业转而采用自动化设备代替传统人工，而自动化设备需要检测技术更加智能化。经过多年的研发和技术积累，一些企业已经自主开发了高端智能检测设备，并在检测关键技术方面取得了突破。国内检测行业整体能力的提升，提高了我国制造企业的竞争力。

(3) 检测智能化已成为智能制造系统解决方案的重要组成部分

《智能制造发展规划（2016—2020 年）》明确提出，装备制造企业要以装备智能化升级为突破口，加速向系统解决方案供应商转变。系统解决方案依靠智能检测装备与信息化控制系统的深度融合，实现智能设备的有效协作。根据客户的生产特征，量身定制最优化检测和高效的智能生产流程，还能够有效提升生产效率和产品质量。

(4) 互联网＋检测智能化成为发展趋势

随着互联网技术的不断发展，“互联网＋检测智能化”模式得到了广泛应用。该模式深度融合了云计算、大数据、人工智能等先进技术，实现对检测结果的深度解析和优化。借助结构化数据平台，确保了这些技术的有效应用，从而为各行业的互联网＋检测提供更高的质量与安全保障服务。

1.4.2 智能检测研究方向

物联网技术的发展和工业智能化水平的提升，推进了智能检测技术向集成化和系统化的方向发展。主要表现为软测量技术、多传感器信息融合技术、网络智能传感器技术等。

软测量技术通过信号处理、数据挖掘等方法，利用已知系统变量，并结合传感器数据，构建预测模型，以获取难以直接测量的关键参数或指标，从而实现分析过程的监控和优化。软测量技术包括数据采集、建模、参数估计、软测量预测以及模型优化等环节。

多传感器信息融合技术是对按时间序列获取的传感器检测数据进行整合分析，以获取被检测对象的描述。多传感器信息融合可以获得比单一传感器构成的系统更好的性能。多传感器信息融合体系结构通常分为三种：分布式体系结构、集中式体系结构和混合式体系结构，如图 1-7 所示。

网络智能传感器技术是基于控制节点、传感器节点以及中央处理单元构成的分布式智能传感器测量与控制系统。智能传感器与网络结合是信息技术发展的必然趋势。图 1-8 所示是由不同类型传感器组成的环境监测网络。

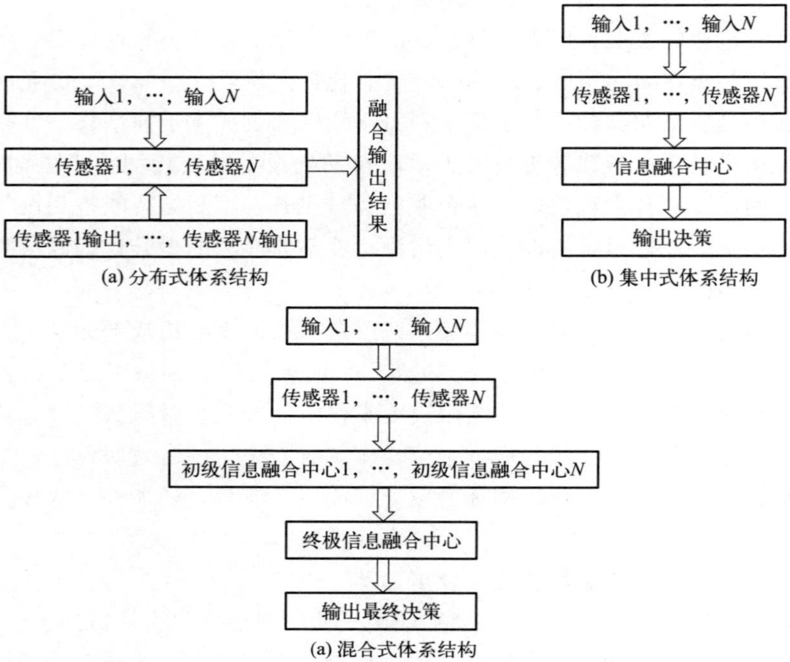

图 1-7　多传感器信息融合体系结构

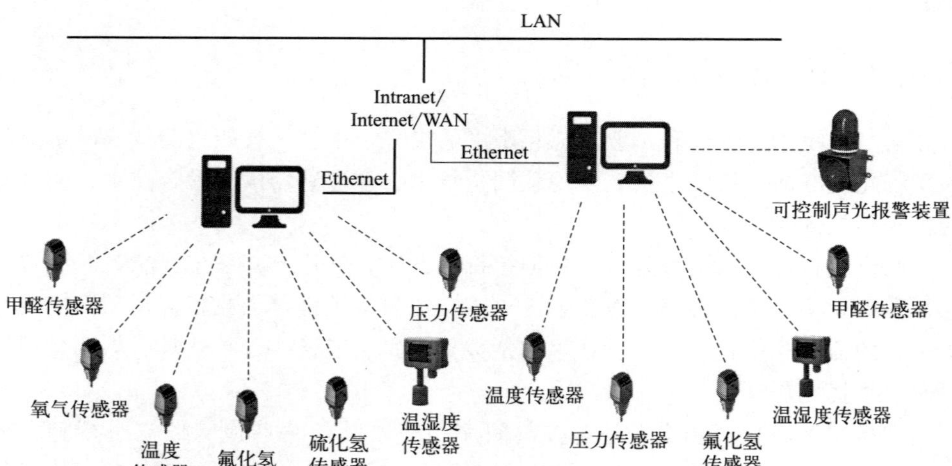

图 1-8　环境监测网络

1.4.3　检测技术面临的挑战

尽管我国智能检测技术已进入新的发展时期，但是我国智能检测行业同样面临着一定的挑战，主要表现为两个方面。

（1）行业基础有待发展

同美国、日本及欧洲的发达工业国家相比，中国在智能检测设备领域相对薄弱，在核心技术方面仍存在短板，整体生产能力与国际先进水平相比仍有提升空间。不过，近年来通过自主创新，我国在该行业已经取得了显著的进步，参与市场竞争的企业数量也在不断增加，逐渐缩小了同发达国家的差距。

（2）高端技术人才短缺

智能检测技术属于多学科融合的综合性学科，检测装备的设计、开发与生产涉及机械、电子、电控及计算机等多个技术领域。掌握智能检测技术并将其应用到各个领域具有一定的难度，对教学、研发及工程人员在综合能力和技术水平上有较高的要求。

本章小结

本章首先简述了智能检测技术智能化发展的三个阶段（初级检测智能化、中级检测智能化和高级检测智能化），并简述各阶段检测智能化的基本知识及相关技术水平，同传统检测技术相比，列举了智能检测技术表现出的实时性、智能化、多参数数据融合、智能反馈等特点。其次介绍了智能传感器、智能仪表、虚拟仪表等智能化检测装置，以及智能检测系统的功能和特点。然后给出了智能检测技术在环境监测和智能制造方面的应用。最后介绍了软测量技术、多传感器信息融合技术、网络智能传感器技术等当前智能检测技术的新研究方向，并结合国家目前的相关政策和发展需求，阐述智能检测装备行业未来的发展趋势及面临的挑战。

思考题

1. 什么是智能检测技术？简述检测技术智能化发展的三个阶段。
2. 智能检测装置的主要表现形式有哪几种？各自特点是什么？
3. 智能检测系统硬件设计有哪些基本步骤？
4. 简述多传感器信息融合技术基本概念及体系结构的三种形式。
5. 简答智能检测技术研究方向及面临的挑战。

第2章

测量误差与不确定度

数据是科学分析、实验研究及质量控制的基础，而测量是获取数据的重要手段。深入理解测量原理并熟练应用测量技术，对于改进检测方法、提高检测效率以及保证检测结果的可靠性具有重要意义。

分析误差产生和传播规律，了解误差特性及分类，从而优化数据处理方法，改进测量技术，并采取合理措施消除或减小误差，确保误差在允许范围内。本章主要从测量与误差的基础知识、误差结果评价、测量过程中误差的合成与分配以及测量不确定度等方面进行讲述。

2.1 测量与误差

2.1.1 测量过程

测量是通过使用标准量具或仪器，采用一定的方法直接或间接对物理量进行量化的过程。测量的目的是获取被测量的真值。测量过程一般包括测量前准备、测量过程和数据处理三个环节。

测量前准备首先要明确被测对象，理解被测对象的特性及测量需求，这是测量过程中的重要环节；其次是要使用国际单位制，选择与被测对象特性匹配的测量单位表示被测量值；为保证测量准确性，还应考虑测量工具和测量方法的合理性。测量过程应重点考虑测量精度与误差控制，为保证测量精度，应全面考虑应用环境、测量工具等因素对测量结果的影响，以尽量减少误差来源。数据处理主要是在测量完成后，对测量结果进行记录整理和统计分析，确保测量结果的有效性，通过与带有计量单位的标准值进行对比，确定被测对象的实际值是否在允许的误差范围内，否则需改进测量方法。

被测量是被测对象的特定量，其决定了测量目标和测量结果的准确性。例如，机械加工精度检测，被测量主要有形状精度、尺寸精度、位置精度、表面粗糙度等。由于各个被测量描述了被测对象不同的性能特征，它们的表现形式各不相同，选取的测量方法也各不相同，而且被测量易受高温、高压、强电磁等恶劣加工环境影响，因此，理解和分析被测量对保证测量过程的准确性具有重要意义。

测量单位是度量和比较同类量的标准量名称，广泛应用于长度、时间、质量、温度、功率、力等多个领域，是国际通用的标准单位体系。在国际单位制中，测量单位分为基本单位和导出单位。国际单位制包括七个基本单位：质量单位千克（kg）、长度单位米（m）、电流单位安培（A）、物质的量单位摩尔（mol）、时间单位秒（s）、热力学温度单位开尔文（K）、发光强度单位坎德拉（cd）。导出单位是基于基本单位及物理关系推导出的计量单位。常见的导出单位有速度单位 m/s、力矩单位 N·m、功率单位 J/s 等。

测量方法是获取测量值的具体方法和手段。其核心思想是基于测量原理，应用计量器具，根据测量条件获取被测对象特性数值信息。测量方法通常包括测量流程、测量工艺和量具仪器等方面。基于不同的测量技术，测量方法可分为直接测量和间接测量。直接测量是利用特定的测量工具直接获取被测量的精确数值。例如，使用游标卡尺测量物体的外形尺寸，使用天平测量物体的重量等。间接测量是通过测定其他相关参数，并结合已有的数学模型间接得出测量结果。例如，通过测量电阻值和电阻两端电压计算电流，根据光强-浓度数学关系反推被测对象浓度等。间接测量分为接触式测量方法和非接触式测量方法。在选择测量方法时，要全面考虑被测对象、测量精度、测量环境、测量工具等各个方面，从而确定科学的测量方案。

测量精度是衡量测量结果与真值接近程度的重要指标。测量精度反映了测量误差的大小。在实际测量中，由于测量结果会受主观因素和客观因素的影响，不可避免地产生误差。因此，测量精度与误差密切相关，误差越大，测量精度越低，反之，测量精度越高。为提高测量精度，可采用合理选择测量工具、规范使用和维护测量仪器、增加测量次数、控制环境条件以及提升操作者测量技能等措施。

2.1.2　误差来源

测量误差是科学实验和测量中普遍存在的现象，是测量过程中不可避免的因素。正确认识和有效控制误差，有助于获得更准确可靠的测量结果。

测量误差是测量值与真值的差值。测量值的准确性受多种因素的影响，这些因素包括测量仪器、环境条件、测量方法、操作人员、统计分析以及校准方法等。因此，减小测量误差在于准确地识别误差来源，从而有针对性地进行改进。

测量仪器本身的精度和准确度是产生误差的重要来源。因此，测量仪器选择的不同，将导致测量结果有很大差异。例如，测量仪器性能指标如测量精度、灵敏度、分辨率等引起的测量误差。如图 2-1 所示是测量长度的直尺、千分尺和螺旋测微仪，它们的精度不同，导致测量同一长度的测量结果不同，产生的误差也各不相同。

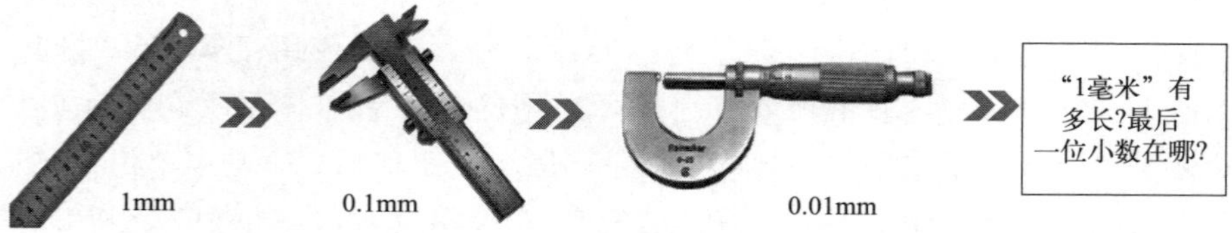

图 2-1　不同精度的测量工具

检测环境与测量仪器使用环境要求不一致也会产生误差。环境不仅对测量仪器产生影响，而且也对被测对象产生影响。

① 检测环境的温度、湿度、压力、电磁场等的变化会对测量仪器产生影响，从而引起测量误差。例如，温度变化导致被测对象或测量仪器部件发生变形；空气中的灰尘可能使测量仪器可动部位产生摩擦，从而产生位移误差；测量仪器内部材料因为热膨胀而发生长度、体积的改变等。以上环境因素均会对测量结果产生影响，即使测量同一被测对象，也会因温度等因素变化导致测量结果产生差异。如表 2-1 所示为不同测量仪器的材质对应的热胀系数。

表 2-1　测量仪器材质与热胀系数

材质	热胀系数/$\times10^{-6}$
铝	23
黄铜	17.5
聚乙烯	100～200

② 在测量过程中，环境因素对被测对象产生影响，从而导致测量误差的产生。例如，加工长度 155mm、直径 $\phi6.1$ 的弱刚度工件，采用千分表测量，如图 2-2 细长轴加工和图 2-3 超声振动车削抗弯刚度及尺寸误差关系曲线所示。图 2-3 是在不同切削力作用下，理论半径尺寸误差和实际半径尺寸误差的对比，其中，ER_TV 代表理论半径尺寸误差，ER_MV 是实际半径尺寸误差。尺寸误差产生的主要原因是，加工过程中产生的切削温度导致的材料变形和切削过程中的让刀现象。其中，切削过程中，刀具和工件相互挤压，工件局部切削温度升高，使得工件不可避免地产生热变形，从而导致工件加工不均匀。

不合理的测量方法或者测量过程中存在的缺陷都会产生误差。常见的测量方法误差来源包括测量工具选用产生的误差、测量范围限制产生的误差、工具或仪器精度限制产生的误差等。通过正确地控制测量方法、采用正确的测量工具和补偿方法，可有效提高测量的准确性，确保科学实验和工程应用测量数据的质量。

例如分别采用游标卡尺和直尺进行尺寸测量，两者产生的测量误差差别就很大，如图 2-4、图 2-5 所示。

图 2-2　细长轴加工

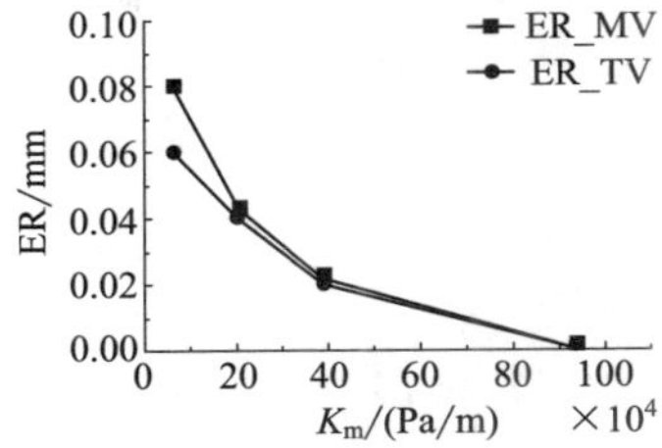

图 2-3　超声振动车削抗弯刚度及尺寸误差关系曲线

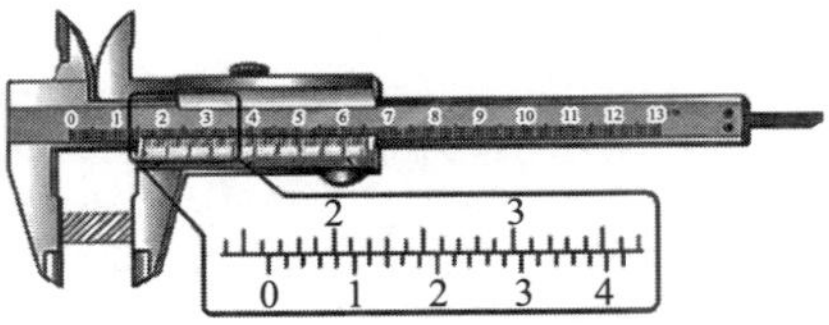

图 2-4　游标卡尺测量

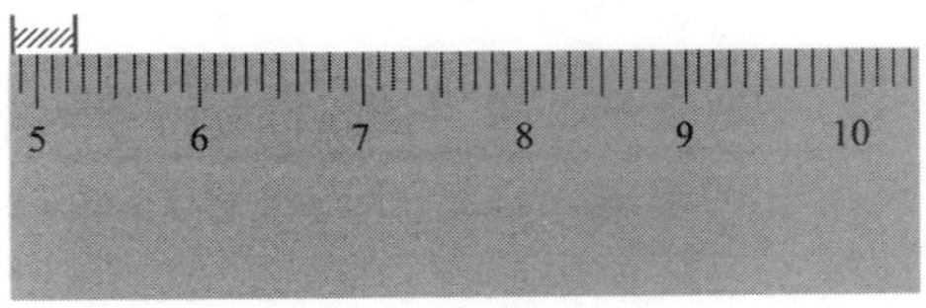

图 2-5　直尺测量

人为因素的测量误差主要是测量人员失误或主观判断导致的误差。例如，在实验过程中，操作人员读取刻度时由主观判断或视角偏差产生的误差，由于观察角度不同，试剂滴定产生的读数误差如图 2-6 所示。人为因素产生的误差还包括反应时间滞后、环境因素忽略、人员工作疲劳等。

统计误差是指在统计分析过程中，由不确定性因素引入的偏差。根据误差来源和特性，统计误差分为偶然误差和系统误差。偶然误差，也称为随机误差，反映多次测量同一目标时测量数据与平均值的偏差。尽管偶然误差不能完全消除，但其具有一定的统计规律，可通过多次测量等统计方法减小其影响。系统误差则是在测量过程中由某些系统性因素引起，从而导致测量值在某一方向上偏离真值的误差。系统误差通常是固定的。

为了消除偶然误差，可在相同测量环境下对检测对象进行多次测量，并将测量结果取平均值作为最终结果。从统计学的角度来看，经过多次测量后，正误差与负误差出现的概率几乎相等，从而相互抵消，使其平均值接近零。因此，在确定了合适的测量仪器和仪表后，测量

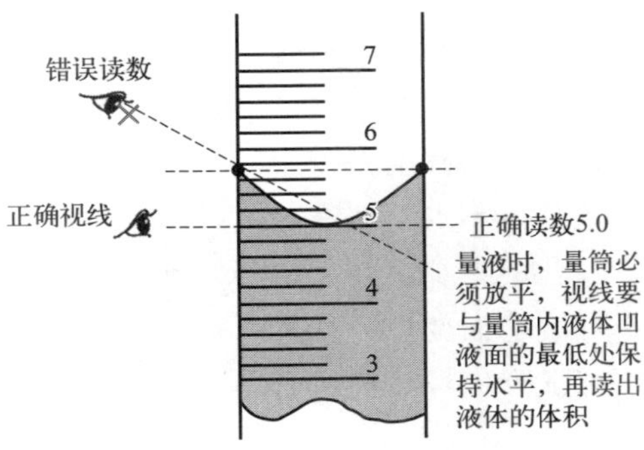

图 2-6　试剂滴定产生的读数误差

次数就成了确保测量精度的基础条件，可通过增加样本量或者重复测量来减小偶然误差的影响。例如，人员在测量或观察过程中因操作失误产生的数据遗漏、数据错误等误差，可通过测量人员培训或多次测量进行避免。

系统误差通常与测量工具、测量方法或环境因素相关，因此需要通过校准仪器和随机抽样等手段来减小其影响。减小系统误差的主要方法包括校准仪器、控制环境条件、重复测量以及改进测量方法等。

校准误差作为系统误差的一种，是指在测量仪器或设备的校准过程中，由于校准方法、标准或操作偏差而引入的系统误差。该误差可预测且可修正。校准误差来源主要包括校准方法不当、校准设备未校正或老化损坏、操作人员操作不规范或记录错误，以及校准过程中存在干扰因素等。

2.1.3 误差分类

在测量分析中，误差可能由多种原因导致，并表现为多种类型。对误差进行分类有助于深入理解不同类型误差的来源及其对测量的影响规律，从而为制定相应的误差控制策略提供依据。根据误差的成因和特性，误差分为系统误差、随机误差和粗大误差。由于每种误差类型都有其不同的来源和特征，因此，深入分析并消除这些误差有助于提高测量结果的准确性。

(1) 系统误差

系统误差是指在测量过程中，由仪器、环境或测量方法等固定因素产生的测量偏差。系统误差表现出一定的规律性，如线性误差、多项式误差和周期性误差等。系统误差的方向和大小在重复测量中是一致的；通过校准仪器、改进测量方法和采用补偿算法可消除产生的偏差，因此，系统误差具有可校正性。

系统误差的数学表达式为：

$$\varepsilon = \overline{x} - a \tag{2-1}$$

式中，ε 为系统误差；$\overline{x}$ 为测量平均值；a 为被测量的真值。

系统误差可根据其特性分为固定值的系统误差和变动值的系统误差两类，即定值系统误差和变值系统误差。定值系统误差又称恒定误差，是指数值和符号都维持恒定的误差。例如，千分表、电表和压力表等测量工具的调零误差，其影响每个测量值的程度是一个常数；在使用电表时，设备缺陷或未按照规定条件操作，会导致零点不准确，从而产生调零误差。变值系统误差是指数值和符号在测量中变化的系统误差，其大小和方向会随时间因素、测量环境和设备特性等测量条件的变化而变化，而这种变化规律是可预测和确定的。例如热敏电阻阻值与温度一般成反比例关系，如式(2-2) 所示，温度升高则热敏电阻阻值减小。

$$R = R_0 e^{B\left(\frac{1}{T} - \frac{1}{T_0}\right)} \tag{2-2}$$

式中，T 为当前温度；R 为温度 T 的热敏电阻阻值；T_0 为参考温度；R_0 为 T_0 温度下的热敏电阻阻值；B 为材料常数。

系统误差来源较为复杂，但可根据误差规律采取相应的技术手段来减小或消除，如定期校准仪器、优化测量方法、控制环境条件以及规范操作流程等。为了提高测量结果的准确性，必须消除这种误差或对测量数据进行适当的修正和补偿。

（2）随机误差

随机误差，又称偶然误差，是指在测量过程中由不显著且难以控制的偶然因素引起的偏差。这些因素在每次测量中可能不同，导致测量结果在某一范围内随机波动。随机误差的特点包括来源多样、不确定性和可减小性等。来源多样是指误差源于互不相关的随机因素，如环境温度变化、气压波动、电源不稳定、噪声以及磁场等，这些因素共同作用，导致误差产生。不确定性指随机误差在数值和方向上不固定，可能表现为正误差或负误差。可减小性指对多次独立测量结果取平均值，可有效减小随机误差的影响。

随机误差的数学公式为：

$$\delta_i = x_i - \overline{x} \tag{2-3}$$

式中，δ_i 为第 i 次测量产生的随机误差；x_i 为第 i 次测量值；$\overline{x}$ 为多次测量值的平均值。

由于重复测量次数有限，随机误差只能进行近似估算。这种由偶然因素引起的误差不能通过简单的修正值来消除，但可通过足够多的测量次数并运用统计学方法分析其规律，从而减小或消除其影响。随机误差通常遵循特定的统计分布模式，如正态分布、均匀分布和泊松分布等。因此，可利用统计分析方法估算随机误差出现的概率。如果测量结果符合某种概率密度函数，则可推断出随机误差的可能分布范围。从实践和理论分析来看，许多随机误差表现出正态分布的特性。在工程实践中，针对随机误差的特点，可以通过重复测量并计算算术平均值来更准确地反映其真值，从而获得更可靠的估计。例如，通过计算标准差评估随机误差大小，或通过置信区间确定测量结果的可能范围。

图 2-7 中，横坐标 δ 代表随机误差 Δx，而纵坐标 $f(\delta)$ 代表误差的概率密度函数，则

$$f(\delta) = \frac{1}{\sigma\sqrt{2\pi}} \exp\left(-\frac{1}{2} \times \frac{\delta^2}{\sigma^2}\right) \tag{2-4}$$

式(2-4) 中特征量 σ 表示如下：

$$\sigma = \lim_{n \to \infty} \sqrt{\frac{\sum \delta^2}{n}} \tag{2-5}$$

式中，σ 为标准差；n 为测量次数。

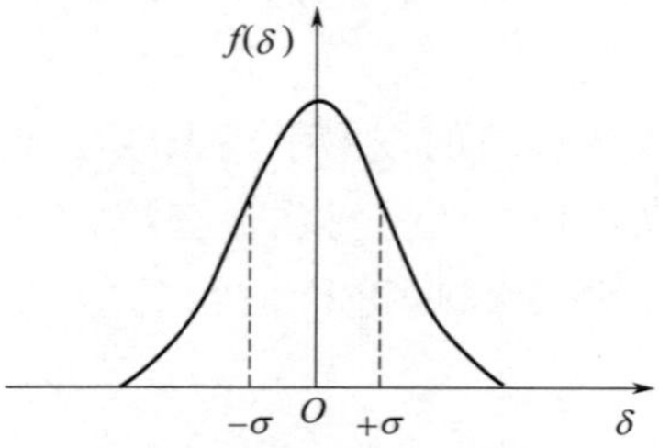

图 2-7　随机误差的正态分布曲线

从图 2-7 可以看出，随机误差正态分布具有单峰性、对称性、有界性和抵偿性。

单峰性表明随机误差只有一个中心峰值，呈现出钟形，均值附近的误差值出现的概率最高，但对测量结果的影响不大。在具体测量过程中，随机误差始终处于一个比较窄的区间，较大绝对值误差发生的可能性几乎为零。

对称性意味着误差在正负方向上均匀分布，左侧和右侧分布相同。如图 2-7 所示，对称性体现在轴 $f(\delta)$ 左右对称，即绝对值相等而符号相反的随机误差产生的概率相同。因此，通过进行多次测量，随机误差展示出相互抵消的统计规律，使其代数和逐渐接近于零。

有界性表明了随机误差值通常集中在均值分布区域，而极端值出现的概率极低。当随机误差绝对值超过一定阈值时，其发生的概率几乎为零。这意味着在实际测量中，随机误差的绝对值通常不会超过某一范围，因此可认为随机误差服从有界正态分布。

抵偿性是指通过增加测量次数来相互抵消随机误差，从而使测量值更接近真值。随机误差在一定程度上可抵消数据的极端值。在保证相同精度的测量环境条件下，如果测量次数趋近于无限，那么随机误差的算术平均值将趋近于零：

$$\lim_{n \to \infty} \frac{1}{n} \sum_{i=1}^{n} \delta_i = \lim_{n \to \infty} \frac{1}{n} \sum_{i=1}^{n} (x_i - x_0) = 0 \tag{2-6}$$

根据式(2-6)，在忽略其他误差影响的情况下，通过多次测量并计算出的算术平均值可被视为对被测对象真值的最佳估计。

随机误差和系统误差来源、特性各不相同，需要采用不同的处理方法。在整个测量系统中，只有当系统误差降至几乎可以被忽视时，才能对随机误差进行详细的统计分析。

(3) 粗大误差

粗大误差是测量结果与实际值之间存在的显著偏差。粗大误差具有误差偏离大、不具有抵偿性以及对测量结果影响大等特点。粗大误差产生的原因主要包括主观原因和客观原因。主观原因主要是指人为因素，包括操作中的疏忽，记录、计算错误，不按规程操作，以及工作疲劳等因素。这类误差是可以完全避免的。客观原因主要是指外部环境、设备故障或实验条件等非人为因素。例如，仪器内部故障引起的仪器测量值异常，使用环境存在的电磁干扰、机械冲击、外部噪声等因素产生的测量值异常。针对异常测量值，一般在处理相关数据前进行剔除，以确保测量数据的真实性和可靠性。以下是几种异常值排除准则。

① 3σ 准则　3σ 准则又称为拉依达准则，是假设测量数据服从正态分布且误差仅含有随机误差，当测量值的残余误差 v_i 绝对值大于 3 倍的标准差，即 $|v_i|>3\sigma$ 时，则被认为是可疑的坏值，应进行排除。残余误差是测量结果与各测量值算术平均值的差值。3σ 代表 3 倍标准差。3σ 准则简便易用，因此被广泛采用。然而，该准则建立在重复测量次数趋近于无穷大的假设下，不适用于重复测量次数少的情况。

② 肖维勒准则　肖维勒准则是基于正态分布假设的统计方法，假设测量值的残余误差服从正态分布，通过重复测量得到 n 个测量值，如果某一测量值的残余误差 v_i 的绝对值大于标准偏差估计值 Z_c 和标准差 σ 的乘积，即 $|v_i|>Z_c\sigma$，则将该数据排除在外。由于该方法不涉及判别被测对象是否服从正态分布或指数分布，因此肖维勒准则更适用于非正态分布情况下的可靠性评定。在实际应用过程中，标准偏差估计值应小于 3，所以肖维勒准则在某些情况下弥补了 3σ 准则的一些不足之处。关于肖维勒准则 $Z_c<3$ 的具体数值，见表 2-2。

表 2-2　肖维勒准则中的 Z_c 值

n	3	4	5	6	7	8	9	10	11	12
Z_c	1.38	1.54	1.65	1.73	1.80	1.86	1.92	1.96	2.00	2.03
n	13	14	15	16	18	20	25	30	40	50
Z_c	2.07	2.10	2.13	2.15	2.20	2.24	2.33	2.39	2.49	2.58

③ 格拉布斯准则　格拉布斯准则是基于正态分布的假设。根据格拉布斯准则，当某一测量结果的残余误差绝对值 $|v_i|>G\sigma$ 时，则可判定为包含了较大的误差，因此应予以排除。其中 G 称为格拉布斯系数，G 值由计算每个数据点的残差与标准差的比值确定。对于含有大量粗大误差和随机误差的情况，可以考虑使用假设检验方法来估计这些参数。在格拉布斯准则里，G 值与重复测量的次数 n 和置信概率 P_α 相关，如表 2-3 所示。

表 2-3　格拉布斯准则中的 G 值

测量次数 n	G		测量次数 n	G	
	$P_\alpha=0.99$	$P_\alpha=0.95$		$P_\alpha=0.99$	$P_\alpha=0.95$
3	1.16	1.15	11	2.48	2.23
4	1.49	1.46	12	2.55	2.28
5	1.75	1.67	13	2.61	2.33
6	1.94	1.82	14	2.66	2.37
7	2.10	1.94	15	2.70	2.41
8	2.22	2.03	16	2.74	2.44
9	2.32	2.11	18	2.82	2.50
10	2.41	2.18	20	2.88	2.56

根据上述分析，系统误差与随机误差之间的边界并不是固定不变的。随着对误差来源和特征的深入了解，传统意义上的随机误差可能会被界定为系统误差。而就粗大误差而言，该类误差可能表现为系统误差特征，也可能呈现出随机误差特征，但在某些特定的测量条件下，其数值往往表现出显著的异常性。系统误差主要影响测量结果的准确性，而随机误差则对测量精度产生干扰效应。为提高测量结果的准确性，需要从测量系统的科学构建、操作人员的技术培训以及测量数据的规范处理等多个维度进行系统性优化。

例 2-1 测量直径为 d_x 的孔 15 次，得到的测量结果如下所示（单位：mm）：

120.42　120.43　120.40　120.42　120.43　120.39　120.30　120.40　120.43　120.41　120.43　120.42　120.39　120.39　120.40

试用三种判别粗大误差的准则检查其中是否存在粗大误差，并写出其测量结果。

测量顺序	测得值/mm	按 15 个数据计算		按 14 个数据计算	
		$v=d-d_5$	$v^2\times10^4$	$v'=d-d_4$	$v^2\times10^4$
1	120.42	0.016	2.56	0.009	0.81
2	120.43	0.026	6.76	0.019	3.61
3	120.40	−0.004	0.16	−0.011	1.21
4	120.42	0.016	2.56	0.009	0.81
5	120.43	0.026	6.76	0.019	3.61
6	120.39	−0.014	1.96	−0.021	4.41
7	120.30	−0.104	108.16	（已剔除）	（已剔除）
8	120.40	−0.004	0.16	−0.011	1.21
9	120.43	0.026	6.76	0.019	3.61
10	120.41	0.006	0.36	−0.001	0.01
11	120.43	0.026	6.76	0.019	3.61
12	120.42	0.016	2.56	0.009	0.81
13	120.39	−0.014	1.96	−0.021	4.41
14	120.39	−0.014	1.96	−0.021	4.41
15	120.40	−0.004	0.16	−0.011	1.21

解：根据测量顺序，计算结果列表如下。

$\overline{d}=\frac{\sum_{i=1}^{15}d_i}{15}=120.404$	$\sum_{i=1}^{15}v_i^2=0.01496$	$\sum_{i=1}^{14}v_i'^2=0.003374$
$\overline{d}=\frac{\sum_{i=1}^{14}d_i}{14}=120.411$	$\sigma=\sqrt{\frac{0.01496}{15-1}}=0.033$	$\sigma'=\sqrt{\frac{0.003374}{14-1}}=0.016$

判断有无粗大误差可根据以下准则。

(1) 根据 3σ 准则

从所提供的表格数据中，可以观察到第 7 个测量值存在可疑之处。

$$|v_7|=0.104$$

$$3\sigma=3\times0.033=0.099$$

$$|v_7|>3\sigma$$

因此，$d=120.30$mm 存在粗大误差，需要进行排除。若误差较小时，可用此法进行校正。去除后计算 14 个数据。

$$3\sigma'=3\times0.016=0.048$$

所有 $|v_i'|<3\sigma'$，故已无需要剔除的坏值。

(2) 根据肖维勒准则

根据肖维勒准则，查表可得：$Z_c=2.13$。

$$Z_c\sigma=2.13\times0.033=0.07<|v_7|$$

故 d_7 应去除，取 $n=14$，则 $Z_c=2.10$。

$$Z_c\sigma'=2.10\times0.016=0.034$$

所有 $|v_i'|$ 值均小于 $Z_c\sigma'$，故已无坏值。

(3) 根据格拉布斯准则

取置信概率 $P_\alpha=0.99$，根据格拉布斯准则，查表得 $G=2.70$，对应的 σ 值为 0.033；

$$G\sigma=2.70\times0.033=0.09$$

所有 $|v_i'|$ 值均小于 $G\sigma$，故已无坏值。

测量结果：

$$\sigma_{\bar{\bar{x}}}=\frac{\sigma}{\sqrt{n}}=\frac{0.016}{\sqrt{14}}=0.0043$$

故最后的测量结果可表示为

$$\bar{d}\pm3\sigma_{\bar{\bar{x}}}=120.411\pm3\times0.0043=(120.411\pm0.0129)\text{mm}$$

2.2 误差

2.2.1 误差表示

通常情况下，测量仪器的最大允许误差，是指技术规范中规定的该仪器允许误差的极限值。根据《通用计量术语及定义》JJF 1001—2011 的详细解释，最大允许误差是对给定的测量、测量仪器或测量系统，由规范或规程所允许的，相对于已知参考量值的测量误差的极限值。最大允许误差由绝对误差、相对误差和引用误差表征。

(1) 绝对误差

绝对误差是指被测量的测量值和真值的差值，数学表达式为：

$$\Delta x = x - a \tag{2-7}$$

式中，Δx 为绝对误差；x 为测量值；a 为真值。

由式(2-7) 可以看出，绝对误差是衡量测量值与真值偏差的量。绝对误差是有大小、符号和单位的量，由于真值 a 无法确定，因此测量值 x 的绝对误差很难得到，通常给出绝对值上限 $|\Delta x|$。假设存在一个正数 ε，使得绝对值上限 $|\Delta x|$ 小于等于 ε，即 $|\Delta x| \leqslant \varepsilon$，则称 ε 为 x 的绝对误差限。显然 $\varepsilon > 0$，$x - \varepsilon \leqslant a \leqslant x + \varepsilon$。绝对误差限是确保测量结果在可接受误差范围内的重要参数。例如测量距离分别为 35m 和 350m，测量值分别为 $x_1 = (35 \pm 2)\text{m}$，$x_2 = (350 \pm 3)\text{m}$，则 $\varepsilon(x_1) = 2$，$\varepsilon(x_2) = 3$。

上面例子表明，虽然 $\varepsilon(x_2) > \varepsilon(x_1)$，但是 $\varepsilon(x_2)$ 更精确。所以，不同测量结果的可靠程度无法通过绝对误差做出比较。

(2) 相对误差

相对误差是绝对误差与真值的比值，是衡量测量结果准确性的重要指标。相对误差通常用百分比表示，是一个无量纲量。相对误差数学表达式为：

$$\delta_x = \frac{\Delta x}{a} \times 100\% = \frac{x - a}{a} \times 100\% \tag{2-8}$$

式中，δ_x 为相对误差；x 为测量值；a 为真值；Δx 为绝对误差。

相对误差的特点是具有相对性、标准化和比较性。相对性是指相对误差兼顾测量值和真值的相对关系，且更加适用于不同数量级数据的对比；标准化是指误差以百分比形式表示，便于直观理解误差占比；比较性是指无论其单位或量纲如何都可以比较不同测量结果的准确性。

例如，用量程分别为 1000mm 和 500mm 的激光测距仪进行测距，测量结果分别为 999.1mm 和 499.1mm，两次测量绝对误差均为 0.9mm；量程为 1000mm 的激光测距仪相对误差为 0.9/1000＝0.09%，量程为 500mm 的激光测距仪相对误差为 0.9/500＝0.18%。从上例看出，量程为 1000mm 的激光测距仪测量精度更高。

例 2-2 采用不同电压量程的万用表测量两电源电压，测得电压值分别为 $U_{1x} = 100.3\text{V}$，$U_{2x} = 10.3\text{V}$，实际值为 $U_1 = 100\text{V}$，$U_2 = 10\text{V}$，求两次测量的绝对误差 Δx 和相对误差 δ_x。

解： 在两次测量中，绝对误差和相对误差分别表示为

$$\Delta x_{u1}=U_{1x}-U_1=100.3-100=0.3\text{V}$$
$$\Delta x_{u2}=U_{2x}-U_2=10.3-10=0.3\text{V}$$
$$\delta_{x1}=0.3/100=0.3\%$$
$$\delta_{x2}=0.3/10=3\%$$

由例 2-2 可知，$\delta_{x1}<\delta_{x2}$，所以第一个万用表测量精度更高。

（3）引用误差

引用误差是一种与仪器满量程相对应的误差类型。引用误差源于实际测量值与真值之间的偏差，主要受测量仪器的不确定性、环境条件以及操作人员技术水平等因素影响。引用误差为绝对误差 Δx 与量程 L 的比值，其数学表达式为：

$$\gamma_x=\Delta x/L\times100\% \tag{2-9}$$

式中，γ_x 为引用误差；Δx 为绝对误差；L 为量程。

例 2-3　有一量程为 0～500℃的温度计，实际温度为 50℃，用该温度计测得温度值为 49.5℃，求温度计的绝对误差 Δx、相对误差 δ_x、引用误差 γ_x 和精度。

解： 绝对误差 $\Delta x=50-49.5=0.5$℃；

相对误差 $\delta_x=0.5/50\times100\%=1\%$；

引用误差 $\gamma_x=(50-49.5)/500\times100\%=0.1\%$。

根据计算可以看出，温度计的最大允许误差为 0.1%，温度计的精度为 0.1%。

绝对误差、相对误差、引用误差的区别如表 2-4 所示。

表 2-4　绝对误差、相对误差、引用误差的区别

内容	绝对误差	相对误差	引用误差
计算公式	$\Delta x=x-a$	$\delta_x=\frac{\Delta x}{a}$	$\gamma_x=\Delta x/L\times100\%$
单位	与测量值相同	无量纲	无量纲
符号	正、负号	正、负号	无
特点	表示示值误差的大小； 不能说明测量结果的可信程度； 不能衡量不同量程同类仪表的准确度	说明测量结果的 可信程度	衡量不同量程 同类仪表的准确度
表示	数值加单位	百分数	百分数

2.2.2　误差消除方法

选择误差消除方法要根据误差的来源、误差的性质以及所处的工作环境等因素全面考虑。合理的误差消除方法可显著提高测量质量和测量效率。

（1）系统误差消除方法

由于系统误差有一定的规律性和重复性，为了减少系统误差对测量结果的影响，可从消除和校正系统误差两方面入手，通过消除误差来源、改进测量方法，降低系统误差对测量的影响，满足仪器测量的精度要求。

消除误差来源主要从测量仪器的使用、校准及维护，使用环境和人员操作规范化等多方面考虑。测量仪器使用时，应严格按照仪器使用要求，正确使用仪器。同时，要定期对测量仪器进行校准与维护，以保证其准确性，从而降低仪器自身引起的系统误差。使用环境方面，应根据仪器的使用约束条件对环境的影响因素进行合理的控制，若不能达到仪器使用要求，则可以通过补偿的方式对其进行检测。操作人员要定期培训，并提高熟练程度，同时严格按照使用规范操作。

消除系统误差的方法可分为定值系统误差修正与变值系统误差修正。定值系统误差修正方法有异号法、交换法、基准变化消除法等。

① 异号法是通过对被测对象进行正向和反向的测量，即通过调整某些测量条件使测量结果具有绝对值相同但符号相反的误差值，然后对这些测量值进行平均，从而得到修正后的结果。例如，为测量电阻值，将电阻连接到电路中，读取测得的电阻值，然后，反向连接电阻，再读取电阻值，通过正反两次测量电阻值能够揭示系统误差的存在或部分抵消系统误差的影响。

② 交换法是为了确保测量准确性，在固定测量条件下，选取标准量来替代待测对象并执行测量流程，以此得到测量所得标准量数值与预设标准量之间的偏差，并选取该偏差数值作为测量结果的修正量值。例如，用温度计测量液体 A 和液体 B 的温度差，将液体 A 和液体 B 分别放在两个不同容器中，使用同一温度计分别测量 A、B 温度，然后，将液体 A 放入原液体 B 容器中，将液体 B 放入原液体 A 容器中，再次进行温度测量，通过上述交换过程可抵消温度计的系统误差。

③ 基准变化消除法是通过建立标准和对比不同条件下的测量结果，以消除系统误差的方法。例如，用于测量电路电压的电压表存在一定的系统误差。在测量过程中，使用已知的标准电源作为基准，连接电压表的标准电压源，测得电压值，然后在待测电路中进行电压测量，最后根据标准电压源测得的电压值对比修正待测电路中测得的电压值，从而消除电压表的系统误差。修正可变系统误差时，应根据误差的变化规律并使用修正公式或曲线来调整测量结果。

变值系统误差通常与测量条件、仪器状态或环境因素的变化有关。例如，测量过程中，环境温度变化导致测量仪器因热胀冷缩而产生的准确度偏移，电气测量过程中电流或电压的波动引起的测量值的偏差，都会形成变值系统误差。

尽管该类误差在测量中由于某些原因会发生变化，但是变值系统误差仍能表现出一定的规律。该规律可通过数据分析进行辨识。针对变值系统误差的消除，常采用的方法有环境控制、定期校准、数据分析等。因此，理解和控制变值系统误差，对提升测量结果的可靠性具有重要的实践意义。

针对未知的系统误差，通常采用随机误差的处理方法进行处理。一般方法有对称测量消除法和半周期偶数测量消除法两种。

① 对称测量消除法是在不同条件下进行多次对称测量，利用对称性质来抵消系统误差，从而提高测量精度。对称测量消除法主要用于消除线性系统误差。对称测量消除法的应用需要建立合适的对称条件，为保证系统误差消除的有效性，需要准确地处理测量数据。对称测量消除法尤其适用于高精度测量的场景。

② 半周期偶数测量消除法是一种用于处理周期性系统误差的技术。该方法是采用偶数次的测量来确保在对称性中消除误差。

周期性系统误差表示公式为：

$$e=E\sin\varphi=E\sin\left(2\pi\frac{t}{T}\right) \tag{2-10}$$

式中，T 为变化周期，t 为自变量，则在 $t=t_0$ 时

$$e_0=E\sin\varphi_0=E\sin\left(2\pi\frac{t_0}{T}\right) \tag{2-11}$$

当 $t_1=t_0+\dfrac{T}{2}$时

$$e_1=E\sin(\varphi_0+\pi)=E\sin\left(2\pi\frac{t_0+\dfrac{T}{2}}{T}\right)=-E\sin\left(2\pi\frac{t_0}{T}\right) \tag{2-12}$$

取算术平均值则有：

$$e=(e_0+e_1)/2=0 \tag{2-13}$$

上述解决周期性系统误差的方法采用两次测量，分别在周期的起始和中间位置通过偶数次测量取平均值来消除系统误差。因此，在数据处理过程中，定值系统误差对算术平均值产生影响，而对残差和标准差的影响相对较小；变值系统误差对算术平均值影响较大，且对残差和标准差的影响显著。

(2) 随机误差消除方法

随机误差作为影响测量精度的重要因素，需要采取有效措施进行消除。通常减少随机误差的方法有重复测量、系统维护、环境控制和数据处理等。其中，重复测量是通过对被测对象进行多次测量并计算平均值来降低随机误差。系统维护则要求按照规范对测量仪器进行定期校准、测试和维护，以降低仪器自身带来的随机误差。环境控制是通过严格控制环境参数（如温度、湿度、压力等）使其符合测量要求，以减少外部干扰。数据处理方面通常采用数理统计方法来减小随机误差，常用的数据处理方法主要有数字滤波、平均值滤波等。因此，在实际测量中，需要根据具体条件选择适当的误差控制策略。

(3) 粗大误差消除方法

粗大误差具有明显偏离真值的特征，相对更容易被识别和消除。为防止此类误差，首先需要确保测量条件的稳定性，防止突发因素导致测量值异常。在检测设备方面，应建立定期校准制度，及时排除仪器故障隐患。在操作人员方面，需严格遵守操作流程和规程，并定期进行培训，以减少人为失误的可能性。在数据处理过程中，采用统计判别方法对多次测量结果进行分析，识别并去除异常值。

2.2.3 数据处理统计方法

测量误差的数据处理涉及运用多种方法和技术手段对测量结果中的偏差进行识别、评估和校正。常用的统计分析指标有均值、标准差和方差等，这些指标能够有效地反映测量数据的离散程度和可靠性。

(1) 均值和标准差

均值和标准差是常用的衡量数据集中程度和波动程度的统计指标。均值和标准差尤其适用于描述对称分布。

均值是测量值的平均数，用于衡量数据的中心位置。均值计算公式为：

$$\overline{x}=\frac{\sum_{i=1}^{n}x_i}{n} \tag{2-14}$$

式中，n 为测量点数；x_i 为第 i 个测量点。

标准差是一种度量，表示数据集中数据点与均值的偏离程度，反映检测值与均值之间的平均距离。总体标准差计算公式为：

$$S_x=\sqrt{\frac{\sum_{i=1}^{n}(x_i-\overline{x})^2}{n}} \tag{2-15}$$

式中，n 为测量点数；x_i 为第 i 个测量点；$\overline{x}$ 为 n 个测量点的均值。

例 2-4 有 10 个测量数据，分别为 21.25、21.57、21.37、21.38、21.54、21.47、21.39、21.47、21.52、21.49，计算该组数据的均值及标准差。

解： 均值

$$\overline{x}=\frac{21.25+21.57+21.37+21.38+21.54+21.47+21.39+21.47+21.52+21.49}{10}=21.445$$

$$\text{总体标准差 } S_x=\sqrt{\frac{\sum_{i=1}^{10}(x_i-21.445)^2}{10}}=0.09$$

上述例题表明，总体标准差大，数据分布幅度大；总体标准差小，数据和均值的距离近，幅度小，数据整体分布靠近中心。

例 2-4 的 MATLAB 示例程序如下所示。

```
% 示例数据
data=[21.25,21.57,21.37,21.38,21.54,21.47,21.39,21.47,21.52,21.49];
% 计算总体标准差
population_std=std(data,1);
% 显示结果
disp(['总体标准差:',num2str(population_std)]);
输出结果如下:
总体标准差:0.09。
```

(2) 方差

在统计学中，通常使用方差来衡量变量的变化幅度，总体方差计算公式为：

$$\sigma^2=\frac{\sum(x-\overline{x})^2}{n} \tag{2-16}$$

式中，x 为测量值；$\overline{x}$ 为测量值均值；n 为测量点数。

在测量过程中，为了提高测量精度，需要准确识别对测量数据产生显著影响的各类变量。方差分析通过测量结果定量评估不同影响因素（例如，温度、压力、湿度等环境参数）对检测结果的影响程度。

误差处理方法是计算机科学和统计学中常用的技术，能够有效解决误差和不确定性的问题，从而提升测量数据的质量。

2.3　误差结果评价

2.3.1　误差与精度的区别

测量误差评估是对测量结果的准确性和可靠性进行定量评估的过程，即提供相关指标来衡量测量结果和真值的差异。而测量精度综合反映测量结果的准确性和可靠性，提高测量精度是测量误差评估的最终目标。

在评估测量精度时，误差的绝对值大小直观地体现了测量结果偏离真值的程度。通常测量结果的质量通过精密度、准确度和精确度三个关键指标来评价。深入理解这三个指标不仅有助于更好地分析和解读测量数据，还能为优化测量方法、降低测量误差提供理论依据。

2.3.2 精密度

精密度是指在相同的测量条件下，对同一物理量进行重复测量所得测量值的接近程度。精密度反映随机误差的分布情况。精密度越高则随机误差越小，测量值波动范围越窄，这表明了测量具有较好的重复性。因此，精密度主要用于评价测量结果中随机误差的大小。

在机械制造领域，精密度主要指加工零件尺寸的差异程度。精密度越高，加工出的零件尺寸之间的差异越小。为提高加工精密度，可使用高精密机床、选择合适的刀具和优化加工工艺等，这些措施有助于保证批量生产零件的尺寸一致性，提高整体加工精密度。

在长度测量工具中，游标卡尺相较于普通直尺具有更高的精密度，这主要体现在其更小的测量误差范围。精密度通常用标准偏差定量表示：

$$\text{标准偏差}(SD)=\sqrt{\frac{\sum(x_i-\overline{x})^2}{n-1}} \tag{2-17}$$

式中，n 为测量次数；x_i 为第 i 次测量值；$\overline{x}$ 为测量值的平均值。

理想的测量值应该接近真值。如图 2-8 所示，测量结果可能有些大于真值，有些则小于真值。如果测量值偏高或偏低太多，这样的结果就不算理想。

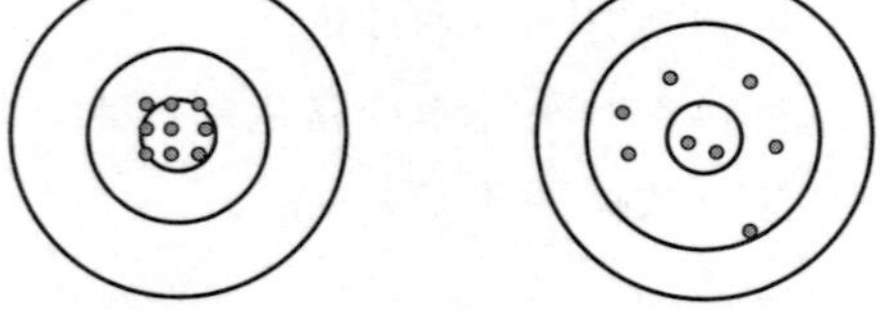

(a) 理想测量结果　(b) 不理想测量结果

图 2-8　测量结果对比

例 2-5　实验中所用被测样本为水质氨氮浓度，一天内重复测量 20 次，对一天内的测量精密度进行评价，测量数据：14.1、13.9、13.9、14.0、14.2、14.1、13.9、13.8、13.9、14.2、14.2、14.0、14.0、13.9、13.7、13.8、14.0、14.1、13.9、14.2。

解：
$$\begin{aligned}\text{标准偏差(SD)}&=\sqrt{\frac{\sum(x_i-x)^2}{n-1}}\\&=\sqrt{\frac{(14.1-14)^2+(13.9-14)^2+\cdots+(14.2-14)^2}{20-1}}\\&=0.148\end{aligned}$$

例 2-6　有两组测量数据如下：

A 组：0.1 0.4 0.0 −0.3 0.2 −0.2 −0.3 0.2 −0.4 0.3 0.24

B 组：−0.1 −0.2 0.9 0.0 0.1 0.1 0.0 0.1 −0.7 −0.2 0.24

比较两组数据，哪一组精密度好？

解：

A 组：标准偏差(SD)$=\sqrt{\dfrac{\sum(x_i-x)^2}{n-1}}=0.29$

B 组：标准偏差(SD)$=\sqrt{\dfrac{\sum(x_i-x)^2}{n-1}}=0.40$

所以 A 组数据精密度好。

2.3.3 准确度

准确度是测量值与真值之间的接近程度。准确度通常用百分比表示。准确度计算公式为：

$$D=\frac{\overline{x}-x}{x}\times 100\% \tag{2-18}$$

式中，D 为准确度；$\overline{x}$ 为所有测量值的平均值；x 为真值。

误差是衡量测量准确度的数值。误差越小，测量准确度越高，反之，准确度越低。通常，测量设备的精密度越高，测量的准确度也越高。但需要注意的是，高精密度并不等同于高准确度，如图 2-9 所示。

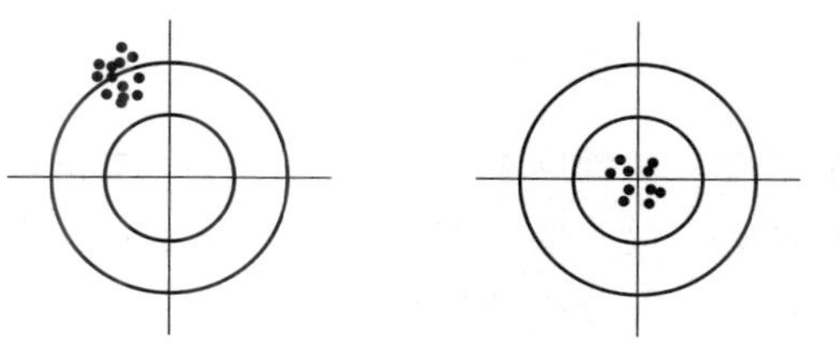

(a) 精密度好，准确度差　　(b) 精密度好，准确度好

图 2-9 准确度与精密度的关系

2.3.4 精确度

精确度是测量结果准确度和精密度的综合体现。有效控制系统误差和随机误差是提高测量精确度的关键。

作为衡量测量结果质量的技术指标，正确理解精密度、准确度和精确度的关系和区别，对深入分析和研究测量数据、改进和优化测量方法、减小测量误差具有重要意义。表 2-5 总结了精密度、准确度、精确度的区别。

表 2-5 精密度、准确度、精确度的区别

名称	定义	数值	系统误差	随机误差	说明
精密度	被测对象在相同条件下重复测量值的一致程度	标准偏差	无	相关	随机误差对测量精密度有影响，测量重复性好则精密度高
准确度	测量结果与真值的差距	百分比	相关	无	系统误差影响
精确度	测量结果与真值的接近程度及其一致性的综合体现	综合指标	相关	相关	随机误差和系统误差影响

为更清晰地理解精密度、准确度和精确度之间的关系与差异，接下来用打靶的例子来阐述这三个概念。

假设靶心表示真值，靶点表示测量值。图 2-10 所示为靶点距离靶心不同情况下的分布图。图 2-10(a) 表示靶点虽然分布集中，但是偏离靶心较远，因此其精密度高，准确度低，精确度一般；图 2-10(b) 表示靶点分散且偏离靶心，因此其精确度低，准确度低，精密度低；图 2-10(c) 表示靶点分布均匀且在靶心集中，其精确度、准确度、精密度都高。

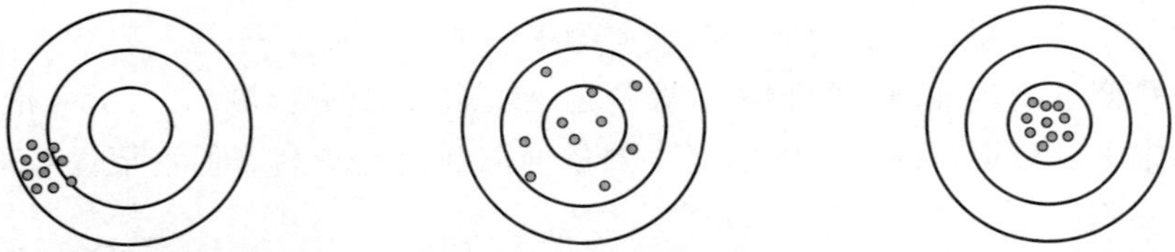

(a) 精密度高但准确度低　　(b) 精密度低且准确度低　　(c) 准确度、精密度和精确度都高

图 2-10 精密度、准确度、精确度的区别

因此，仪器的精密度、准确度和精确度是衡量其性能好坏的关键指标。对这三个核心概念的正确理解不仅有助于我们更深入地了解、掌握并操作检测设备，而且能帮助我们正确地理解、分析和处理实验数据。

2.4 误差合成与分配

通常，一个测量系统由多个环节组成，各个环节均存在局部误差，这影响了整个测量系统的测量误差。因此，研究误差合成与分配对提高测量结果的质量具有重要意义。

2.4.1　误差合成

误差合成是用各项误差求总误差的过程，即误差合成包括了系统误差、随机误差等的影响。误差合成是间接测量中计算误差的基本方法。间接测量是通过已知的函数关系来计算被测量的值，其结果是直接测量值的函数，通常称为函数误差。研究函数误差的关键在于探讨误差在测量过程中是如何传播的。

误差的合成包括确定误差的分布规律、单项误差的函数关系等内容。鉴于测量过程的复杂性，实际在计算误差的合成时应根据具体情况采取权衡取舍的原则，以确保最终合成误差真实地反映出测量结果。在测量学中，误差的合成与函数系统误差、函数随机误差和函数粗大误差密切相关。

(1) 函数系统误差

在间接测量中，函数形式一般为多元函数，设直接测量值为 $x_i(i=1,\cdots,n)$，间接测量值为 y，则间接测量数学表达式为：

$$y=f(x_1,x_2,\cdots,x_n) \tag{2-19}$$

求上述函数 y 的增量，即求函数的全微分，其函数增量表达式为：

$$\mathrm{d}y=\frac{\partial f}{\partial x_1}\mathrm{d}x_1+\frac{\partial f}{\partial x_2}\mathrm{d}x_2+\cdots+\frac{\partial f}{\partial x_n}\mathrm{d}x_n \tag{2-20}$$

用 Δx_i 表示测量值 x_i 的系统误差，并代替 $\mathrm{d}x_1,\mathrm{d}x_2,\cdots,\mathrm{d}x_n$，则系统误差的合成表达式为：

$$\Delta y=\frac{\partial f}{\partial x_1}\Delta x_1+\frac{\partial f}{\partial x_2}\Delta x_2+\cdots+\frac{\partial f}{\partial x_n}\Delta x_n \tag{2-21}$$

其中，$\frac{\partial f}{\partial x_i}$ $(i=1,2,\cdots,n)$ 为 x_i 的误差传递系数。

设式(2-21) 为线性函数，则函数的系统误差表达式为：

$$\Delta y=a_1\Delta x_1+a_2\Delta x_2+\cdots+a_n\Delta x_n \tag{2-22}$$

当 $a_i=1$ 时，则有：

$$\Delta y=\Delta x_1+\Delta x_2+\cdots+\Delta x_n \tag{2-23}$$

因此，式(2-22) 表示函数的系统误差，式(2-23) 表示当所有传递系数为 1 时，函数的系统误差等于各个直接测量值系统误差的代数和。

(2) 函数随机误差

随机误差评估通常基于误差取值分布情况进行分析。对于涉及函数的随机误差评估，标准差是一个常用的评估手段。在进行函数随机误差计算时，需着重分析测量值的标准偏差与函数的标准偏差的关联关系。

设随机误差数学表达式如下：

$$y=f(x_1,x_2,\cdots,x_n) \tag{2-24}$$

其中，多元函数增量表示如下：

$$dy=\frac{\partial f}{\partial x_1}dx_1+\frac{\partial f}{\partial x_2}dx_2+\cdots+\frac{\partial f}{\partial x_n}dx_n \tag{2-25}$$

设测量值的随机误差为 δ_{x_i} $(i=1,2,\cdots,n)$，将 δ_{x_i} 代替 dx_i，则随机误差表达式如下所示：

$$\delta_y=\frac{\partial f}{\partial x_1}\delta_{x_1}+\frac{\partial f}{\partial x_2}\delta_{x_2}+\cdots+\frac{\partial f}{\partial x_n}\delta_{x_n} \tag{2-26}$$

为了描述函数标准差的数学表达式，需推导出各测量值的标准差，假设每个测量值都经过多次相同精度的测试，其函数随机误差的合成公式为：

$$\delta_y=\sqrt{\left(\frac{\partial f}{\partial x_1}\right)^2\delta_{x_1}^2+\cdots+\left(\frac{\partial f}{\partial x_n}\right)^2\delta_{x_n}^2} \tag{2-27}$$

令 $\frac{\partial f}{\partial x_i}=\alpha_i$ $(i=1,2,\cdots,n)$，则：

$$\delta_y=\sqrt{(\alpha_1)^2\delta_{x_1}^2+\cdots+(\alpha_n)^2\delta_{x_n}^2} \tag{2-28}$$

当 $\alpha_i=1$ 时，则函数的标准差为：

$$\delta_y=\sqrt{\delta_{x_1}^2+\cdots+\delta_{x_n}^2} \tag{2-29}$$

极限误差为：

$$\delta_{\lim y}=\sqrt{(\alpha_1)^2\delta_{\lim x_1}^2+\cdots+(\alpha_n)^2\delta_{\lim x_n}^2}$$

由上述式(2-23) 和式(2-29)，可得到一种简化的总合成极限误差估算公式：

$$\varepsilon=\Delta y+\delta_y \tag{2-30}$$

(3) 误差相关系数

误差相互关系会对计算测量结果产生直接影响。不同误差之间存在不完全平行关系，这种关系会导致误差传递过程中产生偏差，从而降低计算精度。在误差之间存在相关性的前提下，误差的综合计算应先确定各个误差的相关系数。

1）误差间的线性相关关系

误差间的线性相关是指误差之间存在某种线性关联，其关联强度因具体情况而有所不同。当相关性最强时，误差之间存在明确的函数关系，此时，一个误差数值会影响另外一个误差数值。

2）误差间的相关系数

在两个误差呈现线性相关关系的情况下，这种关联性的强度通过相关系数来描述。设两个误差 ξ 和 η 之间的相关系数为 ρ，根据相关系数定义，ρ 的计算公式为：

$$\rho=\frac{K_{\xi\eta}}{\sigma_\xi\sigma_\eta} \tag{2-31}$$

式中，σ_ξ 为 ξ 的标准差；σ_η 为 η 的标准差；$K_{\xi\eta}$ 为 ξ 与 η 之间的协方差。

2.4.2　误差分配

误差分配是指在测量中，通过选择适当的测量方法和确定各项误差大小，以满足总误差要求，从而保证测量精度的过程。通过合理分配和优化误差，确保各部分误差在允许范围内，进而满足测量系统的整体精度要求。

测量过程产生误差的原因各不相同，根据误差来源不同，误差分为未定系统误差和已定系统误差。未定系统误差是指难以精确识别和量化的误差。例如，测量设备的长期漂移、环境条件的微小变化和操作人员不可预测的影响等。已定系统误差是指可被识别、量化并且可通过校正或补偿来纠正的误差。该误差可通过校准或补偿进行消除。

假设各随机误差相互独立，已定系统误差 σ_y 表达式为：

$$\begin{aligned}\sigma_y &= \sqrt{\left(\frac{\partial f}{\partial x_1}\right)^2\sigma_1^2+\left(\frac{\partial f}{\partial x_2}\right)^2\sigma_2^2+\cdots+\left(\frac{\partial f}{\partial x_n}\right)^2\sigma_n^2} \\ &= \sqrt{a_1^2\sigma_1^2+a_2^2\sigma_2^2+\cdots+a_n^2\sigma_n^2} \\ &= \sqrt{D_1^2+D_2^2+\cdots+D_n^2}\end{aligned} \tag{2-32}$$

式中，$D_1,D_2,\cdots,D_n$ 为函数的各部分误差，$D_i=\frac{\partial f}{\partial x_i}\sigma_i=a_i\sigma_i$（$i=1,2,\cdots,n$）。

若已给定 σ_y，需确定 D_i 或相应的 σ_i，使其满足

$$\sigma_y \geqslant \sqrt{D_1^2+D_2^2+D_i^2+\cdots+D_n^2} \tag{2-33}$$

很明显，公式中的 D_i 可以是任意的数值，通常需要遵循以下的计算步骤。

(1) 按等作用原则分配误差

根据式(2-33)，等作用原则假设各部分误差对函数误差的影响是相等的，如式(2-34) 所示：

$$D_1=D_2=\cdots=D_n=\frac{\sigma_y}{\sqrt{n}} \tag{2-34}$$

由此可得：

$$\sigma_i=\frac{\sigma_y}{\sqrt{n}}\times\frac{1}{\partial f/\partial x_i}=\frac{\sigma_y}{\sqrt{n}}\times\frac{1}{a_i} \tag{2-35}$$

或用极限误差表示：

$$\delta_i=\frac{\delta}{\sqrt{n}}\times\frac{1}{\partial f/\partial x_i}=\frac{\delta}{\sqrt{n}}\times\frac{1}{a_i} \tag{2-36}$$

式中　δ——函数的总极限误差；

δ_i——各单项误差的极限误差。

如果各测量值的误差符合式(2-35)和式(2-36)，则函数误差不会超过允许的设定值。

(2) 按可能性调整误差

按可能性调整误差是指根据不同测量结果发生的可能性来合理地分配误差。因为按照等作用原则分配误差会产生不合理的结果，尤其是在不同测量变量对测量结果影响程度不同的情况下。一方面，确保其测量误差不超出允许范围，在一定条件下实现这一要求比较困难。另一方面，测量结果误差可能并不总是一致的，有时可能存在显著的偏差。因此，根据实际情况，需对基于等作用原则分配的误差进行调整。对于难以达成的测量误差，可适当放宽要求。而对于较易实现的测量误差，应尽可能减少。其他误差则保持不变。

(3) 验算调整后总误差

验算调整后总误差是保证测量结果准确性的重要步骤。首先分别计算各测量值误差，并根据其可信度赋予相应权重，进而计算加权测量值，然后根据调整后的测量值计算新的总误差并进行验证。若总误差超出允许范围，应优先调整能有效减少误差的部分。在总误差较小时，可适当放宽对难以精确测量的误差项的限制。

在进行误差分配时，如果遵循平均分配原则，注意在某些误差因素已经确定且无法改变时，应先在给定的允许总误差中去除该部分误差，再对其余误差项进行误差分配。

2.4.3 微小误差取舍准则

在测量过程中，总误差受各个误差的影响各不相同。有些误差源对测量结果的影响微乎其微，该误差可以忽略；而有些误差源对测量结果影响较大，该误差不能忽略。对测量结果的总误差影响极其微小的误差称为微小误差。为了确定视为微小并加以忽略的误差，需要建立相应的取舍准则。

若已知测量结果的标准差为 σ_y，则 σ_y 表达式为：

$$\sigma_y=\sqrt{D_1^2+D_2^2+\cdots+D_{k-1}^2+D_k^2+D_{k+1}^2+\cdots+D_n^2} \tag{2-37}$$

将其中的部分误差 D_k 取出后得 σ'_y，其表达式如下：

$$\sigma'_y=\sqrt{D_1^2+D_2^2+\cdots+D_{k-1}^2+D_{k+1}^2+\cdots+D_n^2} \tag{2-38}$$

若有

$$\sigma_y\approx\sigma'_y \tag{2-39}$$

则 D_k 为微小误差，由式(2-38)可知，在计算测量结果总误差时 D_k 可忽略不计。

按照有效数字的计算规则，对于一般精确度的测量，误差的有效数字应保留一位。在这种情况下，如果某个部分的误差被忽略，应符合式(2-40)：

$$\sigma_y-\sigma'_y\leqslant(0.1\sim0.05)\sigma_y \tag{2-40}$$

将式(2-40) 写成下列形式

$$\sqrt{D_1^2+D_2^2+\cdots+D_k^2+\cdots+D_n^2}-\sqrt{D_1^2+D_2^2+\cdots+D_{k-1}^2+D_{k+1}^2+\cdots+D_n^2}$$
$$\leqslant(0.1\sim0.05)\sqrt{D_1^2+D_2^2+\cdots+D_k^2+\cdots+D_n^2}$$

解此式得

$$D_k\leqslant(0.4\sim0.3)\sigma_y \tag{2-41}$$

因此，满足此条件只需取

$$D_k\leqslant\frac{1}{3}\sigma_y \tag{2-42}$$

精密测量时，通常取误差的有效数字为两位，则有

$$\sigma_y-\sigma'_y\leqslant(0.01\sim0.005)\sigma_y \tag{2-43}$$

由此可得

$$D_k\leqslant(0.14\sim0.1)\sigma_y \tag{2-44}$$

满足此条件需取

$$D_k\leqslant\frac{1}{10}\sigma_y \tag{2-45}$$

因此，对于计算求得的随机误差和未知系统误差，通常根据总标准差来确定微小误差的舍去准则。

微小误差的选择标准在估算总误差、分配误差以及选择高级标准参数等领域都具有重要的实践价值。以下列出了微小误差的选择标准。

① 在计算总误差或进行误差分配的过程中，若某个误差小到足以忽略不计，那么它对总误差的贡献可以不考虑。

② 在处理随机误差和系统误差时，忽略微小误差的标准通常为误差贡献小于总不确定度的 1/10～1/3。

③ 对于已知系统误差，常见的做法是按照 1%～10%的比例来进行取舍。

2.4.4　最佳测量方案确定

确定最佳测量方案的关键是在充分理解误差源的基础上，根据测量要求合理选择测量方法和测量设备，并通过控制影响因素，合理设计测量实验，从而最小化测量结果的误差。

由于已知系统误差可通过有效手段进行消除，在制定最优测量策略时，随机误差和未知系统误差对测量结果的影响成了关键因素。为了简化最优测量策略制定的基本原则，可选择最小化函数误差的最佳策略。随机误差合成计算公式为：

$$\sigma_y=\sqrt{\left(\frac{\partial f}{\partial x_1}\right)^2\sigma_{x_1}^2+\cdots+\left(\frac{\partial f}{\partial x_n}\right)^2\sigma_{x_n}^2} \tag{2-46}$$

在测量过程中，虽然不可能存在完全符合$\frac{\partial f}{\partial x_i}$等于零的测量条件，但是式(2-46)给出了$\frac{\partial f}{\partial x_i}$最小的最佳测量方案。为了满足$\frac{\partial f}{\partial x_i}$最小，应考虑以下几方面。

① 选择最佳函数误差公式　在间接测量中，测量值的减小会导致函数误差的减小。因此，在筛选间接测量计算公式时，应优先考虑对直接测量值依赖较少的公式。当多个公式都使用相同数量的直接测量数据时，应选择引发较小测量误差的直接测量公式。

② 误差传递系数最小　根据式(2-46)，如果使函数误差的传递系数$\frac{\partial f}{\partial x_i}$尽可能小，那么函数误差可以降到最小化。若传递系数$\frac{\partial f}{\partial x_i}=0$，部分误差$D_i=\left(\frac{\partial f}{\partial x_i}\right)\sigma_i=0$，则对函数误差的影响最小。根据这一原则，尽管传递系数无法完全降至零，但却给出了测量方案达到最佳的方向。

2.5 测量不确定度

测量不确定度是衡量测量结果质量的重要指标，在测量数据中具有重要作用。正确理解测量不确定度的基本概念，掌握测量不确定度的评定方法，才能更好地理解测量结果可能存在的误差范围。

2.5.1 测量不确定度基础

测量不确定度表示导则对测量不确定度的评估和表示方法进行了统一。

(1) 不确定度的表示

测量不确定度反映了测量结果的可信程度，是对测量值在一定范围内不确定性的评估。若 y 是被测量值，y 的测量结果为 $y\pm U$，则评价测量结果的不确定度范围为 $[-U,+U]$。如图 2-11 所示，不确定度区间为 $[-U,+U]$，即区间宽度为 $2U$，真值落在 $[T-U, T+U]$ 区间内。根据测量不确定度的概念，测量结果应是一个范围而非一个

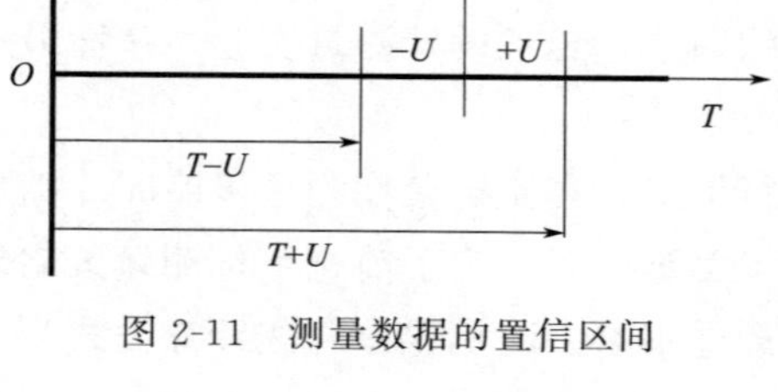

图 2-11　测量数据的置信区间

确定值。尽管测量结果和测量不确定度有一些共同之处，但也存在明显区别，因此需要准确理解和区分二者，以避免混淆和误用。

例 2-7　用水温计测量水体温度，已知水温计最小测量单位为 0.1℃，对水体温度进行测量的结果为 25.5℃，求温度测量结果的不确定度和真实测量值可能的测量范围。

解： 由题可知，测量结果的最小测量单位为 0.1℃，所以测量结果的不确定度范围为±0.1℃，则表示测量不确定度为±0.1℃。这意味着真实测量值很可能位于 25.4～25.6℃之间。

（2）不确定度有效范围

测量不确定度的有效范围是指测量结果的真值可能落在的一个区间。不确定度有效范围和测量方法、测量仪器以及被测对象相关。在实际测量值的范围内，不确定度能够准确地反映测量值与真值的差异。

如果输入量的概率分布呈对称分布，且输出量的概率分布近似为正态分布，则可使用统计方法来估计不确定度，这通常适用于线性模型或者其他满足线性条件的模型，比如应用线性回归评估不确定度。

（3）不确定度与误差的关系

误差和测量不确定度存在密切的关系，两者又存在显著区别，理解两者关系才能更好地评估测量结果的有效性和可靠性，如图 2-12 所示。

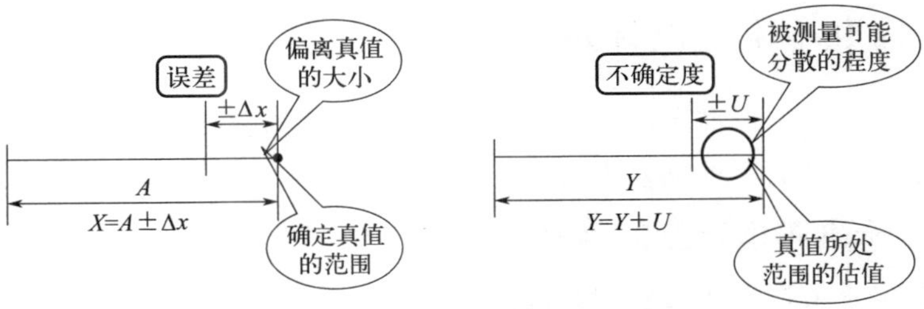

图 2-12　不确定度与误差区别

1）不确定度与误差的联系

① 评定测量精度指标　误差侧重于衡量测量结果与真值的偏离程度，反映了测量结果的准确程度；不确定度则着重于衡量测量结果的置信程度和可重复性特征，从概率角度描述了测量值的可能分布范围，是全面评估测量结果可靠性的重要指标。

② 对测量数据的影响　不确定度揭示了误差对测量数据产生的具体影响。误差是评定不确定度的基础，不确定度的评估依赖于对误差的理解和分析。只有对误差有深入的了解，才能对各种不确定度来源进行更准确的估计，从而正确地评估测量结果的不确定度。不确定度评估方法简化了分类，这有助于评估和计算

过程的进行。

③ 不确定度原理是误差理论的扩展　不确定度体现了误差对测量结果的影响程度，是对测量过程中各种因素和误差影响的综合考量。相对于误差，用不确定度描述测量结果更为直观和便于评估，显示出其合理性和实际应用价值。实际上，作为现代误差理论的重要内容，不确定度可视为对传统误差理论的一种扩展。

2）不确定度与误差的区别

① 定义不同　不确定度与误差有着本质区别。误差是以真值为参考的偏差量值，而不确定度不仅涵盖了误差因素，还包含了测量值的不确定性。误差通常很难进行精确的量化，而不确定度反映了测量认知的局限性，这种局限性可以通过系统分析和数学方法进行量化表征，使其成为评估测量质量的重要指标。

② 分类不同　误差可根据来源和特性分为系统误差、随机误差和粗大误差，且不同类型的误差采取的消除方法不同。不确定度的测量分类并不是基于其成因和特性，而是根据评估方法不同将不确定度分为 A 类评定和 B 类评定，而且 A 类和 B 类评定方法可根据实际情况选择应用。

③ 表示及应用不同　测量不确定度表征了测量结果的可靠程度，反映了测量值的精确度以及可能的偏差范围。而误差作为量化指标，直接体现了测量值与真值之间的差异程度，其数值可正可负，具有明确的量值和方向性。

2.5.2　标准不确定度评定

在测量过程中，标准不确定度是对由各种因素引起的测量结果不确定性的量化，通常以测量值的标准偏差表示。其评定方法如下。

2.5.2.1　标准不确定度的 A 类评定

A 类评定是根据多次独立测量数据并用统计分析法来估计不确定度的过程。在一定情况下，标准不确定度 u 可用计算测量值的标准偏差 σ 代替，即 $u=\sigma$。这是因为通过一系列重复测量计算出的测量值标准差，可以估计出测量结果的不确定性。这种方法通常适用于由随机误差引起的不确定度来源的测量或实验。

标准不确定度表示测量值的不确定性在统计意义上的标准差或标准偏差。求取标准不确定度 u_{x_i} 的方法如下。

设单次测量值估计值为 X_i，且 $u_{X_i}=\sigma_i$，n 次测量平均值 x_i 对应的估计值为 X_i，则标准不确定度数学表达式如下：

$$u_{x_i}=\frac{\sigma_i}{\sqrt{n}} \tag{2-47}$$

其中，σ_i 为通过 n 个观测值求得的单次测量值标准差。

A 类评定的 MATLAB 程序示例如下。

```
% 输入测量值
measurements=[12.2,12.5,12.3,12.2,12.3]; % 测试数据
% 计算平均值
m_value=mean(measurements);
% 计算标准偏差
st_dev=std(measurements,1); % 1 表示使用 N 作为分母
% 计算标准不确定度
n=length(measurements); % 测量次数
standard_uct=st_dev/sqrt(n);
% 输出结果
fprintf('测量值的平均值: %.4f\n',m_value);
fprintf('标准偏差: %.4f\n',st_dev);
fprintf('标准不确定度: %.4f\n',standard_uct);
```

输出结果如下：

```
测量值的平均值:12.3000
标准偏差:0.1095
标准不确定度:0.0490
```

2.5.2.2　标准不确定度的 B 类评定

与统计分析方法不同，B 类评定是通过估算概率分布或假设分布来确定标准偏差和标准不确定度。相较于其他评估方式，B 类评定具有更高的精确度和可靠性，所以在测量技术领域得到了广泛应用。在进行不确定度评估时，B 类评定方法展现出其独特优势：一是某些不确定度难以通过传统的统计手段进行评估；二是即使统计方法在理论上可行，在实际操作中也难以实施。正是基于这些优势，B 类评定在工程实践和科学研究中已成为不可或缺的重要评估手段。

(1) B 类评定的依据

B 类评定的依据是经验数据和知识以及测量设备规格。经验数据和知识有专家知识、历史数据、产品规格或者生产过程的经验、工程手册数据及结论等。为了合理使用提供的数据，要求操作人员具有一定的经验及对知识的深入理解，能够正确进行标准不确定度的 B 类评定。

(2) B 类评定方法

选用 B 类评定方法，应根据实际情况选择被测对象测量值的分布假设。主要的分布假设有正态分布假设、均匀分布假设、三角分布假设和反正弦分布

假设。

① 正态分布假设　确定影响测量估计值 x 的多个独立因素，这些影响因素均服从正态分布，则标准不确定度估算如下所示：

$$u_x=\frac{a}{k_p} \tag{2-48}$$

式中　a——置信概率 p 的分布区间半宽；

k_p——包含因子，通过查找正态分布积分表确定取值。

B 类评定方法在正态分布假设下，通过合理获取和评估不确定度来源，能够有效地计算标准不确定度并合成最终结果。

② 均匀分布假设　假设测量值在区间（$x-a,x+a$）内均匀分布，在该区间估计值 x 的概率为 1，即 x 出现的概率相等，则其标准不确定度 u_x 为：

$$u_x=\frac{a}{\sqrt{3}} \tag{2-49}$$

③ 三角分布假设　在区间（$x-a,x+a$）内，估计值 x 受到独立且均匀分布的两个因素影响，且两因素均服从三角分布，则估计值 x 的标准不确定度为：

$$u_x=\frac{a}{\sqrt{6}} \tag{2-50}$$

④ 反正弦分布假设　在区间（$r-a,x+a$）内，估计值 x 服从反正弦分布，则估计值 x 的标准不确定度为：

$$u_x=\frac{a}{\sqrt{2}} \tag{2-51}$$

2.5.3　测量不确定度合成

(1) 合成标准不确定度

合成标准不确定度是通过数学方法将各种独立不确定度分量进行合成而获得的总体标准不确定度，即测量结果在多重因素共同作用下的总体不确定度。由于测量数据的来源不同，其标准不确定度也可能存在一定的差异。为了精确计算合成标准不确定度，首先要深入探讨各种影响因子与测量数据之间的关联机制，并对所有不确定度分量进行精确评估，然后进行合成不确定度的估算。

在间接测量中，通过其他 N 个测量值 x_1，x_2，…，x_N 的函数来计算得到被测量的估计值 y 为：

$$y=f(x_1,x_2,\cdots,x_N) \tag{2-52}$$

测量值 x_i 对应的测量标准不确定度为 u_{x_i}，不确定度 u_{x_i} 对 y 影响的传递系数为$\frac{\partial f}{\partial x_i}$，则由 x_i 引起的 y 的标准不确定度分量的数学表达式为：

$$u_i = \left| \frac{\partial f}{\partial x_i} \right| u_{x_i} \tag{2-53}$$

其中，$i=1, 2, \cdots, N$。

合成标准不确定度 u_c 由所有不确定度分量合成得出，计算公式为：

$$u_c = \sqrt{\sum_{i=1}^{N} \left(\frac{\partial f}{\partial x_i} \right)^2 u_{x_i}^2 + 2\sum_{1 \leqslant i < j}^{N} \frac{\partial f}{\partial x_i} \frac{\partial f}{\partial x_j} \rho_{ij} u_{x_i} u_{x_j}} \tag{2-54}$$

式中，ρ_{ij} 为测量值 x_i 与 x_j 的不确定度相关系数；u_{x_i}、u_{x_j} 为测量结果 y 的不确定度。

若 $\rho_{ij}=0$，则式(2-54) 可表示为：

$$u_c = \sqrt{\sum_{i=1}^{N} \left(\frac{\partial f}{\partial x_i} \right)^2 u_{x_i}^2} \tag{2-55}$$

当 $\rho_{ij}=1$，且 $\frac{\partial f}{\partial x_i}$ 和 $\frac{\partial f}{\partial x_j}$ 同号，或 $\rho_{ij}=-1$，且 $\frac{\partial f}{\partial x_i}$ 和 $\frac{\partial f}{\partial x_j}$ 异号时，合成标准不确定度计算公式如下：

$$u_c = \sum_{i=1}^{N} \left| \frac{\partial f}{\partial x_i} \right| u_{x_i} \tag{2-56}$$

为了确定各不确定度分量 u_i 的值，应根据实际情况选用 A 类或 B 类评定，计算出合成标准不确定度 u_c。

$$u_c = \sqrt{\sum_{i=1}^{N} u_i^2 + 2\sum_{1 \leqslant i < j}^{N} \rho_{ij} u_i u_j} \tag{2-57}$$

用 u_c 作为 y 的测量不确定度，其测量结果可表示为

$$Y = y \pm u_c \tag{2-58}$$

(2) 展伸不确定度

展伸不确定度是在合成标准不确定度基础上，通过引入一个扩展因子得到的不确定度值。展伸不确定度可提供更高的置信水平。在进行高精度比较、安全生产等相关测量时，往往需要一个更高置信度的置信区间来确保包含真实测量值，合成标准不确定度显然不能满足要求，需要选用展伸不确定度来表示这些测量结果。

展伸不确定度 U 由合成标准不确定度 u_c 和包含因子 k 相乘而得，U 可表示为：

$$U = k u_c \tag{2-59}$$

展伸不确定度测量结果表示为：

$$Y = y \pm U \tag{2-60}$$

通过计算 t 分布的临界值 $t_P(v)$，给出包含因子 k：

$$k = t_P(v) \tag{2-61}$$

式中，v 为 u_c 的自由度；$t_P(v)$ 可查 t 分布表得到。

当 u_i 相互独立时，v 由式(2-62) 计算可得：

$$v=\frac{u_c^4}{\sum_{i=1}^{N}\frac{u_i^4}{v_i}} \tag{2-62}$$

式中，u_i 为各标准不确定度分量；v_i 为 u_i 的自由度。

已知自由度 v_i，则由式(2-62) 可计算出合成不确定度的自由度 v。但是，在实际情况下，由于缺乏足够的信息以确定每个分量的 v_i，则自由度 v 无法按式(2-62) 计算，也无法确定包含因子 k，通常展伸不确定度选用包含因子 $k=2\sim3$ 来计算。

展伸不确定度的 MATLAB 示例程序如下。

```
% 设有三个不确定度来源
u1=0.2; % 第一个不确定度
u2=0.15; % 第二个不确定度
u3=0.03; % 第三个不确定度
uncertainties=[u1,u2,u3]; % 不确定度数组
% 选择扩展因子,95% 置信水平通常选择 k=1.5
k=1.5;
U=expd_uncertainty(uncertainties,k); % 计算展伸不确定度
disp(['展伸不确定度:',num2str(U)]);
functionU=expd_uncertainty(uncertainties,k)
    uc=sqrt(sum(uncertainties.^2)); % 计算合成标准不确定度
    U=k*uc; % 计算展伸不确定度
end
```

输出结果如下：

```
展伸不确定度:0.37769
```

2.5.4 不确定度报告

不确定度报告是对测量结果和对应不确定度的系统描述。通过不确定度报告能够深入地理解测量精度的详细信息和测量结果的可靠性、可重复性和误差来源等信息。上述信息有助于用户制定相关决策。

(1) 报告基本内容

不确定度报告提供的详细信息要素主要有原始观测数据、测量结果、不确定

度、不确定度来源、合成方法及置信水平、被测量估计值和不确定度评定的方法等。

(2) 测量结果表示

在不确定度报告中，测量结果的表示方式应清晰、标准化，以便于理解，因此，测量结果一般用以下方法表示。

设 u_c 为合成标准不确定度，P 为置信概率，v 为自由度，U 为展伸不确定度，y 为测量的估计值，k 为包含因子，其中，$U=ku_c$。

① 不确定度用 u_c 表示，测量结果表达方式如下。

例如，设报告中被测量 Y 的标准测量值为 30m，$y=30.01253\text{m}$，对应的 $u_c=0.15\text{mm}$，则测量结果表示方法如下所示。

$$a: Y=30.01253\text{m}, u_c=0.15\text{mm}$$

$$b: Y=30.01253(15)\text{m}$$

$$c: Y=30.01253(0.00015)\text{m}$$

$$d: Y=(30.01253\pm0.00015)\text{m}$$

② 不确定度用 U 表示，测量结果表达方式如下。

例如上述报告的标称值为 30m，其测量结果为

$$Y=y\pm U=(30.01253\pm0.00015)\text{m}$$

根据上述表达式，则 $U=0.00015\text{m}$，$P=0.95$，$v=9$，由 t 分布表查得包含因子 $k=2.13$。

在此需要指出的是展伸不确定度和标准不确定度在表达形式上是一致的，易被混淆。所以在用展伸不确定度来表达测量结果时应给予相应解释。

③ 相对不确定度形式的测量结果表达方式如下。

例如上述报告的标称值为 30m，$u_c=0.15\text{mm}$，其测量结果可表示为

$$y=30.01253\text{m}, u_c=0.00015\%$$

本章小结

本章首先介绍了测量和误差的基本概念以及测量误差的主要来源，并详细介绍了系统误差、随机误差及粗大误差的基本概念、计算方法等。其次重点讲述了测量误差的表示方法、误差消除方法以及误差数据处理等内容。在误差表示方法中，介绍了绝对误差、相对误差及引用误差的相关知识。然后概述了误差和精度的区别，以及精密度、准确度和精确度概念以及它们的区别和关系等。另外给出了误差合成与分配的概念、准则及方案设计。最后讲述了测量不确定度的基础、评定、合成以及不确定度报告等。

思考题

1. 分析测量误差的来源有哪些。

2. 什么是测量过程？测量过程的三个环节分别是什么？

3. 根据误差产生的不同原因，误差可分为哪几类？并列举这些原因。

4. 简述粗大误差的判别准则。

5. 简述定值系统误差和变值系统误差的概念及影响。

6. 精度的含义是什么？简述精度划分。

7. 简述精密度、准确度和精确度的区别及相关关系。

8. 测量不确定度含义是什么？和测量误差有什么关系？

9. 简述测量不确定度评定方法。

10. 简述误差分配原则。

11. 对于实测数据，应如何选取判别准则以消除粗大误差？

12. 用量程为 0～100℃ 的温度传感器测量 70℃ 的水，传感器测得的值为 70.5℃，求其绝对误差、相对误差和引用误差。

13. 已知 $y=y_1+y_2+y_3$，$y_1=2x_1$，$y_2=x_2$，$y_3=3x_2$，并且变量 x_1 与 x_2 的 B 类不确定度分别为 $u(x_1)$ 和 $u(x_2)$。试求 y 的合成标准不确定度 $u_c(y)$。

14. 对 120kPa 的水压进行了 10 次测量，测量结果如下：

120.12，120.10，120.23，120.30，120.20，120.10，120.33，120.21，120.13，120.22；

试采用粗大误差判别准则检查其中有无粗大误差，并写出测量结果。

第3章

智能传感器

3.1 智能传感器概述

传感器是感知被测物理量，并将其转换为电信号或其他形式信号的装置，是获取信息的重要工具。近年来，越来越多的传感器集成了微处理器及其他功能单元，使其具有数据采集与处理、数据交换与通信等功能，并赋予了传感器感知认知、自我诊断与维护、自主控制与决策等人工智能的特点。

3.1.1 智能传感器定义

根据国标 GB/T 33905.3—2017《智能传感器　第 3 部分：术语》中的定义，智能传感器（intelligent sensor）是具有与外部系统双向通信手段，用于发送测量、状态信息，接收和处理外部命令的传感器。在检测系统中，一方面，传感器感知环境的各类数据，并将数据转换为分析、监测或控制的信息；另一方面，传感器将检测结果在仪器仪表中显示。

智能传感器是智能制造的基石，特别是随着智能检测技术的发展，智能传感器变得尤为重要。智能传感器已在农业、工业等多个领域得到了广泛应用。在智能制造领域，传感器监控制造过程中的各类参数，从而保障设备的稳定运行。现代工业生产中，随着对产品质量要求的提高，传统的传感器已无法对产品质量指标等进行实时、快速、精确的在线检测。传统传感器和智能传感器结构的区别如图 3-1 所示。

敏感元件是传感器的核心元件。敏感元件通常是利用敏感材料的物理、化学特性感知被测对象信息并将其转变为电信息。敏感元件根据输入的物理量不同分为热敏元件、压敏元件、光敏元件等。在电子设备中，敏感元件感知被测对象信息的程度可达到甚至超过人类感官。随着新材料、新技术的迅速发展，敏感元件

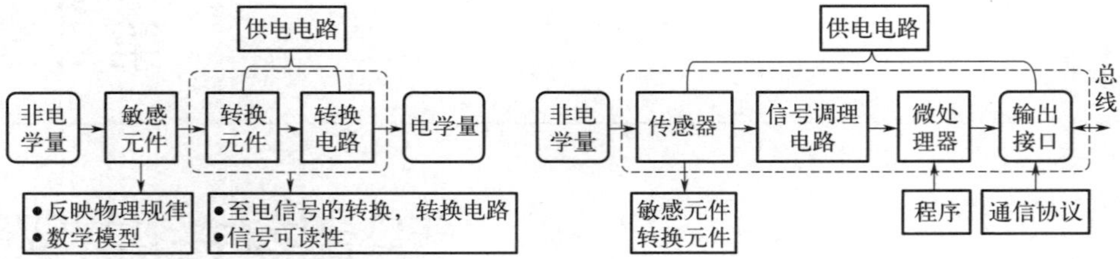

(a) 传统传感器结构　　(b) 智能传感器结构

图 3-1　传统传感器和智能传感器结构的区别

性能得到了显著提升，推动了传感器应用领域的拓展。

转换元件在传感器信号后续处理中起到了关键作用。转换元件是指将敏感元件信号转换为可用于测量的信号的元件。常见的转换元件类型包括压电式、光电式、电容式等。转换元件的转换原理和性能将直接影响传感器的精度和稳定性。目前，多类智能传感器将敏感元件与转换元件集成为一体。例如，光电传感器的转换元件能将光信号转换为其他电量信号，实现对物体的轮廓、几何尺寸、位置等的识别。转换元件输出信号需通过信号调理电路，将微弱的电荷、电流或电压信号进行放大、滤波处理，以确保输出信号满足后续的数据处理要求。信号调理电路通常有 A/D 转换器、信号放大器、滤波器等组件。信号调理电路可提高传感器精度、稳定性等性能指标。

微处理器负责接收信号调理电路输出的信号，在本地可实现信号的处理和分析，同时将处理的信号进行输出，方便后续的数据处理。微处理器是智能传感器的“大脑”，软件算法及相关的信号调制与控制可通过微处理器实现。

总线接口是数据传输和设备交互的通道，也是连接传感器或其他设备的标准化接口。常见的传感器总线接口有 I^2C、SPI、UART、CAN、Ethernet 以及无线通信接口等。在传感器网络中，无线通信接口尤为重要，是数据远程传输至云端设备的主要途径。总线接口设计应根据需求、应用环境、成本、性能和可靠性等因素选择合适的接口类型。

供电电路是为传感器提供稳定电源的重要部分，不仅保证传感器的正常工作，还能有效延长其使用寿命。根据电源类型的不同，常见的传感器供电电路有电池管理电路、过压保护电路、稳压电路等。对于在线监测系统，低功耗设计是供电电路的关键，以避免电能过度消耗。

3.1.2　智能传感器特性

智能传感器技术指标直接影响检测设备的性能。智能传感器的智能算法和高性能硬件的协同，在显著提升检测设备检测精度和效率的同时，降低了其对硬件基础性能的苛刻要求，减少了制造成本，从而大幅提高性价比。智能传感器特性一般包括以下几个方面。

（1）双向通信功能

通过双向通信功能，智能传感器不仅能够实现数据上传、远程控制和参数配置，而且可实现故障诊断、协同作业、多传感器互联等。常用的远程双向通信技术有 Wi-Fi、蓝牙、ZigBee、LoRa 等。在物联网系统中，传感器通过双向通信与其他设备协同工作，相互配合，实现对复杂环境的监测。如图 3-2 所示的光学水质 COD 检测传感器，通过 RS485 串口总线将检测数据传输给水质检测仪表。

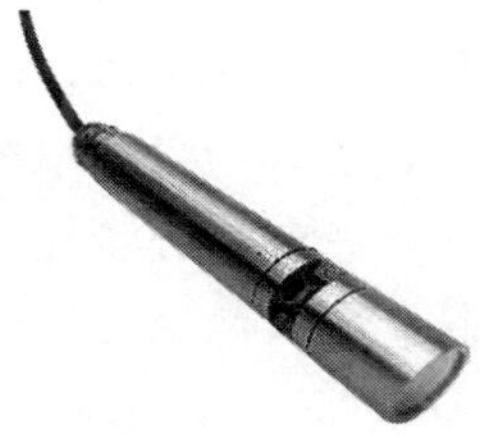

图 3-2　光学水质 COD 检测传感器

（2）数据存储、记忆、处理和分析功能

智能传感器嵌入了微处理器和存储单元。微处理器不仅可以通过存储单元存储大量的数据，还可以通过软件实现数据计算分析，从而实现传感器参数修改、历史数据获取、实时数据和分析结果的存储，以供用户进行设备历史数据、校正数据、测量参数、状态参数查询等。存储单元保证在断电重启后恢复原工作状态。信息处理结构图如图 3-3 所示。

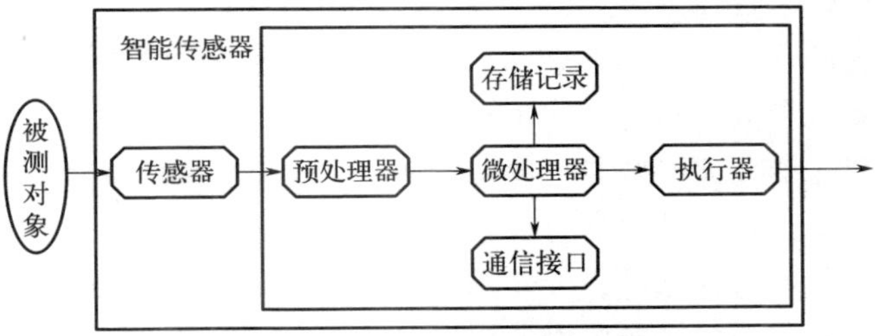

图 3-3　智能传感器信息处理结构图

（3）自补偿和自校准功能

自补偿和自校准是提高传感器测量精度的重要手段。由于工作环境及传感器自身原因，传感器容易受到干扰，智能传感器通过正确的补偿模型，可实现对温度、压力、湿度等干扰因素的补偿，还可通过应用软件算法实现非线性补偿和其他更复杂的补偿。

自补偿方法主要有软件算法补偿、多点校正以及动态补偿等。软件算法补偿通过模型算法实时调整数据以减少误差，并结合应用场景、检测需求以及数据特性来选择合理的模型算法。由于传感器制造过程的限制，会存在重复性差、非线性、温度漂移、零点漂移等问题，通过拟合和插值等补偿算法，可弥补传感器硬件的缺陷。软件算法补偿还可以根据采集的数据，进行误差源识别，并计算测量误差以建立补偿模型，根据新的采集数据调整补偿算法，使用标准物质或采用标准参考点对补偿算法进行校准，最后验证算法的有效性。多点校正是对已知的多个校准点进行插值或分段线性处理的方法。动态补偿是采用历史数据对传感器的补偿参数持续更新，以适应新环境和系统状态的变化。

例如，为了减小压阻式压力传感器的温度漂移现象对检测结果的影响，设计了一种基于 STM32F103 微处理器的温度补偿方案，该方案利用温度传感器进行补偿。实验测试温度范围为－25～65℃，要求在不同温度下智能传感器最大测量误差为 0.1%。根据设计要求，智能传感器电路结构如图 3-4 所示。

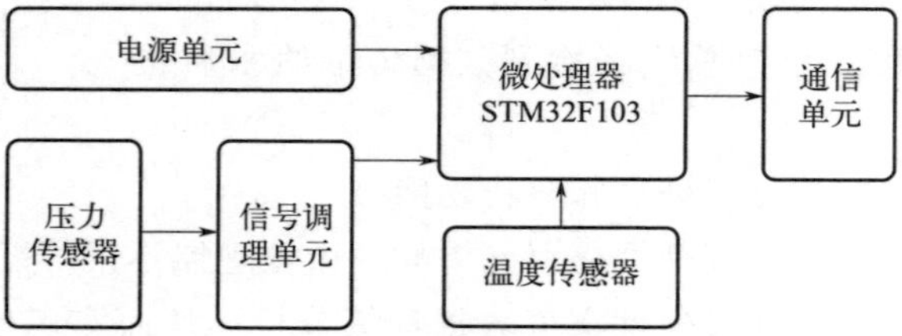

图 3-4　智能传感器电路结构

(4) 自适应、自学习、自诊断功能

智能传感器采用自适应技术，通过在一定范围内自动调节自身特性，来适应工作环境变化或传感器元件老化等因素引起的测量干扰，因此，自适应技术通过校正和补偿，提高了传感器的性能。智能传感器根据获取的测量样本进行模型训练，实时调整系统参数，自适应地重构结构和重置参数。

随着人工智能的发展，智能传感器将具有更强的自学习能力，更好地适应不断变化的复杂环境。智能传感器自诊断是对传感器的数据进行诊断评估，通过分析数据的变化识别出异常情况，并利用机器学习和数据分析技术识别系统故障模式，从而快速诊断出故障的原因和位置并做出必要的响应。

(5) 集成化

大规模集成电路的发展，推动了传感器向高度集成化、小型化方向发展。传感器集成化扩展了智能传感器的功能，提高了传感器的性能。利用先进的制造工艺和制造技术，将多个功能集成在芯片上，使传感器具有更强大的计算、数据处理、分析和智能决策的能力。智能传感器集成化主要体现在三个方面。

① 处理能力：大规模集成电路使得传感器集成了强大的微处理器等元件，可实现数据的预处理，对数据进行分析和智能决策，提高了传感器的处理能力。

② 性能：将传感器敏感元件、微处理器和信号调理电路集成为系统级芯片，不仅消除了传感器的漂移现象，而且实现了传感器的自动校准、自动补偿等功能，从而提高了传感器测量精度，减少了传统传感器的局限性。

③ 研发维护成本：传感器集成了更多的组件，使传感器具有兼容性很强的

接口，并实现了多种功能，因此减少了研发投入，降低了维护成本。

（6）多传感器融合

多传感器融合技术通过集成多种类型传感器数据，并利用智能算法进行数据处理与分析，快速做出决策，从而提高系统的环境感知能力。在某一传感器失效的情况下，该技术可通过其他传感器提供的数据弥补缺失信息，确保系统的稳定运行。

智能传感器接口兼容性强大，可融合多个传感器检测数据，减少了单一传感器的局限性。例如，水质多参数传感器可以同时测量水体的温度、水质参数等多种环境信息。如图 3-5 所示，水质多参数传感器通过 RS485 串口总线可集成电化学、光学等多个传感器，实现水体的 pH 值、溶解氧、氨氮、COD、叶绿素等多个水质参数检测，完成多参数检测后，通过标准输出接口接入显示仪表，实现检测数据的实时可视化呈现。

图 3-5　水质多参数传感器的一体式仪器

（7）可编程能力

智能传感器具有可编程能力，可根据应用需求进行功能定制和参数配置。开发者可以通过下载软件工具更新程序对传感器的行为、数据处理和决策逻辑进行灵活调整，也可借助远程通信功能，实现更快、更便捷、更经济的程序远程自动更新和二次开发。

3.1.3　智能传感器分类

（1）根据输入物理量分类

根据传感器输入物理量性质进行分类，可分为噪声传感器、力矩传感器、位移传感器、温度传感器等，如图 3-6 所示的部分传感器。这些传感器通常也是以输入物理量命名，这样更能明确地表达传感器的用途，便于用户选用。

(a) 三自由度加速度传感器　(b) 温度传感器　(c) 磁致伸缩位移传感器

图 3-6　传感器实物图

（2）根据工作原理分类

根据检测原理、规律和效应的不同，传感器可分为光电传感器、压电传感

图 3-7 红外传感器

器、生物传感器、磁敏传感器等。如图 3-7 所示为用于温度检测的红外传感器，可用于体温检测。

(3) 根据物理现象分类

按照物理现象，传感器可分为结构型传感器及物性型传感器。结构型传感器是基于应变测量技术，以敏感元件材料的机械形变进行物理量测量的传感器，如图 3-8 所示的结构型称重传感器。

物性型传感器是利用敏感元件材料的物理特性变化获取测量信号的传感器。例如压电式压力传感器，如图 3-9 所示，是利用石英晶体、钛酸铅等压电特性材料的压电效应测量压力的一种传感器。压电晶体在机械外力的作用下，晶体内部发生极化，产生的电荷根据受力大小和方向发生变化，而且电荷大小与所施加的机械外力成线性关系，受外力越大，压电晶体产生的电荷就越多。物性型传感器具有灵敏度高、无源特性、高温适应性等特点。随着陶瓷材料、聚合物材料等新材料的迅速发展，物性型传感器在高精度、高可靠性场合得到了广泛应用。

图 3-8 结构型称重传感器

图 3-9 压电式压力传感器

(4) 根据输出信号性质分类

传感器输出信号主要是模拟量或数字量，因此根据输出信号分为模拟式传感器和数字式传感器。模拟式传感器可检测温度、湿度、风速等外部参数，并输出与物理量成比例的模拟电压或电流。模拟式传感器的缺点是在信号传输过程中不仅易受噪声和电气干扰等影响，而且传输距离越远，模拟信号衰减越严重。数字式传感器是以数字方式进行数据转换和数据传输的传感器，数字式传感器弥补了模拟式传感器的缺点，其抗干扰能力强，传输距离远，是目前应用最为普遍的一类传感器。

3. 1. 4 智能传感器应用

物联网的发展推动了对智能传感器技术的深入研究。智能传感器是物联网的重要组成部分，主要体现在智能制造、环境监测、智能交通、智能建筑、智慧农业、智慧医疗、智能家居及智能电网等多个领域，如图 3-10 所示。

(1) 智能制造

智能传感器是实现智能制造的基石。智能传感器的应用提高了生产效率，提

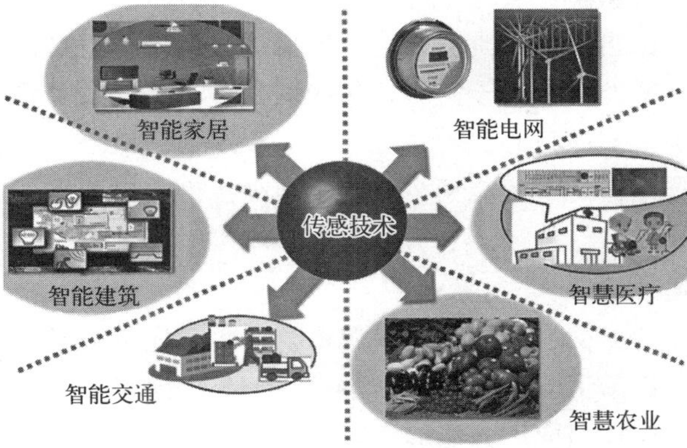

图 3-10　智能传感器应用

升了产品质量。智能传感器在制造过程中的典型应用体现在制造过程中的实时监控，正是应用了位移、振动、速度等传感器，数控机床才实现了对加工状态、机床振动、刀具状态的在线检测。此外，智能传感器在推动智能制造的数字化转型方面也起到了关键作用。智能传感器同数字孪生、边缘计算等技术结合，帮助企业建立更加精准的虚拟模型，从而实现对生产过程的全面监控、优化和预测。智能传感器将生产过程中的各种实时监控信息发送到控制中心，有助于企业精确了解工艺流程、生产过程、设备状态、库存状况等，实现企业的高效、科学管理。而且，通过传感器收集的大量数据并结合控制系统的机器学习算法，可以实现生产过程的智能决策和高度自动化。传感器在生产加工过程中不仅能够获取全面的各类数据，为设备故障分析提供可能，而且传感器基于采集数据形成了实时反馈，同控制系统相结合实现了对加工过程的自动调节。智能传感器还是智能制造物联网系统的核心部件，通过传感器的互联互通，使整个制造过程更加智能化，不仅实现了对生产过程的智能化管理，而且有助于企业提高生产效率和竞争力。

(2) 环境监测

在环境监测领域，智能传感器通过融合光学传感器、视觉传感器、电化学传感器等多种类型传感器，可实现对空气中的颗粒物、二氧化硫、挥发性有机化合物等有毒有害气体的有效监测。基于监测数据，管理部门通过发布空气质量预警并采取相关措施，以减少空气污染对人体健康和生态环境造成的影响。此外，智能传感器还可用于地表、地下水体的水污染监测，这有助于环保、水务等相关部门及时掌握水体状况，及时做好早期防范措施，从而保障水源的安全。

在土壤污染监测中，智能传感器同样发挥着重要作用，通过检测土壤的多项参数并评估其状况，农业、环境管理人员可依据监测数据进行精准农业管理，从而避免资源浪费。

智能传感器还可用于环境噪声污染监测，尤其在城镇化建设发展中，噪声污染已成为重要的环保指标。在工业园区、厂房周边、城镇道路、高速公路等高噪声区域部署智能传感器，有助于实时评估噪声污染水平，及时采取抑制噪声污染的措施，从而保护人们的身心健康。

总之，智能传感器的广泛应用，有助于减少污染、改善生态环境，从而保障人类的健康生活。

(3) 智能交通

智能传感器在智能交通系统中扮演着重要角色。通过与通信技术、大数据等多种技术相结合，提高了交通管理的智能化和自动化水平。例如，地磁传感器、雷达传感器和视频监控的应用，能够实时监测交通流量、车流密度和车速。基于这些传感器数据，交通信号灯可以自动调整信号的切换频率和持续时间，为交通管理者提供精确的数据支持，从而优化调度机制，及时发布交通信息，提高道路使用效率。

在智能停车管理方面，智能管理系统借助超声波传感器、车牌识别摄像头等设备提供的实时停车位等相关信息，可优化车位布局，减少停车场拥堵，方便停车管理。此外，智能传感器还广泛用于自动驾驶、公共交通智能调度以及智能交通安全预警等领域。

智能传感器在交通系统中的应用，优化了交通流量，保障了道路安全，提高了交通效率，促进了智能交通在未来更加智能、高效、安全。

(4) 智能建筑

作为智能建筑的重要组成部分，智能传感器通过实时监测和数据反馈，有效提升了建筑管理的智能化水平、能源利用效率、建筑的智能化和自动化程度。应用热量传感器、水量传感器、电力传感器等监控能源消耗并进行自动优化，能够合理配置建筑内的能源利用，例如智能照明传感器结合其他传感器，可根据人员多少自动调整室内照明强度和空调制冷强度。红外传感器、烟雾报警传感器、火灾报警传感器、气体泄漏传感器等用于智能建筑安全的传感器可实时监测建筑内外的安全情况，从而确保建筑和人员安全。再如振动传感器，可实时监测建筑的振动，如发生振动等意外，振动传感器会触发报警系统。智能传感器可提高能源利用效率、改善居住环境、保障建筑安全。

(5) 智慧农业

智能传感器融合物联网、大数据以及人工智能等技术，可提升农业生产效率，改善作物生长环境，优化农产品质量和精细化农业管理，从而实现农业的智能化和精准化。智慧农业常用的传感器有土壤传感器、气候传感器、作物生长传感器、灌溉系统传感器、无人机遥感传感器以及病虫害监测传感器等。作物生长传感器有叶绿素传感器、植物生长监测传感器以及作物健康传感器等。这些传感器部署在作物生长环境中，利用视觉成像、光谱分析等检测技术，可以详细了解农作物的生长过程、病虫害活动状况，帮助人们科学地采取相关措施。

(6) 智慧医疗

智慧医疗通过智能传感器实时监测和收集患者健康信息，不仅帮助患者进行自我健康管理，还为医生提供了更精确的诊断和治疗建议。生理参数监测传感器是常见的医疗传感器设备，可实时监测病人的心率、血氧、体温、血压等多种生理指标，为患者和医生提供及时的健康信息。

此外，生物传感器利用生物学原理，通过分析人体内血液、葡萄糖、乳液、汗液等生物标志物，在疾病预防、早期诊断和健康监测中发挥重要作用。智能传感器的应用显著提升了医疗服务质量，提高了诊断效率和治疗效果，同时减少了医疗资源浪费，改善了患者的就医体验。

3.1.5 智能传感器发展趋势

随着新材料、人工智能等新技术不断涌现，智能传感器在技术实现途径方面出现了新的突破，主要包括如下几个方面。

(1) 新检测原理

近些年，传感器技术在检测原理上取得了显著突破，推动了智能传感器在更多领域的广泛应用。纳米技术的进步促进了传感器性能的显著提高。例如，利用纳米线的光学特性和电学特性，并结合表面增强拉曼散射技术，实现了极低浓度下的生物分子浓度检测。柔性电子技术使传感器可植入皮肤或其他曲面物体，不仅能够承受拉伸、弯曲等变形，还可实时监测生物信号、复杂环境参数。基于量子光学干涉效应原理，量子传感器实现了对超高精度的磁场、加速度等物理量的测量，尽管量子传感器还处于研制阶段，但其未来潜力巨大。此外，智能传感器和人工智能结合也同样带来了新的突破，使传感器能够根据环境变化自主调整测量方式或参数，增强了环境适应能力。

(2) 新材料应用

新材料是智能传感器不断发展的关键要素。随着新材料科学的突破，传感器在性能和功能上得到了显著提升。例如，有机半导体材料、热电薄膜材料、碳纤维材料、自修复聚合物、导电聚合物、纳米金属氧化物、石墨烯等材料的应用，极大地拓展了传感器的应用范围。碳纤维材料凭借其力学强度和导电性，常被用于应变传感器和压力传感器；石墨烯材料凭借其优异的电子导电性和机械强度，已被广泛用于气体传感器、生物传感器；导电聚合物则因具有柔性和良好的电学性能，被用于穿戴设备和环境监测等领域。此外，柔性压力传感器利用导电高分子材料、纳米材料，可贴附在皮肤上，用于监测肌肉活动或关节运动，目前已广泛应用于运动健康和康复医学领域。

随着新材料的不断涌现和传感技术的进步，智能传感器将在物联网、环境监测、医疗健康、工业自动化等领域发挥重要作用，展现出巨大的应用潜力。

(3) 人工智能技术

人工智能结合智能传感器，使传感器不仅具有数据采集、分析功能，还具有预测、诊断、控制等功能，提升了相关系统的自动化和智能化水平。人工智能赋予了智能传感器智能感知与数据分析能力。例如，人工智能结合视觉传感器，有助于识别图像中的对象特征以及潜在的信息等。在多传感器融合工作情况下，结合人工智能，可以做出更有效的决策。两者结合，在医疗健康领域也具有很大的潜力，可以实现生物医学监测、个性化健康监测、疾病检测诊断等。图像和声音传感器是常见的智能传感器，人工智能与图像传感器结合能够实现高效的图像分析，同声音传感器结合，能够实现语音识别和语音控制。因此，随着技术的不断进步，智能传感器和人工智能的结合将不断扩展出新的应用场景。

(4) 多传感器信息融合技术

多传感器信息融合技术在机器人、智能制造、环境监测、自动驾驶等领域得到了广泛应用。经融合算法处理后的数据，具有更高的精度、更强的鲁棒性和适应能力。常用的融合算法有卡尔曼滤波、DS 理论、神经网络和深度学习等。例如，在智能制造中，多传感器融合能够实时监控生产线的设备状态、环境因素等，进而调整生产策略，保证生产过程的顺利进行。尽管多传感器融合技术已经取得了显著成果，但仍然面临数据格式不一致、时间同步、实时性需求差异以及算法复杂性等挑战。未来，结合人工智能与边缘计算等先进技术，多传感器融合系统的性能和智能化水平将得到进一步提升。

(5) 网络化

智能传感器网络化是物联网技术发展的趋势。通过部署广域传感器，构建网络化的传感器系统，从而实现对设备、环境等的实时监测。智能传感器网络化的核心思想是传感器与物联网深度融合，通过形成互联互通的传感器网络，使各种传感器协同工作，实现对复杂环境和复杂系统的感知、分析和决策。智能传感器网络化具有实时感知、协同工作和自适应等特点，目前已广泛应用于智慧农业、医疗健康、智慧城市以及工业互联网等领域。

3.2 智能传感器设计

为适应物联网发展需求，智能传感器正向着集成化、智能化和小型化的方向发展。智能传感器通过硬件和软件协同工作，实现对环境信息的精确感知和智能化处理。其硬件主要包括微处理器、敏感元件、信号调理电路、通信电路、电源管理电路等。而软件则负责实现数据处理、分析、通信、决策和设备管理等。硬件与软件的结合，使智能传感器能够更高效地适应复杂应用场景的需求。

3.2.1 传感器性能指标

在不同应用场景中，传感器的性能指标要求不同，因此在设计时，需综合考虑各种因素以满足特定场景需求。传感器的基本特性决定了其工作性能和适用范围。根据输入信号的不同，传感器特性分为静态特性和动态特性。

(1) 静态特性

静态特性是指传感器在稳态（输入量为常量或变化极慢，可视为不随时间变化的稳定条件）输入信号作用下，输出与输入信号之间的关系及所表现出的性能特征。表征传感器静态特性的主要参数反映了传感器在特定条件下的性能表现，这些参数包括量程、线性度、灵敏度、重复性、迟滞、分辨率、漂移等。如图 3-11 所示为传感器输入输出关系曲线。

① 量程 量程是指传感器可测量的物理量从最小值到最大值的区间，如图 3-12 所示。在选择传感器时应满足传感器量程覆盖被测量范围的要求。在应用过程中，选择合适量程的传感器非常重要，传感器量程过大，传感器精度和灵敏度较差；量程过小，可能导致测量信号无法测量或测量信号失真。传感器量程主要受传感器类型、灵敏度、精度以及环境因素等影响。

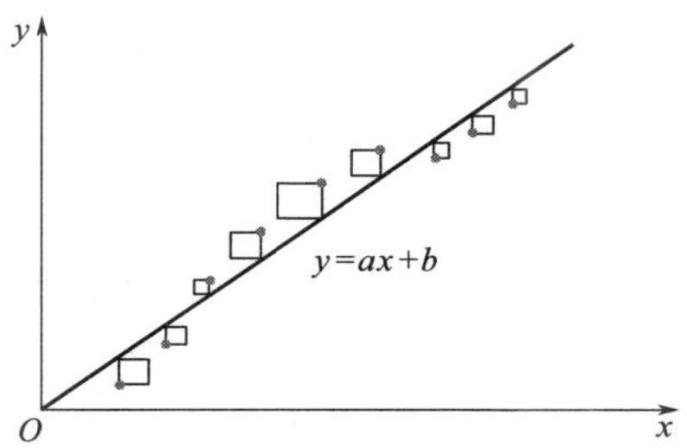

图 3-11 传感器输入输出关系曲线

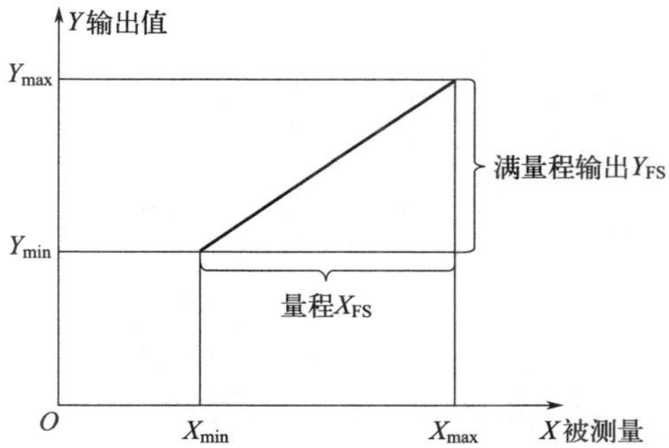

图 3-12 传感器量程曲线

② 线性度 线性度是指在稳定状态下传感器校准曲线与拟合直线之间的最大偏差，用最大偏差与满量程输出的百分比表示。理想情况下，传感器输入量和输出量为完全线性关系。传感器线性度数学表达式为：

$$r_{L}=\pm\frac{\Delta L_{max}}{y_{FS}}\times100\% \tag{3-1}$$

式中 ΔL_{max}——在量程范围内，传感器输出与理想线性关系的最大偏差；

y_{FS}——满量程。

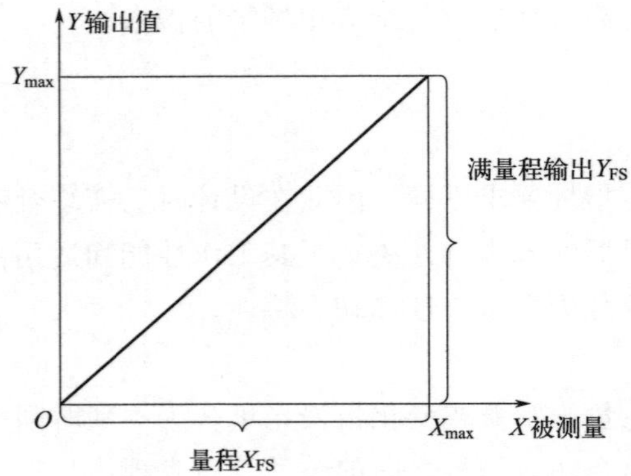

图 3-13　传感器线性度曲线

传感器线性度曲线如图 3-13 所示。

测量过程中，最小二乘法是求解线性回归和线性经验公式常用的数学方法。通常把测量数据划分为多个小的区段，输出量与输入量在这个小区段内被认为是线性的，最小二乘法就是一种用于拟合样本数据点直线的方法。该方法在多个领域的降噪和数据拟合中得到了广泛应用。

最小二乘法通过最小化测量数据与模型预测值的误差平方和得到模型的最佳参数。若误差平方和为最小，则说明拟合直线是最佳直线。因此根据最小二乘法原理，设直线方程 $kx_i+b=y_i$，则要求 $\Delta_i=y_i-(kx_i+b)$的平方和最小，即求 Δ_i^2 的偏导数，使该偏导数为零，从而解出 k 和 b。

$$\begin{cases} y=kx+b \\ \Delta_i=y_i-(kx_i+b) \end{cases} \tag{3-2}$$

令：

$$\sum_{i=1}^{n}\Delta_i^2=\sum_{i=1}^{n}[y_i-(kx_i+b)]^2=\min \tag{3-3}$$

则：

$$\begin{cases} \dfrac{\partial}{\partial k}\sum\Delta_i^2=2\sum(y_i-kx_i-b)(-x_i)=0 \\ \dfrac{\partial}{\partial b}\sum\Delta_i^2=2\sum(y_i-kx_i-b)(-1)=0 \end{cases} \tag{3-4}$$

则：

$$k=\frac{n\sum x_iy_i-\sum x_i\sum y_i}{n\sum x_i^2-(\sum x_i)^2} \qquad b=\frac{\sum x_i^2\sum y_i-\sum x_i\sum x_iy_i}{n\sum x_i^2-(\sum x_i)^2} \tag{3-5}$$

在应用最小二乘法时，前提条件是模型为线性的，即求解的方程组为线性方程组，通过最小化观测值与模型预测值的误差平方和求得模型的最优参数。

在检测过程中，原始数据中含有噪声，通过最小二乘法可以拟合出较为平滑的模型，从而减少数据中的随机噪声，使得检测结果更可靠。例如，实验过程中，采用最小二乘法从实验数据中提取信号，过滤掉由测量误差产生的噪声。

例 3-1　某检测仪器测得输入数据和输出数据如下所示：

x	0.9	2.5	3.3	4.5	5.7	6.7
y	1.1	1.6	2.6	3.2	4.0	5.0

根据表中数据，试采用最小二乘法拟合直线，并求其线性度。

解：

$$y=kx+b$$

$$\Delta_i=y_i-(kx_i+b)$$

根据式(3-5)，代入数据得：

$$k=0.68 \qquad b=0.25$$

所以 $y=0.68x+0.25$

$\Delta_1=0.238 \quad \Delta_2=-0.35 \quad \Delta_3=-0.16$

$\Delta_4=-0.11 \quad \Delta_5=-0.126 \quad \Delta_6=-0.194$

$\gamma_L=\pm\dfrac{\Delta L_{\max}}{y_{FS}}\times 100\%=\pm\dfrac{0.35}{5}=\pm 7\%$

所以，拟合直线线性度为±7%。

例 3-2 已知交流电路的电抗表达式为 $x=\omega L-\dfrac{1}{\omega c}$。测得交流电路的角频率和电抗分别为：角频率 $\omega_1=5\text{rad/s}$，电抗 $x_1=0.8\Omega$；角频率 $\omega_2=2\text{rad/s}$，电抗 $x_2=0.2\Omega$；角频率 $\omega_3=1\text{rad/s}$，电抗 $x_3=-0.3\Omega$。试用最小二乘法求交流电路的电感 L 和电容 C。

解：令 $C'=\dfrac{1}{C}$

误差方程：$\begin{cases} 0.8-\left(5L-\dfrac{C'}{5}\right)=v_1 \\ 0.2-\left(2L-\dfrac{C'}{2}\right)=v_2 \\ -0.3-\left(L-\dfrac{C'}{1}\right)=v_3 \end{cases}$

根据最小二乘法，误差的平方和为 $S=v_1^2+v_2^2+v_3^2$，分别对 L 和 C' 求偏导数并令其为 0，则整理方程，可得：

$$\begin{cases} 30L-3C'=4.1 \\ -3L+1.29C'=0.04 \end{cases}$$

解得：$L=0.182\text{H}$，$C'=0.453$，即 $C=2.21\text{F}$。

③ 灵敏度 灵敏度是指稳态下，传感器输出变化量与输入变化量的比值。灵敏度反映了传感器输出对输入变化的响应能力。灵敏度数学表达式如下所示：

$$S_n=\frac{\text{输出量变化值}}{\text{输入量变化值}}=\frac{\Delta y}{\Delta x} \tag{3-6}$$

式中，S_n 为传感器灵敏度；Δy 为输出量变化值；Δx 为输入量变化值。

如果传感器的输出与输入为线性关系，则灵敏度可表示为

$$S_n=\frac{\Delta y}{\Delta x}=k=\text{const} \tag{3-7}$$

式中，k 为传递系数，如图 3-14 所示。

如果传感器的输出量与输入量为非线性，则非线性关系传感器灵敏度就是该曲线的导数，如图 3-15 所示。

$$S_m = \frac{dy}{dx}\bigg|_{x=x_i} \tag{3-8}$$

式中，S_m 为某点 x_i 的灵敏度。

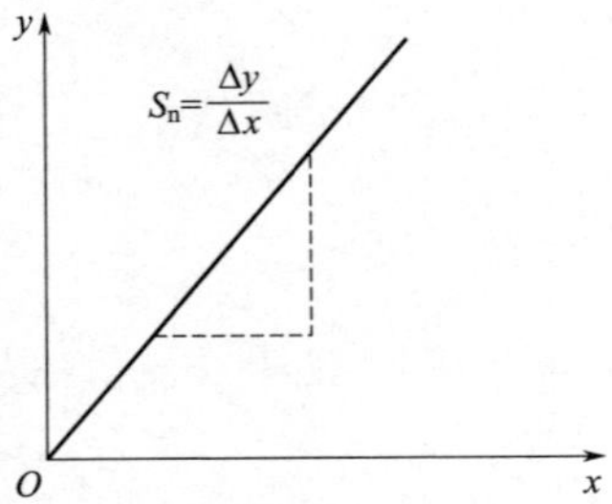

图 3-14　线性传感器灵敏度图

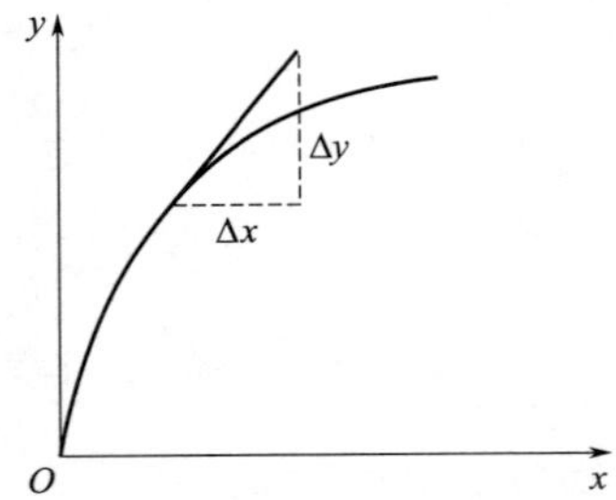

图 3-15　非线性传感器灵敏度图

需要注意的是，传感器的灵敏度表示为传感器放大倍数的前提条件是传感器灵敏度输出量和输入量的量纲相同。

虽然灵敏度越高，传感器对微小的输入变化越敏感，但是传感器灵敏度过高会导致传感器输出稳定性变差，因此应根据实际需求，合理选择传感器灵敏度。

例 3-3　使用某一测距传感器进行距离测量，测距过程中传感器的输入量变化 2mm 时，对应的输出电压信号变化为 100mV，试求传感器的灵敏度。

解：

$$k = \frac{\Delta U}{\Delta X} = \frac{100}{2} = 50$$

④ 重复性　重复性是指在相同条件下，传感器对同一输入量进行正行程和反行程多次测量，所得特性曲线的一致性程度。正行程是传感器输入量从较小值增大到较大值的过程。反行程是传感器输入量从较大值减小到较小值的过程。图 3-16 所示为压力传感器输出曲线的重复性。

⑤ 迟滞　迟滞是指传感器在输入量增大或减小行程下的传感器输出响应与输入量特性曲线的差异程度。传感器输出曲线的迟滞性如图 3-17 所示。迟滞通常用 ΔR 除以 y_{FS} 的百分数表示。其中，ΔR 是输出量与真值的最大偏差，y_{FS} 是输出满量程，迟滞可表示为：

$$r_R = \frac{\Delta R}{y_{FS}} \times 100\% \tag{3-9}$$

迟滞误差 r_H 表达式为：

$$r_H = \pm \frac{1}{2} \times \frac{\Delta H_{max}}{y_{FS}} \times 100\% \tag{3-10}$$

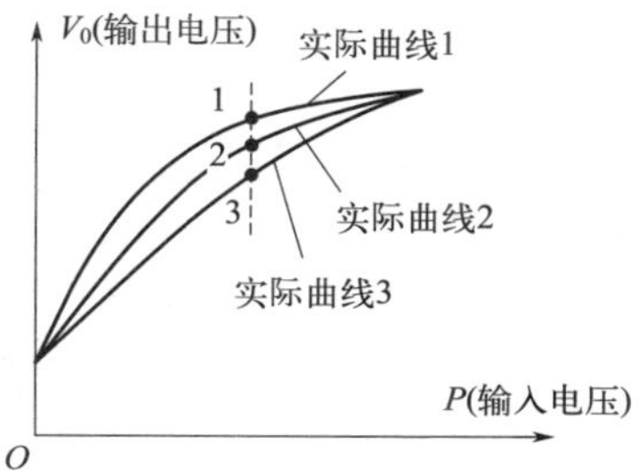

图 3-16　压力传感器输出曲线的重复性

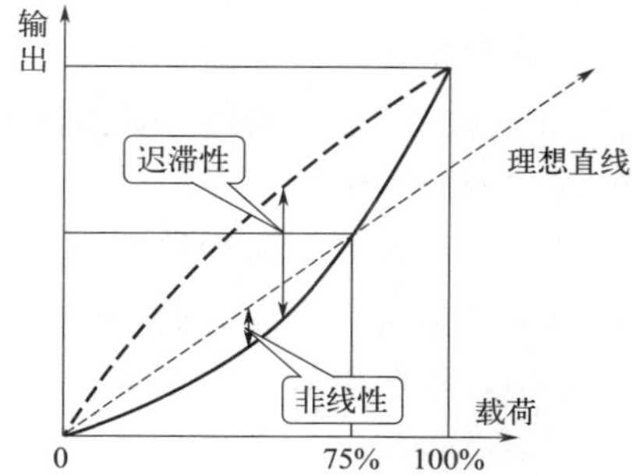

图 3-17　传感器输出曲线的迟滞特性

⑥ 分辨率　传感器分辨率是指在稳定条件下，传感器在测量范围内能够测量到的最小变化量，通常以最小可测量单位表示。例如，某压力传感器的分辨率为 0.1N，则表示该压力传感器可识别 0.1N 的压力变化。分辨率越高，说明传感器获取微小信号变化的能力越强。对于模拟传感器，分辨率主要取决于传感器模拟信号转换精度。而对于数字传感器，分辨率通常和数字输出的位数有关。例如，16 位的数字传感器输出 65536 个不同的数值，意味着其对输入信号的变化具有更高的区分能力。

例 3-4　一个 5V 的 16 位 A/D 转换器，求其 A/D 转换的最小分辨率。

解： 最小分辨率为
$$x=\frac{5}{2^{16}-1}=0.076\text{mV}$$

⑦ 漂移　传感器漂移是指在工作时间、环境变化等因素影响下，传感器输出信号发生的偏离现象。传感器漂移可分为零点漂移、温度漂移、灵敏度漂移、长期漂移等多种类型。传感器漂移会导致传感器精度下降，可靠性降低。影响传感器漂移的因素包括温湿度变化、电源波动、电磁干扰、老化磨损和机械冲击振动等。

零点漂移是指传感器在输入量为零即没有信号输入的情况下，传感器仍会有微小信号输出。如图 3-18 所示。

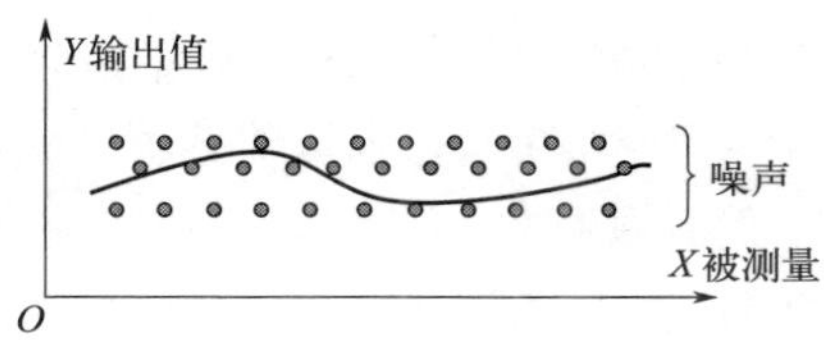

图 3-18　零点漂移现象

零点漂移计算公式如下：

$$\frac{\Delta Y_0}{Y_{FS}}\times100\% \tag{3-11}$$

式中，ΔY_0 为最大零点偏差；Y_{FS} 为满量程输出。

灵敏度漂移是指在工作过程中，传感器输出信号相对于输入信号发生的变化。换句话说，传感器的灵敏度随时间或环境条件的变化而改变。这可能导致相同输入信号下输出信号不一致。例如，位移传感器在使用一段时间后，可能对相同的位移值产生不同的位移输出信号。

(2) 动态特性

传感器动态特性是指传感器对随时间变化的输入信号的响应能力。传感器动态特性常用响应时间、迟滞、频率响应等参数描述。影响动态特性的因素包括传感器设计、环境因素、信号特性以及系统负载等。

可用于动态特性研究的输入信号有阶跃信号、脉冲信号、正弦信号、随机信号等。其中，阶跃信号是最常用于传感器测试的输入信号，常用于测试传感器的稳定性、响应时间、瞬态响应等动态特性。正弦信号广泛应用于频率响应测试。因此，传感器动态特性分析常用阶跃信号和正弦信号作为传感器输入信号，对应的分析方法有阶跃响应分析方法和频率响应分析方法。

阶跃响应分析方法是通过向传感器输入阶跃信号来分析输出信号幅值随时间变化的规律。例如，输出信号的时间响应、稳态误差、调节时间等性能指标。阶跃函数如图 3-19(a) 所示。

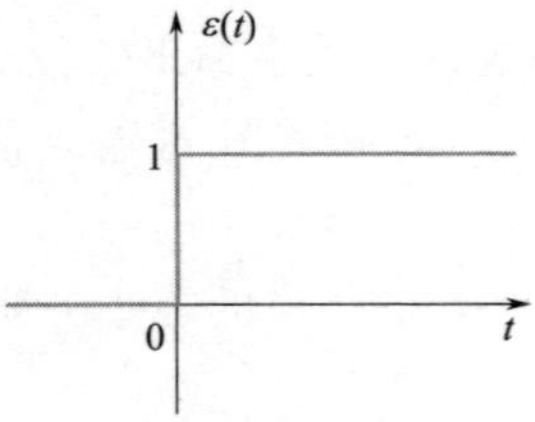

(a) 阶跃信号

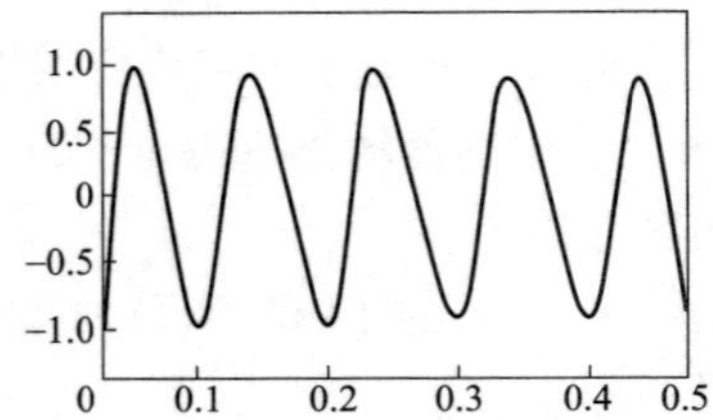

(b) 正弦信号

图 3-19　函数响应

频率响应分析方法是传感器对频率不同信号的响应。通过向传感器输入不同频率的信号来分析传感器在频域中的幅值、相位随频率变化的规律。正弦函数如图 3-19(b) 所示。

例 3-5　用同一传感器分别测量频率为 100Hz 和 50Hz 的正弦信号，当测量频率为 100Hz 时，要求传感器幅值误差变化限制在 5%以内，求时间常数 τ；若测量频率为 50Hz，求该传感器的幅值误差和相位差。假设传感器为一阶系统。

解： 根据已知条件，幅值误差在 5%以内，取 $A(\omega)=0.95$，根据一阶系统的幅频特性，则 τ 的大小：

$$A(\omega)=\frac{1}{\sqrt{1+(\omega\tau)^2}}=0.95$$

$$\tau=0.000523$$

由幅频特性方程可知：

$$A(\omega)=\frac{1}{\sqrt{1+(\omega\tau)^2}}=\frac{1}{\sqrt{1+(2\pi\times50\times0.000523)^2}}=0.9867$$

幅值误差：$1-0.9867=1.33\%$；

相位差：$\phi(\omega)=-\arctan(\omega\tau)=-9.33°$。

3.2.2　智能传感器硬件设计

如图 3-20 所示，智能传感器由传感单元、智能单元和接口单元等构成。智能传感器的传感单元完成对外部物理量的感知并将其转换为电信号，主要由敏感元件、信号调理电路、模数转换器以及微处理器等组成。传感单元不仅采集数据，还可进行初步数据处理、滤波等。

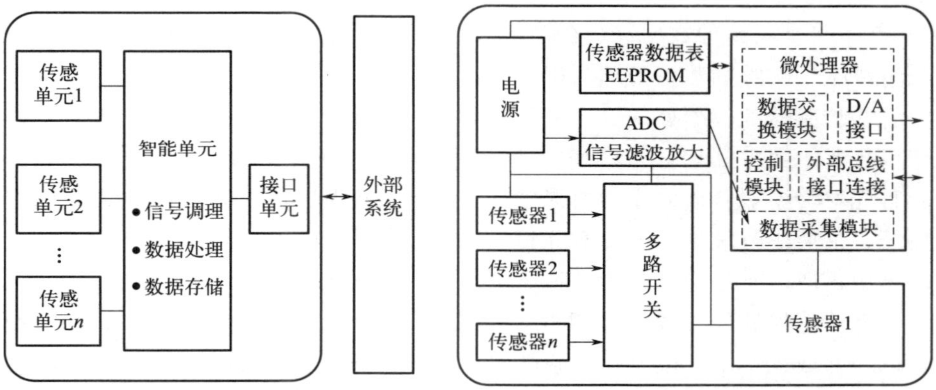

(a) 智能传感器组成单元　　(b) 智能传感器结构原理

图 3-20　智能传感器组成及结构原理

智能单元是智能传感器核心单元，主要实现信号调理、数据处理以及数据存储等功能。由于传感器输入量和输出量更多呈现非线性，需通过微处理器软件算法例如滤波、补偿、校准等来处理和修正非线性特性。对于输入的微弱模拟量还需通过信号处理硬件电路进行滤波放大，然后进行 A/D 转换，最后进入微处理器进行处理。为保证系统能够准确识别被测对象，需先确定传感器所检测的物理量及其输入输出关系，再将输入输出模型、输出数字量及传感器特性参数进行存储。

传感器接口单元主要用于实现数据传输和转换。现场总线接口有串口、CAN 总线、以太网等，通过这些接口，实现与外部设备的通信。为兼容现场总线及通信协议，在设计传感器时需考虑接口问题以满足现场应用要求。同传统传感器相比，智能传感器将转化的数字信号经过微处理器进行数据处理和补偿，最后将处理后的数据通过网络接口进行远程传输。

微处理器在传感器中具有重要作用，通过充分发挥微处理器软件、硬件的作用，不仅能实现对传感器测量数据的计算、存储和发送，还可进行控制、决策、电源管理和故障诊断等。

3.2.3 智能传感器软件设计

智能传感器通过软件实现数据采集、数据处理分析、软件补偿、数字滤波等功能。智能传感器软件设计需结合应用场景、传感器类型、功能需求、通信要求、电源功耗等因素，开发符合智能传感器需求的软件系统。

智能传感器数据采集直接影响后续数据处理和分析的准确性。数据采集的核心是从传感器硬件获取原始数据，并将其转换为可用的数字信号。其流程为：首先通过数据采集软件配置硬件参数（如工作模式、采样频率、量程范围、精度等），然后将采集到的数据进行存储，或通过通信接口传输到其他设备。数据采集质量决定了后续的数据处理分析效果。

智能传感器的数据处理分析是从原始传感器数据中提取有价值的信息以支持决策或控制。数据处理分析的质量直接影响传感器的性能和应用效果。其流程为：首先对传感器获取的原始数据进行滤波、去噪及校准，然后从数据中提取对象特征，最后进行统计、建模及分类。通过数据处理分析，智能传感器能从复杂的环境中提取出有效信息，为各种应用场景提供支持。

智能传感器软件补偿是指通过软件算法对传感器的测量结果进行修正和优化，以消除或减小由环境变化、硬件误差、噪声等因素导致的测量误差。常见的软件补偿方法有多项式拟合、查表法、深度学习算法、动态补偿、回归分析等。传感器输出信号通过二次函数、三次函数等多项式拟合建立传感器非线性输入与输出关系，应用软件算法得出非线性输出信号和输入信号的函数模型，修正传感器输出信号。查表法是通过对传感器标定建立输入输出查询表，直接获取对应的补偿值。深度学习算法主要针对复杂的非线性输入输出关系，采用神经网络、支持向量机等算法学习传感器非线性特性，通过训练样本数据，建立输入输出映射模型，实现非线性补偿。动态补偿方法是针对传感器在输入信号随时间变化时产生的动态响应失真，通过传递函数修正、卡尔曼滤波等算法对输出信号进行实时校正，使其更准确地反映输入量的动态变化特性。回归分析方法通过采集传感器在多个已知输入量下的输出数据，采用线性回归或非线性回归等方法建立输入输出数学模型，经误差验证后用于修正传感器的实际输出信号。软件补偿通常会结合传感器的实际特性以及应用需求，进行定制化开发，从而保证传感器在各种工作环境下的性能。实际应用中，常常采用硬件补偿和软件补偿相结合的方法。

数字滤波可有效对信号进行去噪或平滑处理。由于传感器输出多为非线性信号，并混杂有周期性干扰和随机性干扰等多种干扰，通过软件选择滤波器及合理的参数是去除干扰的关键。周期性的工频干扰，一般采用硬件进行消除。而对于随机性干扰信号，则应通过数字滤波的方法进行去除。数字滤波常用的方法有算术平均滤波和中值滤波。算术平均滤波算法通过计算信号序列中每个数据点的平均值来平滑信号。中值滤波算法是通过对数据进行排序，计算数据中位数来去除噪声。

3.3　传感器标定

传感器标定一般是使用较高等级的标准器具或通过相关方法，建立传感器输入量与输出量的关系来确定误差。传感器标定需依据国家和地方相关检定规程，按照规定的流程在使用前和使用过程中进行。传感器标定主要步骤：首先选择或建立标准值作为基准，然后通过已知标准值和传感器输出关系建立数学模型，最后根据模型结果对传感器输出进行修正。

3.3.1　传感器标定方法

传感器标定方法是通过已知标准值与传感器测量值的关系，来确定传感器输出与实际物理量的误差，并根据构建的输入和输出标定曲线来修正传感器测量结果。如图 3-21 所示，输入量发生器的输出信号作为标准传感器和待标定传感器的输入，并利用标准传感器和待标定传感器的关系，建立输入和输出对应关系的标定曲线，完成标定过程。传感器标定有静态标定、动态标定、零点标定等多种方法。不同的传感器其标定方法各不相同。选择合适的标定方法，并正确地实施标定过程，对于获得准确的标定结果至关重要。

传感器标定的目的是保证传感器在各种环境条件下，能够真实反映物理量的变化，得到可靠、稳定的测量数据。通过传感器标定，可提高传感器测量精度，减少测量误差，补偿传感器非线性响应，而且可优化传感器性能，从而满足标准要求。

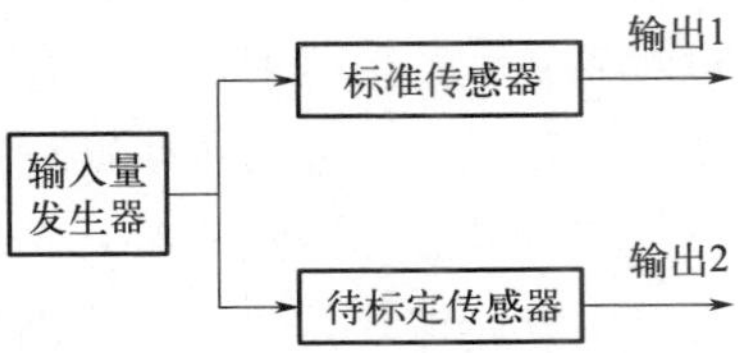

图 3-21　传感器标定方法

3.3.2　静态标定

传感器静态标定是指在静态或稳态下对传感器输入和输出关系进行校准。与动态标定不同，静态标定具有过程简单、受外界干扰小、精度高等特点。但是，静态标定仅适用于稳定的输入信号，无法修正动态过程中可能出现的误差。而且，对于具有温漂、老化等时变特性的传感器，静态标定无法反映这些时变特性。常见的静态标定传感器有温度传感器、压力传感器和位移传感器等。

(1) 静态标定条件

静态标定条件对标定过程的准确性和标定结果的可靠性具有重要影响。常见的传感器静态标定条件有输入信号稳定性、环境温湿度可控性、高精度校准设备、噪声控制、标定点选择以及标定后验证等。标定条件是保证静态标定有效性的重要因素。

（2）静态标定过程

传感器静态标定过程如图 3-22 所示。

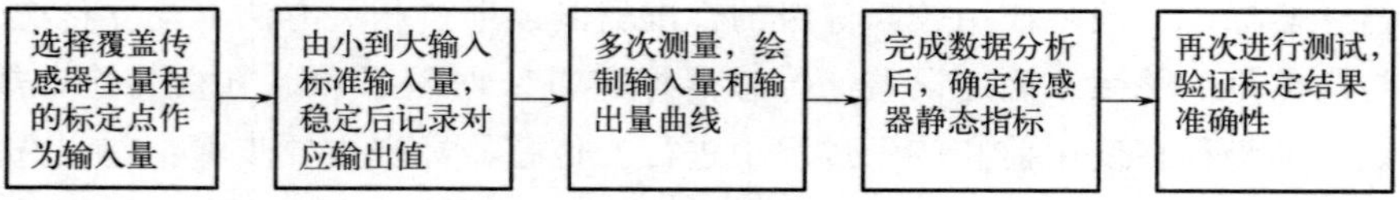

图 3-22　传感器静态标定过程

准备阶段首先要选择至少比被标定传感器精度高一个数量级的标准设备，才能保证标定精度。为确保标定传感器输出信号不受影响因素干扰，测试在无输入信号情况下输出信号应为零，然后以覆盖传感器全量程的标定点作为输入量，通过多次测量，记录传感器输出信号，根据记录的输入和输出信号数据建立输入和输出关系，绘制关系曲线，并采用算法计算校准系数等传感器静态指标，最后通过再次测量确定标定结果的有效性。

3.3.3　动态标定

传感器动态标定是在动态响应条件下对传感器时间响应特性进行标定。在多个应用场景中，传感器需要快速响应并精确测量动态变化的物理量。动态标定通过对时间常数、上升时间、工作频率和通频带等动态特性参数进行校准，确保传感器在实际工作中能够提供准确的测量结果。

传感器动态标定过程为：首先是准备工作，选择合适的标准信号源和高频数据采集系统。这些信号源要根据传感器响应范围和频率来确定，常用的信号源有脉冲信号源、正弦信号源、随机信号源等。高频数据采集系统要保证能够捕捉到瞬态响应和变化过程。然后基于上述准备工作，需要确定标定信号的频率范围，由于不同类型传感器具有不同的动态特性，标定过程需要施加不同频率的动态信号来测试传感器响应。最后使用高频数据采集系统实时记录传感器的输出信号，记录传感器输出变化，基于测试数据，建立描述传感器动态特性的数学模型。对于测试过程中存在的误差或不一致，可通过硬件电路或软件算法进行补偿。

3.4　传感器补偿技术

传感器补偿是一种数据处理技术，是提高传感器精度的重要手段。当传感器或测量系统的系统误差过于复杂且无法通过标定方法进行修正时，通过深入分析系统误差类型和误差变化规律，进而采用相应的补偿方法或修正技术，可显著提高测量准确性。

理想情况下传感器输入与输出的关系呈现线性，但是由于各种因素的影响，大多数传感器的输入与输出之间存在非线性关系，因此，需要采用补偿技术来提高传感器的检测性能。传感器补偿技术主要有温度补偿、线性化补偿、饱和补偿、交叉敏感补偿以及非线性补偿等。

3.4.1 温度补偿

由于传感器对温度敏感，因此受温度影响，输出信号有误差，为减小传感器输出误差，需通过增加温度传感器测量环境温度来进行修正。一般传感器是在标准温度（25℃左右）下标定，但是实际工作环境温度变化范围大，通常在零下十几摄氏度到零上几十摄氏度变化，由于大多数传感器敏感元件的静态特性与温度有一定关系，而且传感器元器件也受温度影响，因此，必须采取温度补偿措施减小温度对传感器特性造成的影响。实际应用中，可以增加恒温装置控制温度，例如在传感器内部增加热电偶、热敏电阻来测量环境温度，然后根据测量温度数据进行温度误差补偿，从而提高传感器测量精度。温度补偿需要找出温度对传感器性能的影响规律，然后采用有效的温度补偿措施来抵消这种影响。

在很多高精度测量场景下，常将硬件补偿和软件补偿结合使用。例如，压力传感器在理想状态下，输出的电压信号和压力成一定比例。但是，在实际应用中，受环境温度变化影响，压力传感器输出信号会产生偏移，从而导致误差的产生。为了补偿温度变化产生的误差，可增加温度传感器，采用补偿算法来修正输出信号。根据温度传感器输出信号，计算当前温度与标定温度的偏差，并根据温度-压力关系，计算补偿电压，通过补偿电压来调整原始输出信号，从而得到温度补偿后的压力值。

(1) 电化学传感器温度补偿应用

常见的电化学传感器有 pH 传感器、氨氮传感器、氯离子传感器等。电化学传感器具有测量准确、响应速度快、功耗低、灵敏度高等优点，是环境监测领域理想的浓度测量设备。但是，电化学传感器也容易受温度变化的影响，因此在应用中需要进行温度补偿。

以检测水中溶解氧浓度为例，电化学传感器温度补偿设计方案如图 3-23 所示。在确定传感器输出量与温度关系的前提下，建立温度-溶解氧浓度数学模型，采用 DS1820 温度传感器采集温度数据，由微处理器通过软件算法对测量值进行补偿，从而消除由环境温度的变化给测量带来的误差。

一般地表水、地下水的温度范围为 4～25℃，由于不同水温对水中待测物质

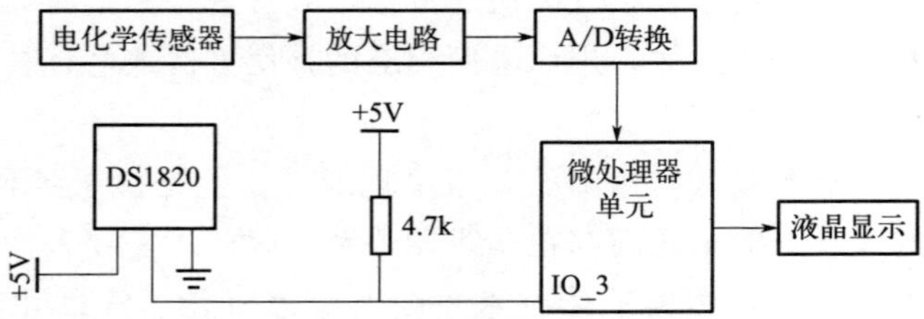

图 3-23 电化学传感器温度补偿硬件框图

的分子动能造成不同影响，待测物质的溶解氧浓度也会相应变化。设置温度变化梯度为 5℃，待测溶液均为氧饱和溶液。采用 0℃、5℃、10℃、15℃、20℃、25℃、30℃七个温度测试点进行标定。首先将集成温度传感器的溶解氧传感器探头插入恒温水槽内，待水槽内水温达到设定温度并稳定一段时间后，间隔 60s 读取当前温度值，共 7 组数据，如表 3-1 所示。

表 3-1 温度检测模块标定结果

实际温度/℃	测量平均温度/℃
0	0.04
5	4.97
10	10.06
15	14.96
20	20.06
25	25.04
30	29.91

使用无补偿因素的数据模型，检测结果如表 3-2 所示。

表 3-2 无温度补偿检测结果

检测参数	标准浓度/$mg \cdot L^{-1}$	平均检测浓度/$mg \cdot L^{-1}$						
		0℃	5℃	10℃	15℃	20℃	25℃	30℃
溶解氧(DO)	饱和	14.74	12.65	11.62	10.30	10.02	9.49	8.63
DO 标准浓度	饱和	14.62	12.77	11.29	10.08	9.09	8.26	7.56

根据表中数据绘制的浓度-温度关系曲线如图 3-24 所示。根据图中曲线可知，当温度变化范围在 0～30℃时，溶解氧浓度检测结果受温度变化的影响较大。为确保设备检测精度，需建立温度补偿算法。图中曲线显示，温度与浓度间无较好线性关系，因此应建立分段函数对温度进行补偿。

将溶解氧传感器置于氧饱和溶液中进行温度补偿实验。由于氧饱和溶液的浓度随水温的升高而减小，因此以 0～30℃为水温变化范围，对溶液进行升温检

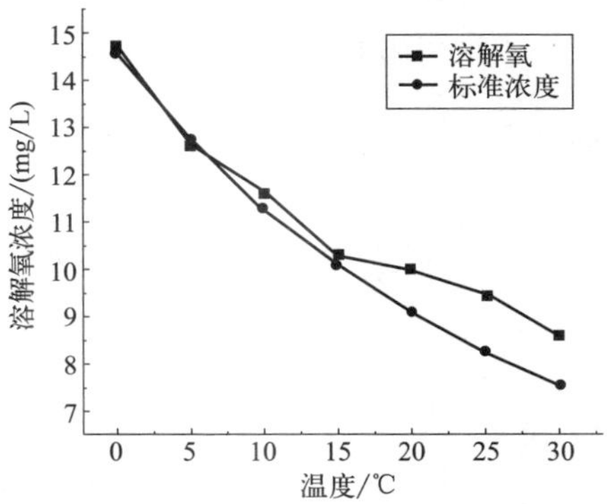

图 3-24　溶解氧浓度-温度曲线

测，实验结果如表 3-3 所示。

表 3-3　温度补偿后溶解氧检测结果

检测参数	标准浓度	平均检测浓度/mg·L^{-1}						
		0℃	5℃	10℃	15℃	20℃	25℃	30℃
溶解氧(DO)	饱和	14.75	12.82	11.17	10.21	9.15	8.42	7.66
DO 标准浓度	饱和	14.62	12.77	11.29	10.08	9.09	8.26	7.56

由表 3-3 所示数据可知，温度在 0～30℃范围内的温度补偿检测结果的平均相对误差为 1.09%，最大相对误差为 1.94%。根据表中数据绘制溶解氧温度补偿曲线图，如图 3-25 所示。

(2) 硅压阻式压力传感器温度补偿应用

硅压阻式压力传感器工作原理是：基于硅片压阻效应，在对硅片施加压力时，硅片电阻发生变化并转换为电信号，根据电信号和压力的关系，从而实现对压力的测量。硅压阻式压力传感器输出信号容易受温度变化影响，下面介绍一种热敏电阻温度补偿方法。

如图 3-26 所示为桥式电路温度补偿，桥式电路由四个电阻元件组成，桥式电路输出电压 U 与桥臂电阻 $R_1 \sim R_4$ 的变化量（$\Delta R_1 + \Delta R_4 - \Delta R_2 - \Delta R_3$）成正比。在四个电阻阻值不发生变化的情况下，桥式电路输出为零。但是，实际应用中，桥臂电阻会受到温度影响而使阻值发生改变，从而导致桥式电路的输出电压变化。为抑制这种影响，可采用热敏电阻温度补偿方法。具体方法是

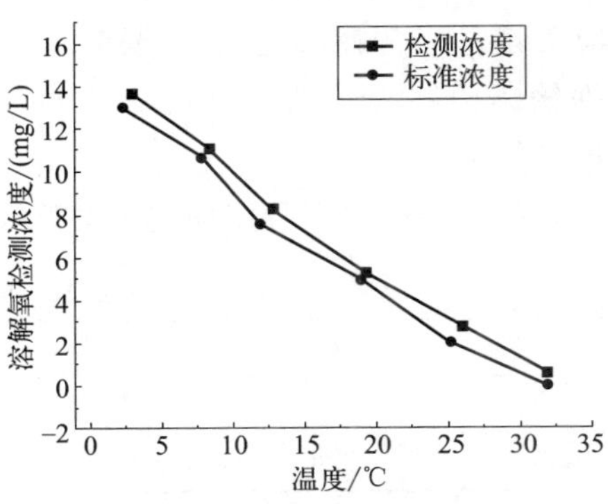

图 3-25　温度补偿后溶解氧浓度检测结果曲线图

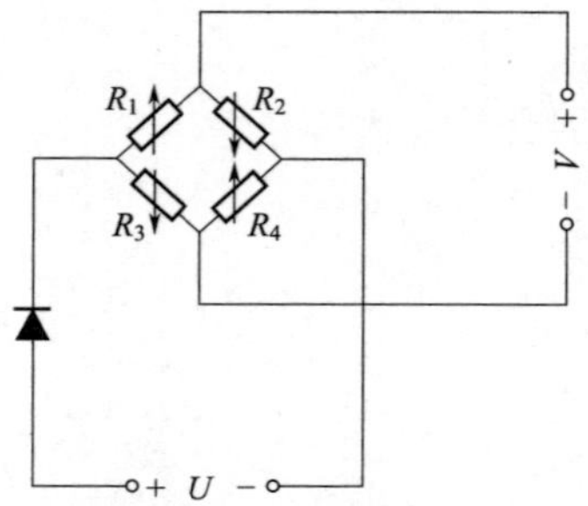

图 3-26　桥式电路温度补偿

在桥路的供压电源端串联一个热敏电阻，该热敏电阻是具有相反温度系数的元件，使桥式电路和热敏电阻的温度响应相互抵消，从而达到温度补偿效果。

3.4.2　线性化补偿

线性化补偿常见的方法有多项式拟合法和查表法。多项式拟合法是通过已知的输入数据和输出数据，建立一个多项式函数，并将输入和输出之间的非线性关系进行逼近拟合，然后根据建立的多项式函数对传感器输出数据进行修正，从而实现线性化补偿。

例如，传感器输入和输出值如表 3-4 所示。

表 3-4　传感器输入和输出值

输入值	1.0	2.0	3.0	4.0	5.0
输出值	1.35	2.2	3.7	4.85	6.2

根据上述表中数据，拟合的多项式函数为

$$y=-0.04x^3+0.34x^2+0.07x+0.9$$

多项式拟合曲线如图 3-27 所示。

有了这个多项式函数后，当传感器给出输出时，通过代入该多项式函数得到补偿后的输出值，从而实现线性化补偿。

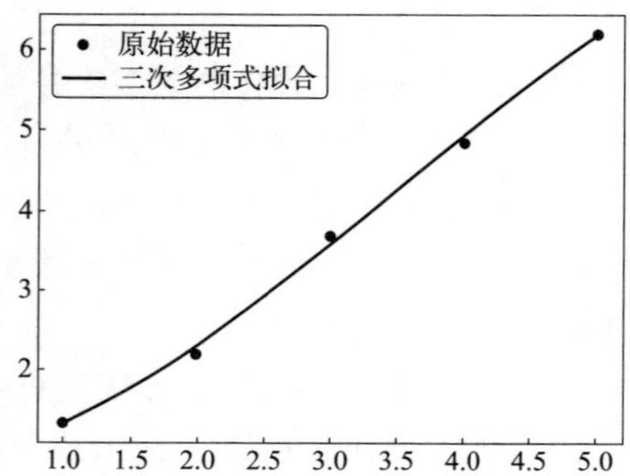

图 3-27　多项式拟合曲线

查表法是预先建立一个查找表，该表包含了传感器输出数据与真值之间的对应关系。当传感器输出数据时，系统根据输出值在查找表中查找对应的真值并进行修正。

例如，一组检测数据如表 3-5 所示。

表 3-5　传感器检测数据

数据组	X_1	X_2	X_3	X_4	X_5
输出值	1.3	2.1	3.3	4.2	5.1
真值	1.0	2.0	3.0	4.0	5.0

表格内数据为传感器输出值和对应的真值，在测量过程中，传感器输出值可

根据表格进行查找。其过程为：首先判断该输出是否直接存在于表格内，例如，输出值为3.3，则对应真值为3.0，因此通过查表法，传感器输出值补偿后为3.0；如果传感器输出为4.5，对应表格内数据不存在，则选择查找表中最接近的两个值，在这里是4.2和5.1，然后进行线性插值计算，得到补偿后的真值为4.5。

这里需要注意的是，传感器线性化补偿只能在一定程度上改善传感器输出的线性度，实际应用时应根据具体的传感器类型，权衡考虑应用场景并进行调整。

3.4.3 饱和补偿

输入信号较大或较小且超出传感器输入量程，导致传感器输出达到其上限或下限而无法给出有效输出的现象称为饱和现象。为了保证传感器输出能够准确反映被测量，需要进行饱和补偿，对传感器输出进行修正。饱和补偿技术包括多种方法，旨在扩展传感器的输入量程并降低饱和现象的影响。饱和补偿技术包含以下几种。

① 调整传感器的增益　通过改变增益值，传感器能够更有效地处理范围较大的输入信号，从而避免输出信号因饱和而失真。

② 调整传感器的工作点或偏置　这种方法通过重新设置传感器的工作状态，使其能够适应更广泛的输入范围，确保在输入信号超出正常范围时仍能提供可靠的输出。

③ 信号截断或裁剪　当传感器面临超出范围的输入信号时，此方法可以保证在部分信号损失的情况下，传感器输出仍处于可接受范围内，避免输出完全饱和失真。

④ 多传感器融合技术　结合多个传感器可以扩展整体的测量范围，并降低因饱和现象而引起的误差，确保在各种工作条件下都能提供准确可靠的输出信号。

饱和补偿技术的选择应根据具体应用需求、传感器类型以及需要测量的信号特性来确定。这些技术的应用保证了传感器在面对超出正常范围的输入信号时，仍能够提供准确、可靠的输出，从而确保测量数据的准确性与可信度。

以数字摄像机或手机摄像头中的曝光控制为例。摄像设备在拍摄照片或录制视频时会受到光线条件的影响。当光线太强或太暗时，传感器可能会面临饱和或不足的问题，这影响了图像的质量和细节。为此，摄像设备应采用以下几种饱和补偿技术来保证图像质量。

① 自动曝光调节　摄像设备通过调整曝光时间、光圈大小和ISO感光度等参数，以适应光线条件的变化。在强光下，降低曝光以防止过度曝光；在弱光下，增加曝光以确保图像亮度。

② 动态范围调节　部分摄像设备具备较高的动态范围，能够在拍摄场景中同时捕捉到亮区和暗区的细节。这种技术可以使图像在高对比度的场景中保持更

多细节，避免图像出现过度饱和或欠曝的情况。

3.4.4 交叉敏感补偿

交叉敏感补偿即通过技术手段消除或降低传感器对非目标量的响应，使输出仅反映目标量。其核心是打破多物理量耦合关系，提升测量精度。常用的交叉敏感补偿技术包括以下几种。

① 屏蔽技术　这一方法通过使用屏蔽材料或设计屏蔽结构，将传感器的敏感部件与可能引起干扰的外部物理量隔离开来。屏蔽技术有效降低了外部干扰对传感器的影响，提高了测量的精确性。

② 差分输入　采用差分测量的方式，同时记录受干扰的信号和无干扰的基准信号。通过将两者进行对比，消除或减小干扰带来的影响，提高传感器的抗干扰性。

③ 滤波技术　该技术利用滤波器对传感器输出的信号进行处理，剔除干扰信号或降低其影响，保留所需的测量信号。滤波技术有效提高了测量结果的稳定性和准确性。

④ 隔离技术　通过电气隔离或光学隔离等手段，将传感器与可能引入干扰的外部因素隔离开来。

交叉敏感补偿技术的选择和应用需结合传感器特性及实际场景。通过综合运用交叉敏感补偿技术，智能家居环境中的温湿度传感器的性能得到了显著提高。其中，温湿度补偿技术有效减小了环境因素对测量结果的影响，而差分输入和滤波技术的应用进一步增强了传感器的抗干扰能力。

3.4.5 非线性补偿

非线性补偿是指对传感器输出信号进行修正，以消除由器件非线性引起的误差。由于传感器的输出信号与输入信号之间的关系通常是非线性的，因此可通过非线性补偿将其转化为线性关系。产生传感器非线性关系的原因主要有两个。一是传感器测量电路非线性，例如采用四臂电桥测量热电阻，根据电桥测量原理，任一电阻发生变化引起的电桥失衡，导致输出电压发生变化。二是传感器材料的物理特性产生的非线性，例如热电偶的电势与温度就是一种非线性关系，这通常是材料物理特性产生的非线性。非线性补偿方法有硬件补偿和软件补偿。

(1) 硬件补偿

传感器非线性硬件补偿通过硬件电路补偿传感器输出信号的非线性，以保证输出信号更接近线性，使传感器测量更准确。常用的硬件补偿方法有运算放大器非线性补偿电路、分段线性化电路、查表法补偿电路、多重反馈补偿电路等。

运算放大器非线性补偿电路通过调节放大器增益和滤波电路来校正传感器输出的非线性。

分段线性化电路通过将传感器输出信号的非线性特性分为多段，对每一段用线性函数逼近信号。分段线性化电路通常通过多级放大器电路实现，每段由一个放大器负责线性输出。

查表法补偿电路基于传感器输入与输出的非线性关系表，利用微控制器软件实现查表补偿。

多重反馈补偿电路则基于反馈机制，根据测量误差动态调整补偿电路，使传感器输出更接近线性，通常采用 PID 控制或自适应反馈等控制系统来实现。

传感器非线性硬件补偿常采用多种方法相结合的补偿策略来有效降低非线性误差，以提高传感器测量精度。

(2) 软件补偿

传感器软件补偿利用软件算法来调整传感器输出的非线性误差，使输出更接近线性特性。这种方法常用于动态调整复杂的非线性问题。常见的非线性软件补偿方法包括多项式拟合、分段线性补偿和神经网络补偿等。

多项式拟合是将传感器输出的非线性数据通过软件算法拟合成多项式函数，以实现输出的线性化。常用的多项式拟合方法有线性拟合和高阶多项式拟合。分段线性补偿是将传感器输出的非线性区域分为多段，在每段内采用线性函数逼近该段的非线性以实现输出的线性化。神经网络补偿是通过训练神经网络模型，使其修正传感器的非线性输出值。神经网络补偿主要用于复杂的传感器非线性补偿。

非线性软件补偿方法有效提高了传感器的准确性。对于简单的非线性关系，多项式拟合是一种常用的补偿方式。而在复杂非线性情况下，分段线性补偿表现更为优越。对于高度复杂的非线性关系，神经网络补偿则展现出更强的适应性和准确性。

3.5 传感器总线技术

传感器总线技术是用于连接多个传感器和控制器的一种通信技术，通过总线来传输传感器数据，以实现传感器组网和协同工作。

传感器总线分为内部总线和外部总线。传感器内部总线用于传感器内部芯片或子系统之间的数据传输和控制信号互联，如 I^2C、SPI 等总线。传感器外部总线则用于传感器与外部设备进行数据交换、控制信号连接，常见的有 CAN、Modbus、UART、Ethernet 等总线。下面介绍几种常用的传感器总线技术。

3.5.1 内部总线

(1) I^2C 总线

I^2C 总线是一种由数据线（SDA）和时钟线（SCL）组成的串行通信总线，主要用于多个设备之间的短距离数据传输。SDA 用于数据传输，而 SCL 则用于同步数据传输的时钟信号。由于 SDA 和 SCL 两根信号线采用漏极开路或集电极开路配置，为避免通信信号干扰，通常在信号线上增加上拉电阻，将信号拉高到高电平，从而避免信号冲突并保证通信的可靠性。

一般单片机都集成有 I^2C 总线，可连接多个设备，每个设备都有自己的专属地址，主设备通过发送不同的地址来寻址设备。在 I^2C 总线通信之前，主设备首先初始化 I^2C 总线，并将 SDA 数据线电平拉低，SCL 时钟线电平拉高，该操作标志着数据传输的开始。主设备首先寻址从设备，通过 SDA 数据线逐位发送地址进行从地址寻址，从设备确认地址后回应一应答信号来表示数据接收成功，然后进行数据传输。在数据发送完成后，从设备确认是否接收完数据，如果从设备接收完数据，则主设备将 SDA 数据线和 SCL 时钟线电平拉高，表示数据传输完成。

I^2C 总线程序初始化首先应配置 I^2C 总线硬件接口，即 I^2C 总线的时钟速率、主从模式等，然后进行 I^2C 总线引脚 SDA 和 SCL 的配置。配置完成后启动 I^2C 总线外设并准备通信。I^2C 总线中断可根据实际需要进行配置。下面是基于 STM32 处理器库的 I^2C 总线初始化程序示例。

```
void I2Cx_Init(void)
{
    I2Cx.Instance=I2Cx;
    I2Cx.Init.ClockSpeed=100000;                          // 设置时钟频率为 100kHz
    I2Cx.Init.DutyCycle=I2C_DUTYCYCLE_2;                   // 设置占空比为 2:1
    I2Cx.Init.OwnAddress1=0;                               // 设备地址为 0
    I2Cx.Init.AddressingMode=I2C_ADDRESSINGMODE_7BIT;      // 7 位地址模式
    I2Cx.Init.CrossControl=I2C_GENERALCALL_DISABLE;        // 禁用通用调用
    I2Cx.Init.NoStretchMode=I2C_NOSTRETCH_DISABLE;         // 使能时钟拉伸
    I2Cx.Init.Mode=I2C_MODE_MASTER;                        //设置为主模式
}
```

I^2C 总线硬件设计如图 3-28 所示，主控制器采用单片机，温度传感器、压力传感器、湿度传感器通过 I^2C 总线连接。每个传感器均分配唯一的 I^2C 地址，以便主控制器识别和与各传感器进行通信。

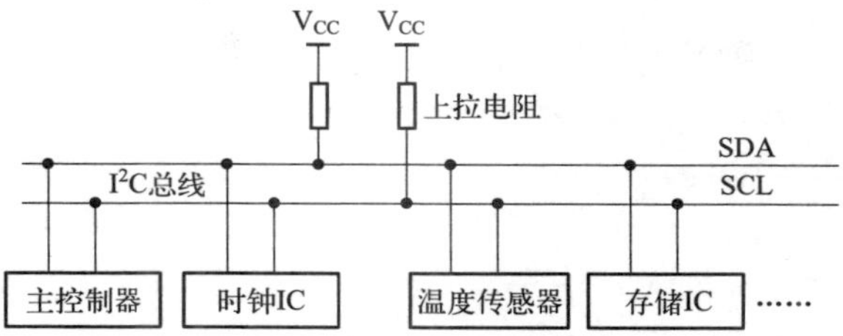

图 3-28　I^2C 在单片机中的作用

（2）SPI 总线

SPI（serial peripheral interface）总线是一种用于微处理控制单元（MCU）与各类外围设备进行高速数据交换的全双工、同步串行通信总线。SPI 总线由 SCK、SS、MISO、MOSI 四根线进行数据传输。

SCK（时钟信号线）：时钟信号由主控制器提供，用于同步数据传输。

SS（片选线）：主设备用于选择从设备的控制信号线。

MISO（主输入从输出线）：从设备到主设备的数据线，用于从设备向主设备发送数据。

MOSI（主输出从输入线）：主设备到从设备的数据线，用于主设备向从设备发送数据。

SPI 采用主从模式进行通信。当多个从设备连接到同一总线 SPI 时，通过选择不同的 SS 信号来确定要通信的从设备。从设备享有共同的 SCK，用于统一同步时钟。SPI 和 I^2C 的不同在于，SPI 通过 SS 直接选择从设备，无需协议层的地址分配。其典型硬件结构如图 3-29 所示。

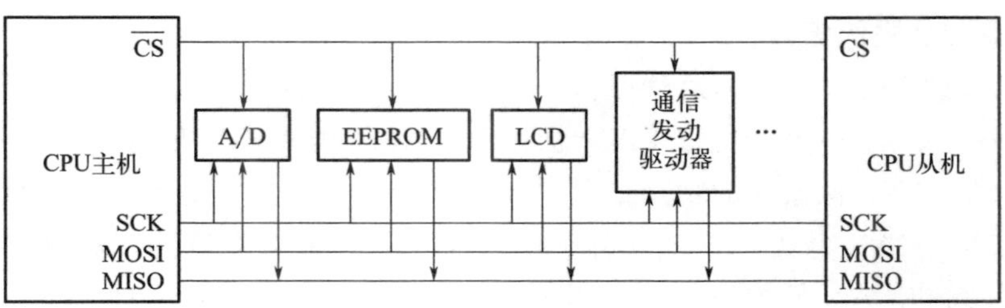

图 3-29　SPI 硬件结构

SPI 总线程序初始化首先应配置 SPI 总线硬件接口，即 SPI 总线的主从模式、时钟配置等，然后进行 SPI 总线数据传输模式配置，包括数据大小、时钟频率等。配置完成后启动 SPI 总线外设并准备传输。SPI 总线中断可根据实际需要进行配置。下面是基于 STM32 处理器库的 SPI 总线初始化程序示例。

```
void SPIx_Init(void)
{
  SPIx.Instance=SPIx;
  SPIx.Init.Mode=SPx_MODE_MASTER;                  // 主模式
  SPIx.Init.Direction=SPI_DIRECTION_2LINES;        // 双线全双工模式
  SPIx.Init.DataSize=SPI_DATASIZE_8BIT;            // 8 位数据帧
  SPIx.Init.CLKPolarity=SPI_POLARITY_LOW;          // 时钟极性
    SPIx.Init.CLKPhase=SPI_PHASE_1EDGE;            // 时钟相位
    SPIx.Init.NSS=SPI_NSS_SOFT;                    // 软件管理片选
    SPIx.Init.BaudRatePrescaler=SPI_BAUDRATEPRESCALER_16;  // 波特率
                                                              预分频
    SPIx.Init.FirstBit=SPI_FIRSTBIT_MSB;           // 数据从高位开始传输
    SPIx.Init.TIMode=SPI_TIMODE_DISABLE;           // 禁用 TI 模式
    SPIx1.Init.CRCCalculation=SPI_CRCCALCULATION_DISABLE;// 禁用 CRC
                                                          计算
    SPIx.Init.CRCPolynomial=10;  // CRC 多项式(无效时可不设置)
}
```

3.5.2 外部总线

(1) CAN 总线

CAN 是控制器局域网络的简称，是一种广泛应用于工业自动化和汽车电子等领域的异步串行通信协议。CAN 总线协议包含物理层和数据链路层功能。物理层定义了电气特性，采用两线差分信号进行信号传输，具有较强的抗干扰能力。数据链路层定义了数据的封装和传输，该层包括帧格式、错误检测、错误处理和消息的优先级等内容。

CAN 总线是多主控的总线系统，通过 CANH 高线、CANL 低线两条线来传输信号，如图 3-30 所示。CAN 总线采用双绞线来传输信号，数字信号由 CANH 和 CANL 两条线的物理信号电位差转换形成。以高速 CAN 为例，CAN 高为 3.5V，CAN 低为 1.5V，电位差为 2V，此时定义为显性，对应数字信号 0；CAN 高和 CAN 低均为 2.5V，电位差为 0V，此时定义为隐性，对应数字信号 1。

CAN 总线程序初始化首先应配置 CAN 总线工作模式、波特率等硬件接口，然后进行 CAN 总线的过滤器配置，配置完成后启动 CAN 总线的接收和发送功能，最后进行 CAN 总线中断配置。下面是基于 STM32 处理器库的 CAN 总线初始化程序示例。

```
void CANx_Init(void)
{
    hcanX.Instance=CANx;
    hcanX.Init.Prescaler=16;                     // 设置波特率预分频器
    hcanX.Init.Mode=CAN_MODE_NORMAL;             // 正常模式
    hcanX.Init.SyncJumpWidth=CAN_SJW_1TQ;        // 同步跳跃宽度
    hcanX.Init.TimeSeg1=CAN_BS1_8TQ;             // 时间段 1
    hcanX.Init.TimeSeg2=CAN_BS2_7TQ;             // 时间段 2
    hcanX.Init.TransmitFifoPriority=ENABLE;      // 使能发送优先级
    hcanX.Init.NominalPrescaler=16;              // 设置 Nominal 预分频器
    ...................................
    // 配置 CAN 过滤器
    CAN_FilterTypeDef canFilterConfig;
    canFilterConfig.FilterNumber=0;              // 选择过滤器编号
    canFilterConfig.FilterMode=CAN_FILTERMODE_IDMASK;   // 掩码模式
    canFilterConfig.FilterScale=CAN_FILTERSCALE_32BIT; // 32 位掩码
    canFilterConfig.FilterIdHigh=0x0000;         // 设置过滤器的 ID 高 16 位
    canFilterConfig.FilterIdLow=0x0000;          // 设置过滤器的 ID 低 16 位
    canFilterConfig.FilterMaskIdHigh=0x0000;// 设置掩码高 16 位
    canFilterConfig.FilterMaskIdLow=0x0000;  // 设置掩码低 16 位
    canFilterConfig.FilterFIFOAssignment=CAN_FILTER_FIFO0;
    canFilterConfig.FilterActivation=CAN_FILTER_ENABLE; // 启用过滤
..................................
}
```

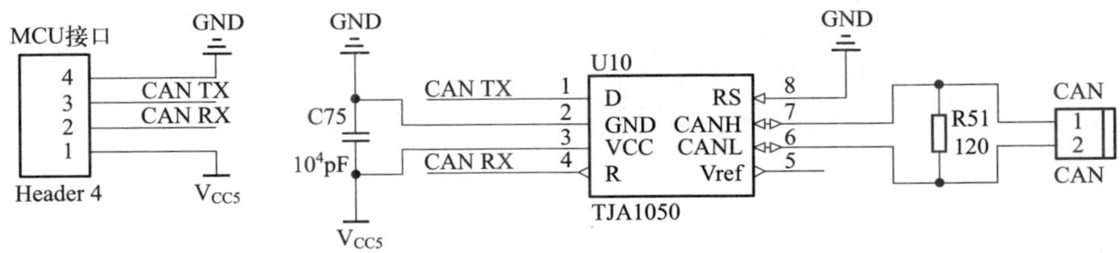

图 3-30　CAN 总线

（2）UART 总线

UART 总线是广泛使用的异步串行通信总线。UART 总线不需要共享时钟信号，而是通过数据本身的开始和停止位同步通信。

UART 总线的发送端通过 TX 引脚将数据串行传输至接收设备的 RX 引脚，接收端通过 RX 引脚接收数据，并将数据传输至接收设备的内部处理单元。通常，UART 总线数据帧初始化过程包括配置波特率、数据位、校验位和停止位。波特率根据实际需要进行配置，如 9600、115200 等；数据位选择 8 位；校验位一般情况下不用，应选择“无”；停止位选择 1 位。下面是基于 STM32F103 处理器的 UART 初始化程序示例。

```
void HAL_UART_Init(void){
    huart.Instance=USARTX;
    huart.Init.BaudRate=115200;                          // 设置波特率
    huart.Init.WordLength=UART_WORDLENGTH_8B;            // 数据位为 8 位
    huart.Init.StopBits=UART_STOPBITS_1;                 // 停止位为 1 位
    huart.Init.Parity=UART_PARITY_NONE;                  // 无校验位
    huart.Init.Mode=UART_MODE_TX|UART_MODE_RX;           // 设置为收发模式
    huart.Init.HwFlowCtl=UART_HWCONTROL_NONE;            // 不使用硬件流控制
    huart.Init.OverSampling=UART_OVERSAMPLING_16; // 16 倍采样
    HAL_UART_Init(&huartx);                              // 初始化串口 UARTX
}
```

STM32F103 处理器的 UART1 和 UART3 总线硬件设计见图 3-31。

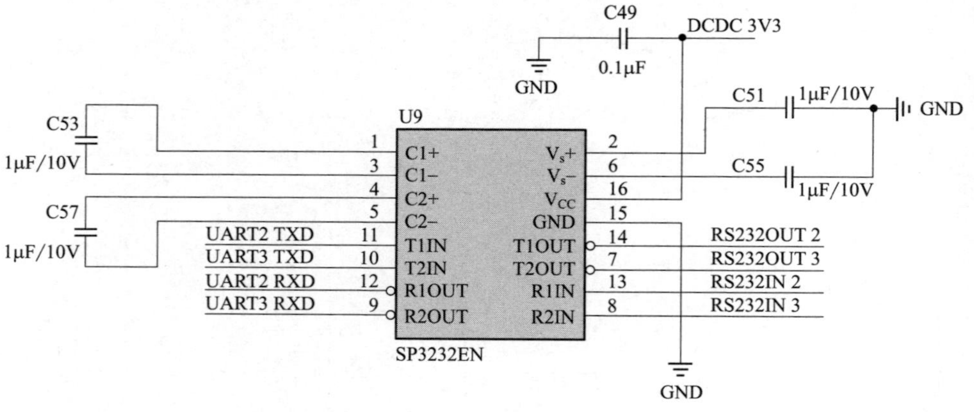

图 3-31　UART 总线

本章小结

本章首先介绍了智能传感器概念、特性、分类以及智能传感器应用领域和发展趋势。其次介绍了智能传感器性能指标，讲述了智能传感器硬件构成和软件构成。然后介绍了传感器标定方法，以及静态标定和动态标定相关内容。再次介绍了传感器补偿技术，主要讲解了温度补偿、线性化补偿、饱和补偿、交叉敏感补偿以及非线性补偿等传感器补偿技术。最后讲述了传感器总线技术，包括内部总线和外部总线等内容，并给出了基于 STM32 的例程和硬件设计图。

思考题

1. 智能传感器具有哪些特点？
2. 传感器一般由哪几部分组成？各部分的作用是什么？请举例说明。
3. 简述传感器的静态特性概念，并列举主要的传感器静态指标。
4. 传感器为什么要标定？简述静态标定过程。
5. 什么是交叉敏感补偿？简述常用的交叉敏感补偿技术。
6. 传感器线性化补偿技术有哪些？
7. 将苯标准物质分别配制浓度为 1μg/L、5μg/L、10μg/L、15μg/L、20μg/L 的溶液进行实验，分别记录各浓度所得电压值。下表为 5 种浓度 6 次测量的电压值及平均电压值。根据该表，试绘制电压-苯浓度实验数据关系图，并用最小二乘法拟合数据，建立电压-浓度模型。

标准浓度 /$\mu g \cdot L^{-1}$	第一次 /mV	第二次 /mV	第三次 /mV	第四次 /mV	第五次 /mV	第六次 /mV	平均值 /mV
1	146.356	152.249	154.294	149.238	156.483	148.562	151.197
5	252.549	249.264	256.253	249.648	253.248	242.297	250.543
10	356.291	352.649	343.297	347.239	351.159	346.156	349.465
15	437.294	448.253	449.564	434.294	446.256	441.196	442.806
20	548.264	554.891	557.351	548.237	548.262	547.165	550.695

8. 根据下表所示的压力传感器的校准数据，试用最小二乘法求非线性误差和线性度。

压力 /MPa	输出值/mV					
	第一次循环		第二次循环		第三次循环	
	正行程	反行程	正行程	反行程	正行程	反行程
0.00	−2.73	−2.71	−2.71	−2.68	−2.68	−2.69
0.02	0.56	0.66	0.61	0.68	0.64	0.69
0.04	3.96	4.06	3.99	4.09	4.03	4.11
0.06	7.40	7.49	7.43	7.53	7.45	7.52
0.08	10.88	10.95	10.89	10.93	10.94	10.99
0.10	14.42	14.42	14.47	14.47	14.46	14.46

第4章

传感器信号调理电路

传感器信号调理是指对传感器原始信号进行去噪、线性化等处理后，将其变换为适合测量或控制的无失真的数字信号。常用的信号调理电路包括测量电桥、信号放大电路、信号转换电路、信号滤波电路以及信号调制与解调电路等，每一种电路都有其不同的功能和应用场景。本章主要对上述信号调理电路进行介绍。

4.1 信号调理电路设计

4.1.1 设计原则

传感器信号调理电路设计在满足传感器性能指标要求的同时，还要保证传感器电路具有高精度、快速响应、高可靠性和低成本等特点，一般调理电路设计基本原则如下。

(1) 输入输出阻抗匹配

测量过程中，传感器输出信号一般较为微弱，容易受到干扰，从而产生较大的测量误差。当信号源的输出阻抗与负载的输入阻抗匹配时，信号功率可以最大限度地传输到负载，并降低噪声干扰，从而提高信号的稳定性和准确性。通过合理设计高输入阻抗、低输出阻抗电路，并结合 LC 匹配网络、增加缓冲器等方法，可以有效实现阻抗匹配，从而提高信号质量、减少噪声影响。

(2) 信号放大

传感器信号经过放大后不仅能够增大传感器输出信号幅值，提高信噪比，而且能够降低外部干扰对信号的影响。常用的放大器有运算放大器、差分放大器、仪表放大器等。通过合理选择放大器、设计增益和带宽、优化噪声抑制和阻抗匹配，可实现对微弱信号的高效放大。在实际设计中，需综合考虑传感器特性、信号幅度、噪声水平和后续电路需求，以实现最佳的信号放大效果。

(3) 噪声抑制

通过各种技术手段来减少或消除传感器输出信号中的噪声，以提高传感器的测量准确性。例如，通过增加低通、带通等滤波器和差分放大器，以增强信号强度，提高信号与噪声比值，从而消除共模噪声；在设计传感器时合理处理信号线路接地，使其具有良好的屏蔽效果，以减少外部干扰对传感器的影响，降低系统噪声水平。因此，为提高传感器性能和稳定性，可通过多种方法相结合的方式，更好地降低系统噪声对信号的干扰。

(4) 漂移尽量小

传感器漂移会造成信号失真、精度下降及可靠性降低等问题。为此，应采取有效措施减小传感器信号调理电路的漂移。具体措施主要包括：选择温度漂移小、使用寿命长的高质量传感器；使用温度补偿技术减小温度影响；定期校准以纠正漂移；控制传感器使用环境，减少温湿度变化对传感器工作的影响。

通过上述方法可有效降低信号调理电路的误差和漂移，提高其可靠性和准确性。

(5) 带宽尽量宽

为确保信号的完整性、提高响应速度、支持高精度测量，并适应多种信号类型等，传感器信号调理电路的带宽应尽量宽。虽然带宽可能带来噪声和成本问题，但可通过合理设计滤波、屏蔽等方法来解决上述问题。因此，应根据噪声水平和对高频信号的需求，权衡选择尽量宽的带宽，以获得最佳的性能和准确性。

(6) 高共模抑制比

共模抑制比反映了传感器对于共模信号的抑制能力，是评估放大器对共模信号抑制效果的一个重要指标。提高传感器共模抑制比的方法有优化电路设计、采用差分输入结构、使用抗干扰技术等。这些方法有助于提高传感器的稳定性和检测精度。

(7) 线性好

传感器线性表示传感器输出与被测物理量的真值之间的匹配程度。一个线性传感器意味着在整个测量范围内，其输出与输入之间的关系是直接的、可预测的，不会出现非线性偏差或失真，因此，对非线性信号，可设计合理的线性化电路进行信号线性化处理。在选择传感器时，了解传感器线性度以及其他性能指标至关重要。

(8) 成本低

传感器成本受制造工艺、技术复杂度和材料成本等多种因素影响。一般降低传感器成本的措施包括优化设计、优化成本控制、提高生产效率、采用成熟制造技术以及优化供应链管理等。在满足性能要求的前提下，应对设计、制造和供应链管理等各方面进行综合考虑，以有效降低传感器成本，获得较高性价比。

4.1.2 设计步骤

为了设计出高性能传感器，实现对传感器输入输出信号的准确采集和处理，信号调理电路的设计尤为重要。通常，传感器信号调理电路设计一般包括以下步骤。

① 根据传感器使用要求，提出设计任务　根据传感器类型、应用环境，以及信号输入输出特性等综合考虑，确定传感器主要功能以及满足要求的技术指标。

② 根据传感器功能、性能要求，确定电路结构形式　电路设计一般先设计主电路部分，再根据要实现的功能及性能设计外围电路部分。根据输入信号类型，选择 A/D 转换器、放大器和滤波器等；对于模拟信号，根据传感器精度要求，选择合适的 A/D 转换器，如 8 位 A/D、12 位 A/D、16 位 A/D 等；对于数字信号，则选择合适的微处理器和传感器接口电路，如串口、I^2C、SPI 等。

③ 根据传感器精度要求对电路各部分进行合理误差分配　为保证电路的低成本和高性能，需要对电路各部分误差进行分配，以实现电路设计的总准确度。根据电路误差来源和成本控制要求，对设计简单和实现高准确度的电路部分应分配较小的误差预算；而对于设计困难或成本较高的电路部分应在合理范围内分配较大的误差预算。

④ 根据使用环境要求，进行抗干扰设计　为提高电路在复杂环境下的可靠性和稳定性，在电路设计时必须考虑多方面的抗干扰和环境适应性措施，如抗电磁干扰措施、抗环境温湿度变化措施、抗振动与抗冲击措施，以及抗静电措施等。

⑤ 根据传感器机械结构要求，设计并制作电路板。

⑥ 选择各电路元器件并导出物料清单，进行电路组装、焊接调试　PCB 设计完成后进行 ERC 检测，并导出物料清单，然后进行电路板焊接，以及电路板基本测试，例如短路测试、焊接测试等。

⑦ 根据应用环境要求，进行性能测试　性能测试需要有足够多的样本进行统计分析。同时，为保证测试结果的准确性，测试条件要尽可能地模拟实际的使用环境，例如高低温测试、电磁干扰测试、振动冲击测试等。得到测试结果后，需要进行性能指标分析并评估。

4.2 测量电桥

电桥是由首尾相连的四个阻抗元件构成的测量电路。根据电桥平衡原理，电桥中的一个阻抗元件改变后，电桥会失去平衡从而产生电压或电流。如图 4-1 所示，电阻 R_2、R_3、R_4 已知阻值，R_x 为传感器敏感元件，电桥平衡条件满足以下关系。

$$R_2R_4=R_3R_x \tag{4-1}$$

图中电路的 SB 闭合后，a、b 端接通电桥的激励电源，c、d 端为电桥信号输出端，P 为检流计，流过检流计的电流为 I_P。通过调节电路中各已知电阻阻值，使 P 中通过的电流为零，则根据式(4-1) 可求得 R_x。电桥是最常见的信号调理电路之一。

根据激励源的不同，电桥可分为直流电桥和交流电桥两类。直流电桥以直流电源为激励源，主要用于测量电阻。交流电桥以交流电源为激励源，不仅用来测量电阻，还可用来测量电感和电容。

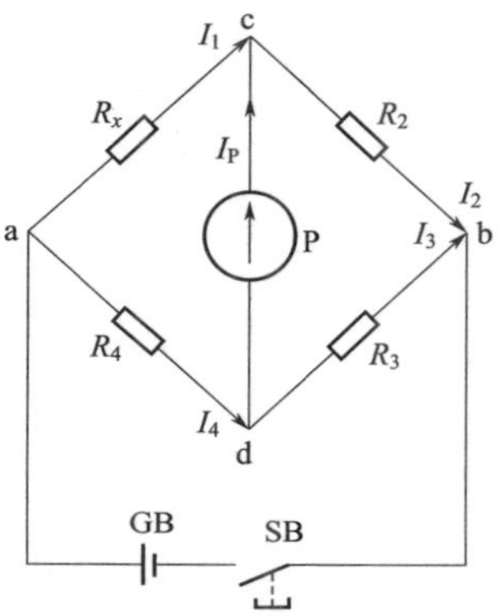

图 4-1　电桥

根据电桥的工作状态，电桥可分为平衡式电桥和不平衡式电桥。平衡式电桥是指当电桥达到平衡状态时，其输出电压为零的电桥结构。不平衡式电桥是指通过测量电桥输出电压的偏差来反映被测量变化的电桥结构。

4.2.1　直流电桥

(1) 工作原理

惠更斯电桥如图 4-2(a) 所示，直流电源接 a、b 两端，信号输出端为 c、d 两端，电阻 R_2 和 R_4、R_3 和 R_x 为四个桥臂电阻，其中 R_x 为可调电阻。该直流电桥可用于测量电阻 R_x 的阻值变化。为防止负载效应破坏电桥平衡，应接入高输入阻抗的仪表或放大器，使接入负载的电阻远大于电桥输出端内阻，从而近似实现开路效果，保证测量精度。等效电路如图 4-2(b) 所示，等效电路的检流计电流 I_P 为零，c、d 端电压相等。

直流电桥平衡条件：相对桥臂的电阻乘积相等，即 $R_2R_4=R_3R_x$。

电桥输出电压 U_o：

$$U_o=\frac{R_xR_3-R_2R_4}{(R_x+R_2)(R_3+R_4)}U \tag{4-2}$$

根据式(4-2)，当 c、d 点电位相等时，电桥输出电压 U_o 为零。

例 4-1　已知在一个简单的直流电桥中，$R_2=100\Omega$，$R_3=150\Omega$，$R_4=100\Omega$，如果电桥平衡，计算未知电阻 R_x 的值。

解： 根据电桥平衡公式 $R_2R_4=R_3R_x$，可得：

$$100\times100=150R_x$$

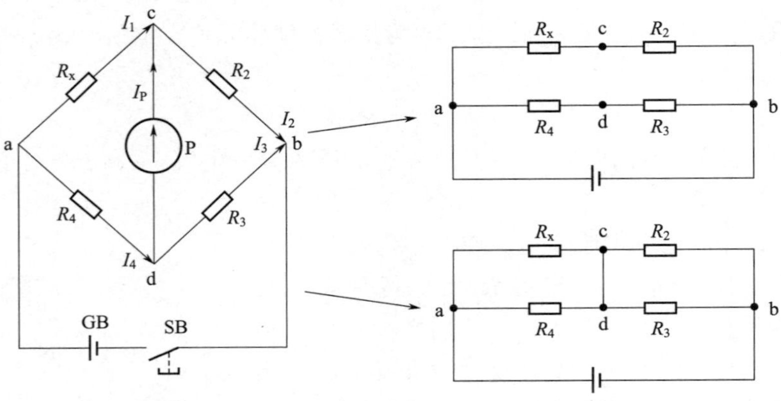

(a) 桥电路　　(b) 等效电路

图 4-2　惠更斯电桥

$$R_x = \frac{10000}{150} \approx 66.67\Omega$$

(2) 直流电桥连接方式

常用的直流电桥连接方式有单臂半桥、双臂半桥和全桥。图 4-3 所示为三种直流电桥的连接方式。

图 4-3(a) 所示为单臂半桥，由一个待测电阻和三个标准电阻构成。该电路中，若待测电阻 $R_1 \pm \Delta R_1$ 发生变化，则电桥的平衡状态改变，从而导致输出电压发生变化。单臂半桥主要用于单传感器测量。

图 4-3(b) 所示为双臂半桥，两个相互独立的待测电阻与两个标准电阻相连，两个待测电阻分别为 $R_1 \pm \Delta R_1$ 和 $R_2 \pm \Delta R_2$。双臂半桥的两个待测电阻位于电桥的对立两侧，可同时测量两个传感器的变化，其抗干扰能力较强。

图 4-3(c) 所示为全桥，有四个待测电阻连接在电桥上，分别为 $R_1 \pm \Delta R_1$、$R_2 \pm \Delta R_2$、$R_3 \pm \Delta R_3$、$R_4 \pm \Delta R_4$。全桥式的对称性特点使该电桥能够测量更大的输出信号，因此输出信号强，抗干扰能力和灵敏度高。

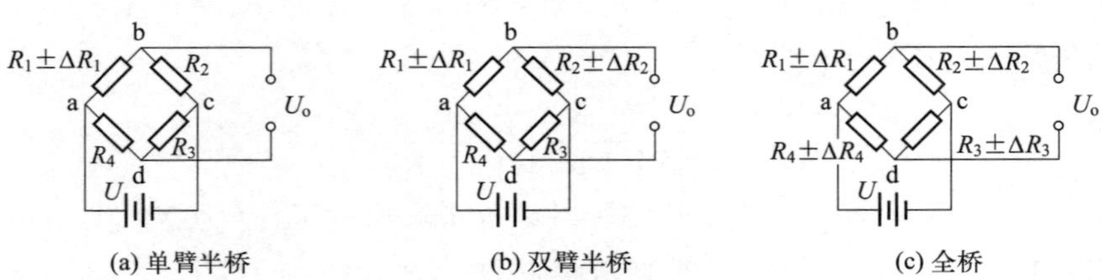

(a) 单臂半桥　　(b) 双臂半桥　　(c) 全桥

图 4-3　直流电桥连接方式

① 单臂半桥　单臂半桥电路是一种常见的电阻测量电路，适用于将微小的电阻变化转换为电压信号，如图 4-4 所示。单臂半桥有三个电阻为标准电阻，待

测电阻与其中一个电阻串联，待测电阻的阻值可通过测量电桥平衡时的电源端电压来确定。尽管单臂半桥电路对环境变化敏感且精度较低，但可通过温度补偿、使用高精度元件和信号调理等方法提高其性能。

电桥输出电压为：

$$U_o=\frac{E\Delta R}{4R} \tag{4-3}$$

$$R_1=R_2=R_3=R_4=R$$

式中，E 为单臂半桥供电电压；ΔR 为电阻变换；R 为标准电阻。

相对灵敏度 S_1 表示为：

$$S_1=\frac{U_o}{\dfrac{\Delta R}{R}}=\frac{E}{4} \tag{4-4}$$

例 4-2　在一个单臂半桥电路中，如果 $R_1=120\Omega$ 并且改变了 $\Delta R=5\Omega$，供电电压 $E=5\text{V}$，计算输出电压 U_o。

解：根据半桥输出电压公式，算得：

$$U_o=\frac{5}{4}\times\frac{5}{120}=0.052\text{V}$$

② 双臂半桥　同单臂半桥相比，双臂半桥能够显著提高测量的灵敏度和抗干扰能力。双臂半桥电路如图 4-5 所示。

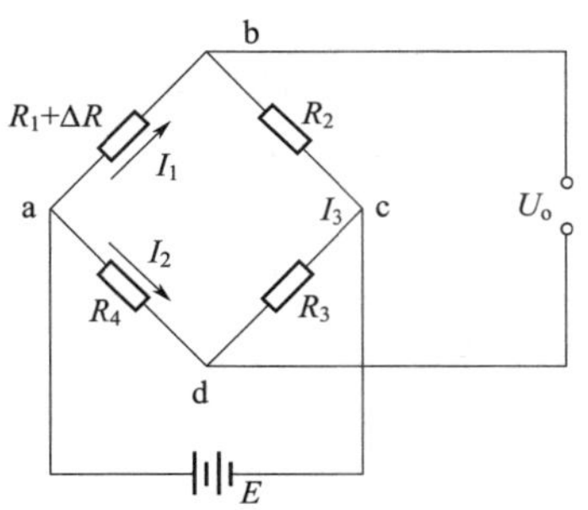

图 4-4　单臂半桥

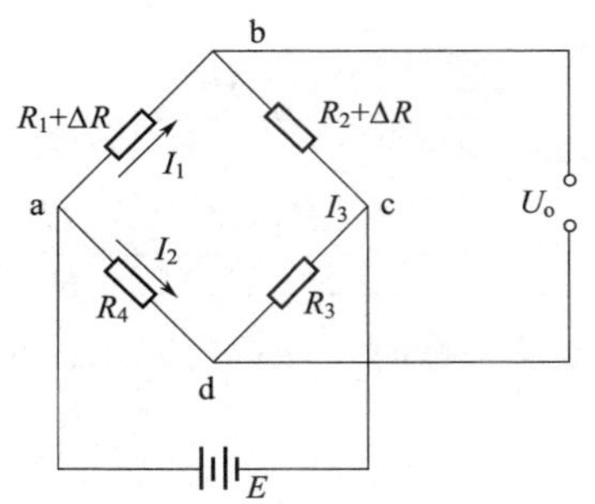

图 4-5　双臂半桥电路

电桥输出电压为：

$$U_o=\frac{E}{2}\times\frac{\Delta R}{R} \tag{4-5}$$

相对灵敏度 S_2 表示为：

$$S_2=\frac{U_o}{\dfrac{\Delta R}{R}}=2S_1=\frac{1}{2}E \tag{4-6}$$

③ 全桥式　全桥电路如图 4-6 所示。

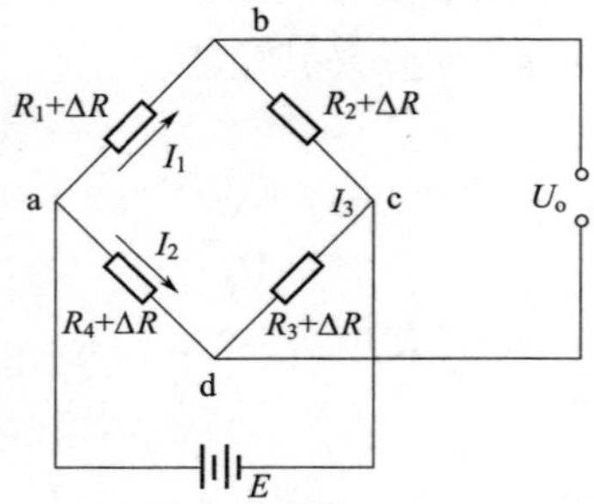

图 4-6　全桥电路

电桥输出电压为：

$$U_o = E\frac{\Delta R}{R} \tag{4-7}$$

相对灵敏度 S_3 表示为：

$$S_3 = \frac{U_o}{\dfrac{\Delta R}{R}} = 2S_2 = 4S_1 = E \tag{4-8}$$

(3) 电桥灵敏度

以单臂半桥为例，根据式(4-2)，改变桥臂电阻 R_1 为 $R_1+\Delta R_1$，则输出电压 U_o 为：

$$\begin{aligned} U_o &= \frac{(R_1+\Delta R_1)R_3 - R_2R_4}{(R_1+\Delta R_1+R_2)(R_3+R_4)}U \approx \frac{(R_1+\Delta R_1)R_3 - R_2R_4}{(R_1+R_2)(R_3+R_4)}U \\ &= \frac{\Delta R_1/R_1 \times R_3/R_4}{(1+R_2/R_1)(1+R_3/R_4)}U \end{aligned} \tag{4-9}$$

在电桥平衡时，邻臂电阻之比相等，比值设为 n，则

$$U_o = \frac{\Delta R_1}{R_1}\frac{n}{(1+n)^2}U \tag{4-10}$$

由式(4-10) 可知，单臂半桥灵敏度 S 表示为：

$$S = \frac{U_o}{\Delta R_1/R_1} = \frac{n}{(1+n)^2}U \tag{4-11}$$

根据式(4-11)，直流电桥灵敏度与电桥电源电压 U 成正比，与桥臂电阻的阻值比 n 有关。

4.2.2　交流电桥

交流电桥是激励电源为交流电源的测量电路，可测量不同类型的元件参数。

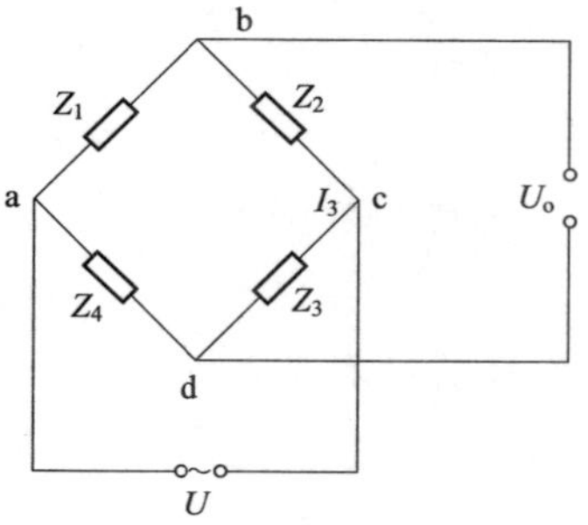

图 4-7　交流电桥

交流电桥如图 4-7 所示。交流电桥反映了桥臂之间阻抗差异的电压信号，该信号的幅度和相位与桥臂元件阻抗变化相关。

交流电桥使用注意事项如下。

① 交流电桥的平衡条件有两个重要因素：阻抗平衡和电源稳定性。阻抗平衡保证了电桥各个桥臂的阻抗比例达到平衡状态；电源稳定性保证了电桥电压的稳定性，使输出信号能够准确地反映测量元件的特性。电源波动会导致电桥输出端电压波动，从而影响测量结果的准确性。

② 交流电桥的电源频率一般在 5～10kHz 范围内，该频率范围可避免低频和高频干扰。

③ 交流电桥和直流电桥基本结构形式相同，不同点主要有：交流电桥使用交流电源，桥臂是含电阻、电感、电容的阻抗元件。

根据图 4-7，交流电桥输出电压 U_o 为：

$$U_o=\frac{Z_1Z_3-Z_2Z_4}{(Z_1+Z_2)(Z_3+Z_4)}U \tag{4-12}$$

式中，Z 为各桥臂的复阻抗，$Z=|Z|e^{j\varphi}$；φ 表示桥臂电压与电流的相位差（相位角）；复阻抗 Z 的模 $|Z|$ 表示桥臂阻抗的大小。

相位角 φ 为正值时，表明电流变化滞后电压变化，其阻抗表现为感性阻抗；当 φ 为负值时，表明电流变化超前于电压变化，其阻抗表现为容性阻抗。要使交流电桥平衡，需满足以下两个平衡条件：

① 幅值平衡条件：
$$Z_1Z_3=Z_2Z_4 \tag{4-13}$$

② 相位平衡条件：
$$\varphi_1+\varphi_3=\varphi_2+\varphi_4 \tag{4-14}$$

将复阻抗代入交流电桥的平衡条件，可得如下关系：

$$Z_1Z_3e^{j(\varphi_1+\varphi_3)}=Z_2Z_4e^{j(\varphi_2+\varphi_4)} \tag{4-15}$$

例 4-3　如图 4-8 所示，已知电源电压 $U=4V$，电源频率 $f=400Hz$，传感器线圈阻值 $R=40\Omega$，电感值 $L=30mH$，并通过匹配电阻 R_1 和 R_2 构成四臂等阻抗电桥，试求：

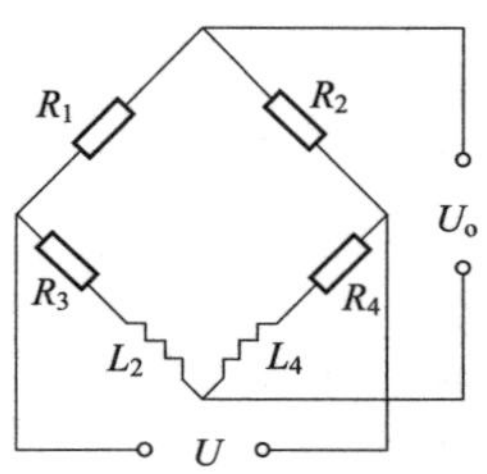

图 4-8　交流电桥

① 匹配电阻 R_1 和 R_2 的大小。

② 当 $\Delta Z=10\Omega$ 时，单臂和差动电桥的输出电压值。

解：设 $R_1=|Z_1|$，$R_2=|Z_2|$，$Z_3=R_3+j\omega L_2$，$Z_4=R_4+j\omega L_4$，则 $R_1=R_2=|Z_3|=|Z_4|=$

$\sqrt{R^2+(\omega L)^2}=85.4\Omega$。

单臂时：

$$U_o=(Z_1Z_4-Z_2Z_3)U/[(Z_1+Z_2)(Z_3+Z_4)]$$

等臂电桥：令

$$Z_1=Z_2=Z_3=Z_4=Z$$

工作状态下，设 $Z_3=Z+\Delta Z_3$，则

$$U_o=-\Delta Z_3U/[2(2Z+\Delta Z_3)]=-0.111\text{V}$$

$$U_o=\Delta ZU/2Z=0.23\text{V}$$

4.3 信号放大电路

在测量控制系统中，信号放大电路可实现微弱信号放大、信号调理和阻抗匹配等功能。为保证放大电路性能符合设计要求，应综合考虑输入信号、输出信号、增益、输入阻抗、工作频带、非线性失真、输入噪声以及电源电压等参数。信号放大电路设计一般需要经过定性分析、定量计算、计算机仿真和测试实验四个步骤。

第一步：定性分析。其目的是根据需求选择适当的放大电路类型、幅度和频率范围，从而确定放大电路的增益、带宽以及信号动态范围。

第二步：定量计算。定量计算的目的是通过增益和输入输出阻抗计算、带宽分析，确定电路工作状态和元器件参数等。

第三步：计算机仿真。在计算机上采用仿真软件仿真验证电路的性能，并根据仿真结果优化设计。

第四步：测试实验。验证放大电路实际性能，保证其能够在工作环境中可靠运行。测试实验包括实测验证、调试优化和环境测试。

4.3.1 线性集成运算放大电路设计要求

若传感器输出信号较小，常需要通过放大器放大后才能进行检测和分析。在测量电路中，为便于后续信号处理，传感器输出的微弱信号经放大电路应无失真地放大。因此，传感器信号放大电路设计应满足以下基本要求。

① 增益　放大器增益应满足输出信号在检测范围内。

② 带宽　传感器放大电路应具有放大传感器输出信号全部频率范围的带宽。带宽决定了传感器信号放大电路的灵敏度和响应能力。

③ 输入阻抗和输出阻抗　为减小外界噪声对传感器输出信号的影响，输入阻抗应尽量大，而且为保证输出信号的稳定性，输出阻抗应足够小。

④ 输入噪声　放大电路应尽量减少噪声的引入和放大，以保证输出信号的

清晰度和准确性，对于高精度和高灵敏度的传感器，去除噪声尤为重要。

⑤ 稳定性　传感器放大电路应具有良好的温度稳定性和工作稳定性。

为保证信号放大能力，理想运算放大器应具有开环增益无穷大、输入阻抗无穷大、输出阻抗为零等特点。通常根据以下结论进行放大电路分析。

① 运算放大器输入电流为 0，称为“虚断”。

② 运算放大器同相和反相差分输入电压为 0，称为“虚短”。

根据传感器类型和测量要求选择合适的放大器是首要任务。传感器类型决定了信号的特性以及与之匹配的放大电路。传感器输出信号一般为微弱信号，因此需要使用前置放大器来提高信号强度，而运算放大器无法解决失调电压和温度漂移的问题，因此不适合微弱信号放大。同运算放大器相比，线性放大器具有高共模抑制比、低失调电压、低温度漂移等特性，可用作微弱信号检测系统的前置放大器。

4.3.2　典型放大电路

根据信号类型，放大电路分为直流放大电路和交流放大电路。这些电路通常采用集成运算放大器来实现信号放大。

(1) 直流放大电路

直流放大电路是放大直流信号的电路。根据输入和输出信号的处理方式，直流放大电路分为反相放大电路、同相放大电路和差分放大电路。

① 反相放大电路（反相运算放大器）　图 4-9 所示的反相放大电路，U_i、U_o 分别代表运算放大器的输入电压和输出电压；R_1 是运算放大器反相端输入电阻；R_2 是反馈电阻。静态基极电流会流入或流出运算放大器反相输入端，导致反相输入端与地产生电压。对于静态基极电流对输出电压的影响，可增加平衡电阻 R_3 消除其影响。在静态输入电压 $U_i=0$ 时，$R_3=R_1//R_2$。

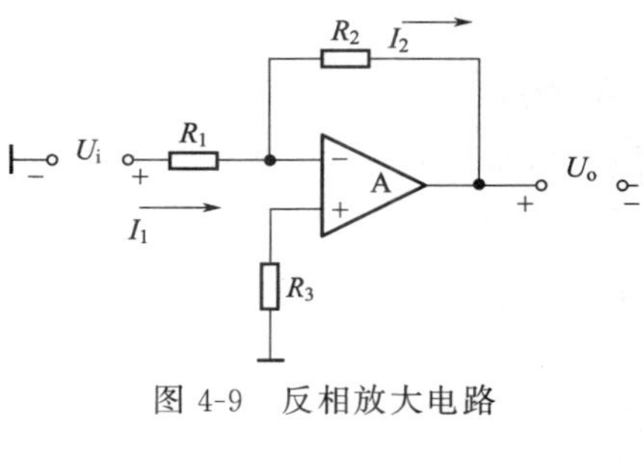

图 4-9　反相放大电路

根据“虚断”和“虚短”结论，电压增益为：

$$A_{uf}=\frac{U_o}{U_i}=-\frac{R_2}{R_1} \tag{4-16}$$

由于反馈信号电流 I_2 与输入信号电流 I_1 构成了并联反馈，且 I_2 来自 U_o，

并和 U_o 成正比，形成了电压反馈。电流 I_1 与电流 I_2 形成差值信号 $I_d=I_1-I_2$，I_2 减弱了差值电流，故构成了负反馈，因此，图 4-9 为并联电压负反馈放大电路。

反相运算放大器具有反相增益、输出信号与输入信号反相、输入阻抗大、输出阻抗小、负反馈等特点。

例 4-4 已知放大电路的输出电阻 $R_o=2.8\text{k}\Omega$，输出端开路电压 $U_o=5\text{V}$，当放大电路接入负载电阻 $R_L=2.2\text{k}\Omega$ 时，求输出电压。

解：

$$U_o'=\frac{R_L}{R_o+R_L}U_o=2.2\text{V}$$

② 同相放大电路（同相运算放大器） 同相运算放大器的输出电压和输入电压同相，其工作原理是基于运算放大器的负反馈特性，其中运算放大器增益通过反相输入端电阻实现，运算放大器反馈通过输入端和输出端的电阻实现，如图 4-10 所示，R_F 为反馈电阻，R_1 为输入电阻，U_i 为输入电压信号，U_o 为输出电压信号。则电路闭环增益为：

$$A=1+\frac{R_F}{R_1} \tag{4-17}$$

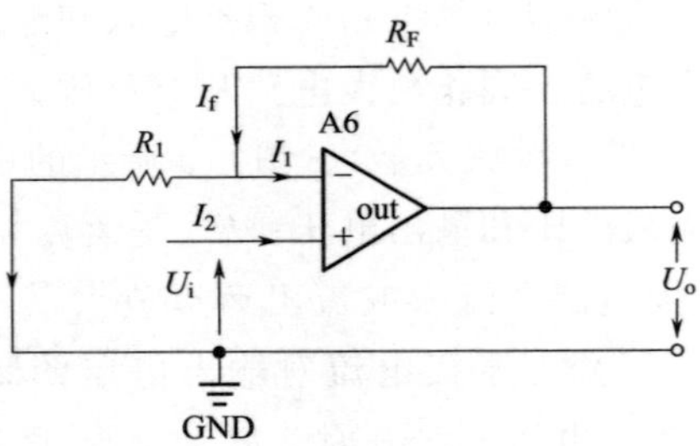

图 4-10 同相放大电路

图 4-10 中，放大器 A6 的同相输入端输入电压为 U_i，此时 U_o 为“正”，电阻 R_F 和 R_1 为同相运算放大器反馈电路的分压电阻，反馈信号在输入端与输出信号串联，反馈信号削弱输入信号，因此，图 4-10 是电压串联负反馈电路。电压串联负反馈电路具有输入阻抗高、增益可控、输出电压稳定和非线性失真小等优势。

同相运算放大器特点：

a. 放大电路由于没有虚地，所以抗干扰能力差，共模抑制比高。

b. 输入阻抗大，输出阻抗小。

c. 放大倍数由反馈电阻和输入电阻比例决定。

d. 输出信号与输入信号同相。

③ 差分放大电路（差分放大器）　差分放大电路如图 4-11 所示，输入信号分别输入运放（运算放大器）的正负端，使两个信号的差值被放大，而相同信号部分被抑制，因此，差分放大电路的对称性作用可有效地抑制两路输入信号中相同的共模噪声。负反馈作用有助于稳定静态工作点，所以差分放大电路广泛应用于微小信号放大且抑制噪声的场景。图中 IN1 和 IN2 为输入信号，当 $R_1=R_3$，$R_2=R_4$ 时，差分放大器的输出信号与输入信号关系的数学表达式为：

$$U_{\text{out}}=\frac{R_4}{R_3}(U_{\text{IN2}}-U_{\text{IN1}}) \tag{4-18}$$

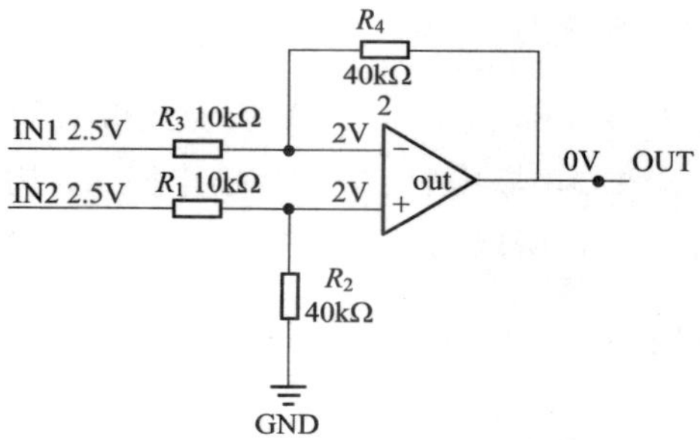

图 4-11　差分放大电路

例 4-5　设计一个使用运算放大器的差分放大电路，其中输入信号为两个电压 U_1 和 U_2，$U_1=1\text{V}$，$U_2=0.8\text{V}$。假设运算放大器为理想状态，其反馈电阻 $R_F=10\text{k}\Omega$，输入电阻 $R_1=R_2=2\text{k}\Omega$。计算输出电压 U_o。

解： 根据式(4-18)，理想差分放大器输出电压 U_o 计算式如下。

$$U_o=\left(\frac{R_F}{R_1}\right)\times(U_2-U_1)$$

代入给定的数值：

$$U_o=\left(\frac{10\text{k}\Omega}{2\text{k}\Omega}\right)\times(0.8\text{V}-1\text{V})$$

$$U_o=5\times(-0.2\text{V})$$

$$U_o=-1\text{V}$$

差分放大电路的主要特点如下。

① 差分输入单端输出　差分放大电路有一个输出端和正负两个输入端，输出信号和两路输入信号的相同部分无关，仅与输入信号的不同部分相关。

② 共模噪声抑制能力强　差分放大电路具有抑制共模噪声的能力，其放大了两个输入信号之间的差异，而抵消了共模噪声。

③ 高输入阻抗低输出阻抗　差分放大电路具有高输入阻抗，因此能够有效接收微弱信号。低输出阻抗的特点使得差分放大器能够有效驱动电路，不会因阻

抗不匹配而失真。

④ 高增益　差分放大电路在输入信号差异较大时，可通过调节外围元件设定增益。

(2) 交流放大电路

① 交流反相放大电路　交流反相放大电路输出信号与输入信号反相，并将输入的交流信号放大。通常输入信号和运算放大器的反相输入端通过电阻连接，而同相输入端接地，以确保电压为零。单电源交流反相放大电路如图 4-12 所示，运放同相输入端电压表达式为：

$$U_+ = V_{CC} \times \frac{R_2}{R_2 + R_1} \tag{4-19}$$

图 4-12 中，通过 R_2 并联滤波电容 C_3 以避免纹波对同相输入端的干扰。因 C_1 具有隔直流作用，输入端串联电容 C_1 同反馈电阻 R_F 构成了直流负反馈。又因电容 C_1 具有通交流作用，所以与反馈电阻 R_F 构成了交流电压并联负反馈。在静态时，运放输出端的电压 $U_o = U_- \approx U_+ = \frac{V_{CC}}{2}$。则放大电路的电压增益 A_u 为：

$$A_u = \frac{U_o}{U_i} = -\frac{R_F}{R} \tag{4-20}$$

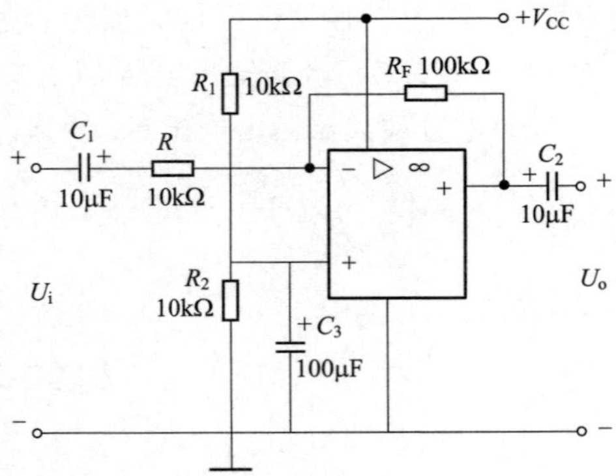

图 4-12　单电源交流反相放大电路

② 交流同相放大电路　单电源交流同相放大电路如图 4-13 所示。电阻 R_1 和 R_2 对供电电源 V_{CC} 进行分压，与反馈电阻 R_F 构成电路的直流负反馈，电容 C_1 具有隔直流通交流作用，并通过反馈电阻 R_F 构成交流电压串联负反馈。在静态时，运放输出端的电压 $U_o = U_- \approx U_+ = \frac{V_{CC}}{2}$。放大电路的电压增益为：

$$A_u=\frac{U_o}{U_i}=1+\frac{R_F}{R} \tag{4-21}$$

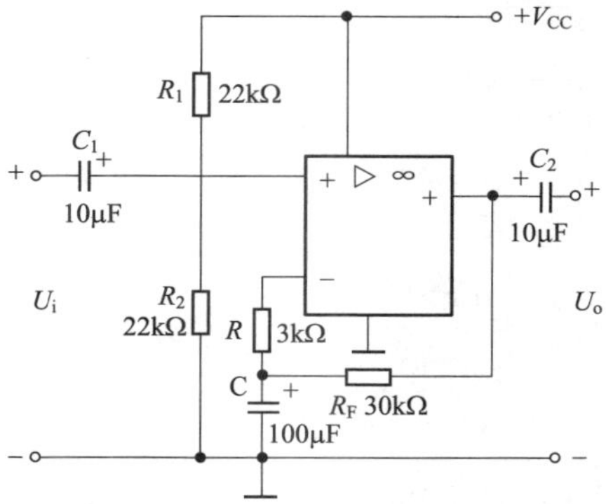

图 4-13　单电源交流同相放大电路

4.3.3 仪表放大器

仪表放大器是一种具有高精度、高稳定性，专用于微弱差分信号的放大器，具有差分输入、高共模抑制比、高输入阻抗、可调增益等特点。该电路广泛应用在传感器信号处理、测量仪器等领域。常用的仪表放大器有 AD620、INA333 等。

仪表放大器典型电路如图 4-14 所示。运算放大器 A3 和运算放大器 A5 同相差分输入可增大电路的输入阻抗，A3 和 A5 分别作为运算放大器 A4 的同相输入和反相输入，可提高二级差模信号与共模信号的幅值比。运算放大器 A4 是二级差分放大电路，其作用是可降低电阻 R_3 和 R_4、R_6 和 R_5 的精度匹配要求。因此，二级差分放大电路通过差分信号经过两级放大，提高了仪表放大器的共模抑制能力，并降低了电阻匹配精度要求。

若电阻 $R_1=R_2$，$R_3=R_4$，$R_6=R_5$，则图 4-14 电路的增益表达式为：

$$A_u=\left(1+\frac{2R_1}{R_g}\right)\times\frac{R_6}{R_3} \tag{4-22}$$

式中，R_g 为两级运放间的反馈网络电阻。

根据式(4-22)，通过改变 R_g 阻值可实现电路增益的调节。

仪表放大器主要特点如下。

① 高共模抑制比　仪表放大器具有放大差模信号、抑制共模信号的能力。

② 高输入阻抗　仪表放大器输入阻抗高，而且具有良好的匹配性。

③ 低噪声　仪表放大器多应用于恶劣环境中实现弱信号处理，仪表放大器噪声低。

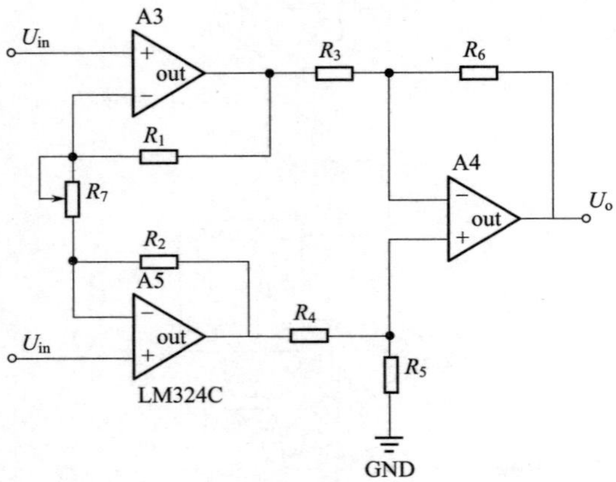

图 4-14　仪表放大器典型结构

④ 低温漂、高稳定增益。

4.3.4　程控增益放大器

程控增益放大器是指通过程序控制而改变增益的放大器。在测控系统中，为保证测量精度，当不同测量条件下被测信号幅值变化较大时，通常采用数字或模拟控制信号设置增益，从而实现量程自动切换。因此，程控增益放大器广泛应用在自动测控、仪器仪表等领域。

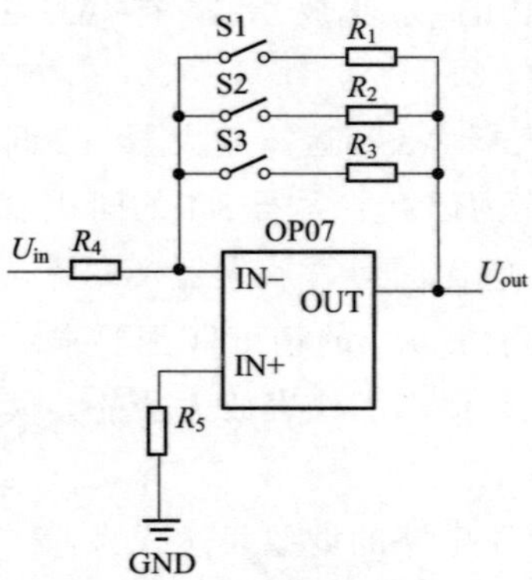

图 4-15　程控增益放大电路

如图 4-15 所示，程控增益放大电路由运算放大器 OP07、数字编码控制的模拟开关及电阻组成。图中，放大器增益 $G=\dfrac{V_{out}}{V_{in}}\approx\dfrac{R_F}{R_1}$，$R_F$ 是反馈网络电阻，放大器增益 G 取决于增益电阻 R_1、R_2、R_3 支路的连通状态，而连通状态通过 S1、S2、S3 模拟开关控制。

程控增益放大电路根据原理和结构不同，主要有以下几种实现方法。

① 基于程控增益放大器原理实现的程控增益放大电路　程控增益放大电路通常由运算放大器、模拟开关、数据锁存器和电阻网络构成。运算放大器通过选择不同的电阻值来实现增益。模拟开关则根据控制信号选择不同电阻通道来改变反馈回路的电阻值。数据锁存器用于存储控制器生成的增益控制数字信号。电阻网络由多个电阻元件组成，构成运算放大器的反馈回路。图 4-16 是基于程控增益放大器原理实现的程控增益放大电路，图中，74LS373 为数据锁存器，

MAX313 是模拟开关，OP07 是运算放大器，R_1、R_2、R_3、R_4 构成了电阻网络。

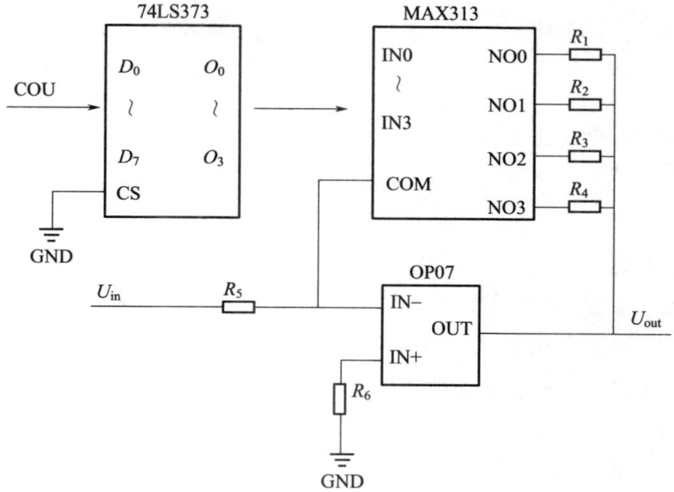

图 4-16　精密程控增益放大电路

② D/A 转换器实现的程控增益放大电路　D/A 转换器实现的程控增益放大电路利用 D/A 转换器的高精度模拟量输出功能，结合运算放大器和反馈电阻实现数字控制的增益调节。D/A 转换器将数字控制信号转换为模拟信号，该模拟信号控制反馈电阻，从而实现增益调节。图 4-17 所示的 D/A 转换器实现的程控增益放大电路由两个 DAC 转换器、OP37 运算放大器和反馈电阻 R_2 组成。

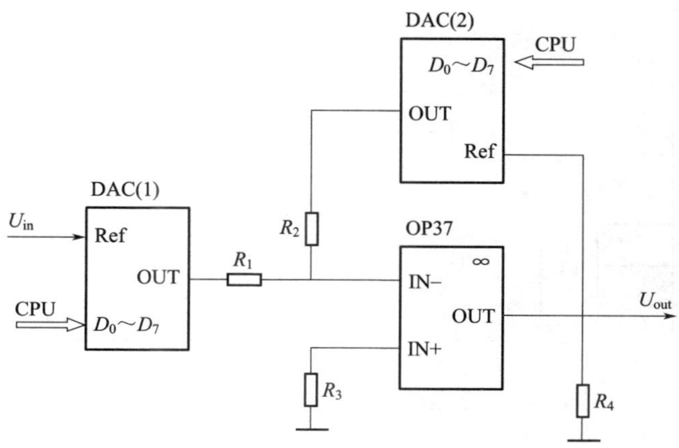

图 4-17　程控增益放大/衰减电路

DAC(2) 转换器的参考电压信号由 OP37 放大器的输出信号提供，假设 DAC 转换器有 8 位，$D_0 \sim D_7$ 是 CPU 的输入数字量，则输出电流信号计算式为：

$$I_{\mathrm{OUT1}}=\frac{U_{\mathrm{in}}}{R_1}\times\frac{D_1}{256} \tag{4-23}$$

$$I_{\mathrm{OUT2}}=\frac{U_{\mathrm{out}}}{R_2}\times\frac{D_2}{256} \tag{4-24}$$

根据图 4-17，电路放大增益$|G|$表达式为：

$$|G|=\left|\frac{U_{\mathrm{out}}}{U_{\mathrm{in}}}\right|=\frac{D_1}{D_2}\times\frac{R_2}{R_1} \tag{4-25}$$

因此，可通过改变 $D_0 \sim D_7$ 数值实现对放大增益$|G|$的控制。

③ 数字电位器实现的程控增益放大电路　数字电位器实现的程控增益放大电路通过数字信号动态调整数字电位器阻值，从而实现运算放大器增益控制。数字电位器可通过数字信号控制多阻值挡位切换，而程控增益放大电路增益大小由反馈电路的电阻和数字电位器电阻共同决定。

图 4-18 所示是基于型号为 TMS320F206 的 DSP 控制芯片实现的程控增益放大电路，由数字电位器 X9C104、运算放大器 OP37、译码器、DSP 以及反馈电阻构成。X9C104 的片选信号 CS 由 GAL16Vx 译码器确定。DSP 的 IO0、IO1 口输出信号连接 X9C104 的电阻调节控制端 INC 和电阻调节方向控制端 $\mathrm{U}/\overline{\mathrm{D}}$。当 IO1 控制端口 $\mathrm{U}/\overline{\mathrm{D}}$ 高电平时，电阻值增大；当 IO0 控制端口 INC 低电平时，电阻值减小。运算放大器 OP37 的信号输出通过反馈电阻 R_2 作为 X9C104（2）芯片引脚 $\mathrm{V_W}$ 的输入。

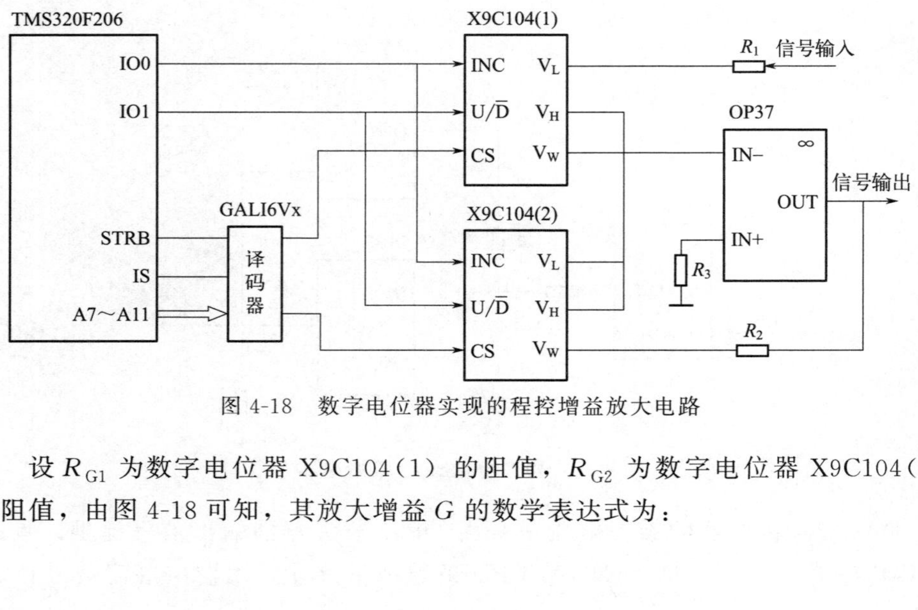

图 4-18　数字电位器实现的程控增益放大电路

设 R_{G1} 为数字电位器 X9C104（1）的阻值，R_{G2} 为数字电位器 X9C104（2）的阻值，由图 4-18 可知，其放大增益 G 的数学表达式为：

$$G=-\frac{R_2+R_{G2}}{R_1+R_{G1}}=-\frac{R_2+1010N_2}{R_1+1010N_1} \tag{4-26}$$

其中，$N_1, N_2=0,1,2,\cdots,99$。

4.4 信号转换电路

信号转换电路的作用是将不同类型信号的幅度、频率、相位等特性进行相互转换。在信号转换电路设计时应注意两个问题。

① 转换电路具有线性特性。

② 转换电路输入阻抗和输出阻抗与负载匹配。

4.4.1 电压比较电路

(1) 电压比较器的定义

电压比较器是通过比较输入信号和输出信号，并产生输出高低电平的电路。电压比较器在测量领域有着广泛的应用。

电压比较器的电路符号如图 4-19 所示。电压比较器由同相输入端和反相输入端组成。当同相输入电压 U_+ 大于反相输入电压 U_- 时，比较器输出为高电平，表示逻辑“1”；当同相输入电压 U_+ 小于反相输入电压 U_- 时，比较器输出为低电平，表示逻辑“0”。因此，电压比较器可将模拟信号转换为逻辑“0”和“1”的数字信号。

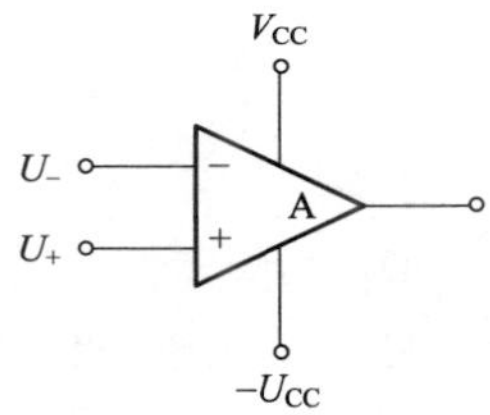

图 4-19　电压比较器的电路符号

(2) 电压比较器的基本特性

① 输出高电平（U_{oH}）和低电平（U_{oL}）　电压比较器输入输出关系图如图 4-20 所示，输出高电平 U_{oH} 约等于正电源电压 V_{CC}，输出低电平 U_{oL} 约等于负电源电压$-V_{CC}$。

② 鉴别灵敏度　电压比较器的鉴别灵敏度是指能够区分出的两个输入信号的最小电压差。电压比较器的增益 A_{ud} 越大，电压比较器对输入电压的变化越敏感。理想的电压比较器，$A_{ud}=\infty$，而且输入信号接近门限 U_T 时，输出信号会出现突变的阶跃变化现象。

实际上 A_{ud} 不可能无穷大，如图 4-20 所示，在门限 U_T 附近存在一个不灵敏区，在该区域，A_{ud} 越高，则不灵敏区就越小，电压比较器对输入电压差的响应就会越敏感，从而比较器的切换阈值就越精确。

③ 转换速度　比较器的转换速度决定了在输入信号变化达到门限电压时，

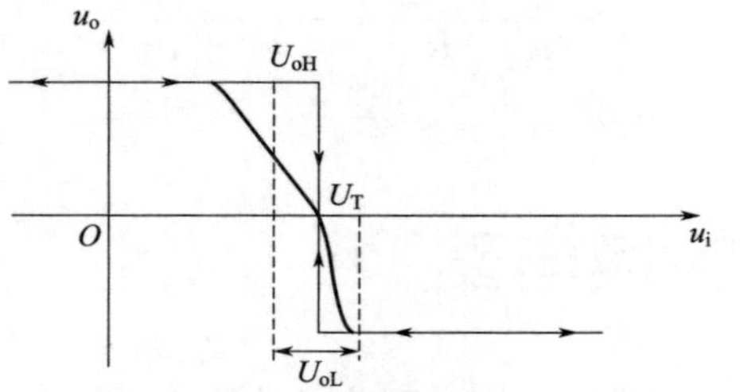

图 4-20 电压比较器输入输出关系图

输出信号发生状态变化所需要的时间，即转换速度直接影响着系统的响应时间。如图 4-21 所示，通常同相电压比较器转换时间短，可应用于要求转换速度快的电路设计中。

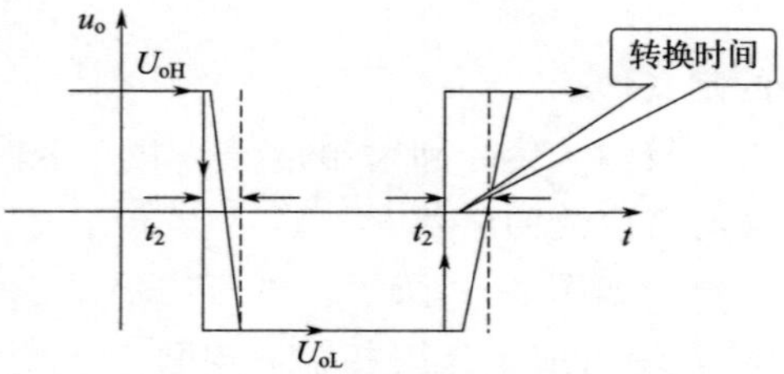

图 4-21 比较器输入输出转换时间

(3) 反相电压比较器

反相电压比较器的反相输入端连接输入电压，并与同相输入端的参考电压进行比较。电路如图 4-22 所示，比较器 A 反相端输入信号为 U_i，比较器 A 同相端参考电压为 U_r，U_o 为比较器 A 的输出电压，相关关系如式(4-27) 和式(4-28)所示：

$$U_i < U_r, U_o = U_{oH} \tag{4-27}$$

$$U_i > U_r, U_o = U_{oL} \tag{4-28}$$

由图 4-23 可知，当反相电压比较器的参考电压为零时为反相过零比较器。

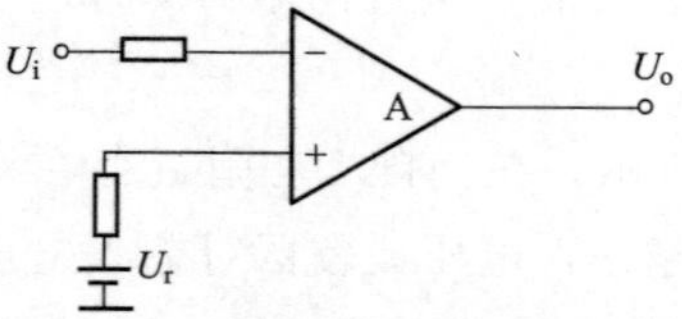

图 4-22 反相电压比较器电路

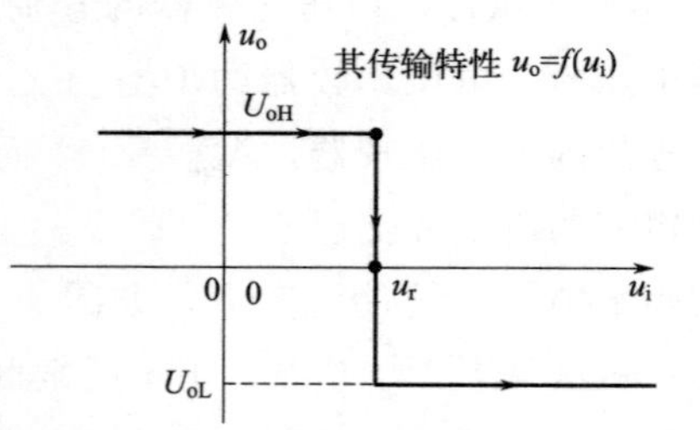

图 4-23 反相电压比较器输入输出关系

(4) 同相电压比较器

同相电压比较器的同相端连接输入电压，并与反相端的参考电压进行比较。电路如图 4-24 所示，比较器 A 同相端输入信号为U_i，比较器 A 反相端参考电压为U_r，U_o为比较器 A 的输出电压。

$$U_i>U_r, U_o=U_{oH} \tag{4-29}$$

$$U_i<U_r, U_o=U_{oL} \tag{4-30}$$

当同相电压比较器参考电压为零时为同相过零比较器，其输入输出关系为$u_o=f(u_i)$，见图 4-25。

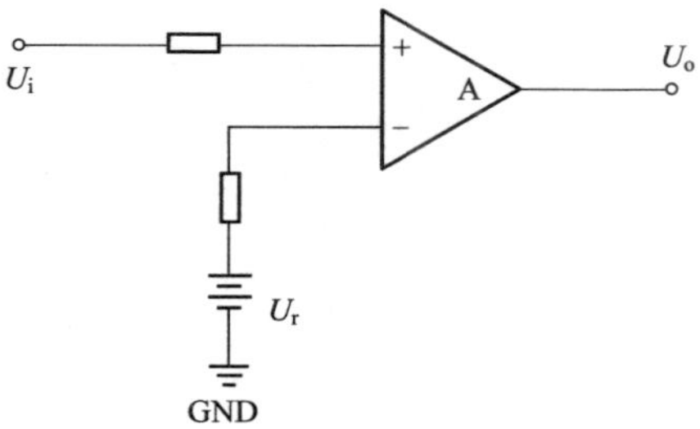

图 4-24　同相电压比较器电路

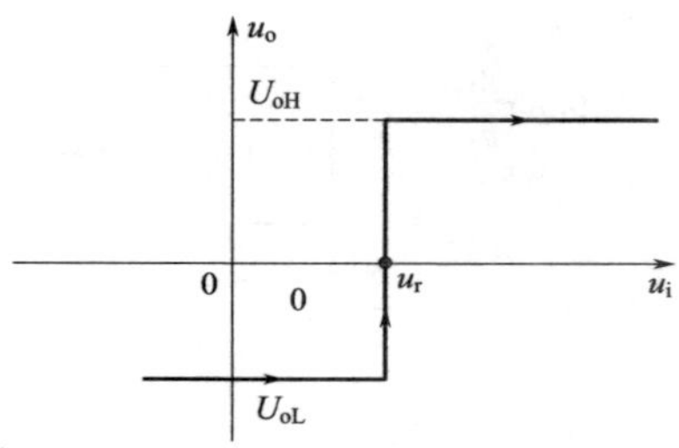

图 4-25　同相过零比较器输入输出关系

(5) 迟滞比较器

迟滞比较器是在输入信号变化时，通过正反馈将参考电压设定为动态变化的电压范围。该电压范围根据输入信号的当前状态确定，从而使输出状态只在输入信号超出某一阈值时发生切换。通常迟滞比较器在反相输入和同相输入两种工作模式下运行。如图 4-26(a) 所示的反相输入模式，迟滞比较器输入信号 U_i 连接比较器反相输入端，其输出信号变化方向与输入信号变化方向相反。图 4-26(b) 所示的同相输入模式，迟滞比较器输入信号 U_i 接入比较器同相输入端，此时，输出信号变化方向和输入信号变化方向相同。

① 正向过程　由图 4-26(a) 可知，U_{TH1} 为正向过程阈值，abcd 段形成电压传输特性。

$$U_{TH1}=\frac{R_3U_r+R_2U_{oH}}{R_2+R_3}=\frac{R_3U_r+R_2U_z}{R_2+R_3} \tag{4-31}$$

② 负向过程　由图 4-26(a) 可知，U_{TH2} 为负向过程阈值，defa 段形成电压传输特性。

$$U_{TH2}=\frac{R_3U_r+R_2U_{oH}}{R_2+R_3}=\frac{R_3U_r-R_2U_z}{R_2+R_3} \tag{4-32}$$

利用叠加原理，根据图 4-26 可计算出同相迟滞比较器的两个阈值 U_{TH1} 和 U_{TH2}。

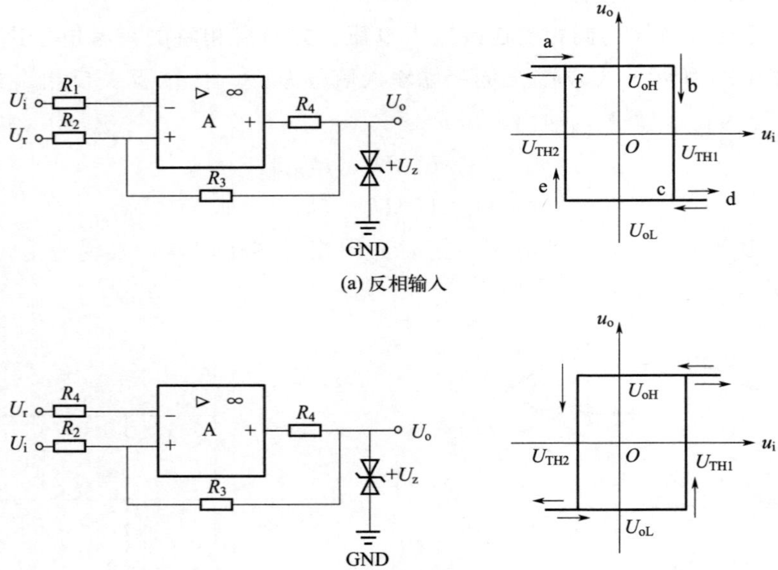

(a) 反相输入

(b) 同相输入

图 4-26　迟滞比较器及其传输特性

$$U_{TH1}=\left(1+\frac{R_2}{R_3}\right)U_r-\frac{R_2}{R_3}U_{oL} \tag{4-33}$$

$$U_{TH2}=\left(1+\frac{R_2}{R_3}\right)U_r-\frac{R_2}{R_3}U_{oH} \tag{4-34}$$

回差为两个阈值的差值 ΔU_{TH}，即 $\Delta U_{TH}=U_{TH1}-U_{TH2}$。根据式(4-33) 和式(4-34)，通过调整 R_2 阻值改变阈值 U_{TH1} 和阈值 U_{TH2}，求得回差 ΔU_{TH}。如图 4-27 所示，若 $U_{TH1}=2V$，$U_{TH2}=-2V$，则 u_o 波形如图 4-27(c) 所示，u_i 介于 U_{TH1} 与 U_{TH2} 之间时 u_o 不会发生跳变，但是由于回差产生了输出电压的滞后现象。

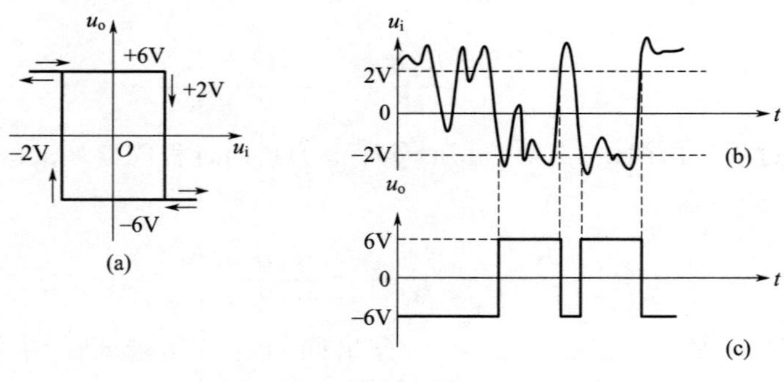

图 4-27　传输特性与输入输出电压波形

4.4.2　U/I 转换电路

U/I 转换电路（voltage-to-current converter，电压-电流转换电路）的作用是将电压信号转换为成比例的电流信号。通常 U/I 转换电路通过电流串联负反馈或电流并联负反馈的形式实现。输出电流与输入电压之间的关系可根据欧姆定律确定，即 $I_{out}=\frac{U_{IN}}{R}$，I_{out} 为流过负载的负载电流。因此，U/I 转换器输出电流取决于串联电阻和所连接的负载电阻。

电流串联负反馈电路如图 4-28 所示，负载电流 I_L 通过负载电阻 R_L 传输，输入电压 U_{IN} 连接放大器同相输入端，负载电流通过该反馈机制实现调节和控制。

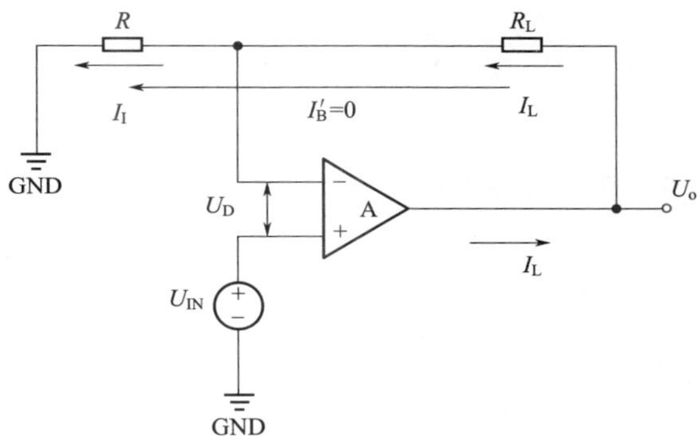

图 4-28　电流串联负反馈电路

对于输入回路，电压方程表达式为：

$$U_{IN}=U_D+U_F \tag{4-35}$$

由于运算放大器的传递函数或者增益非常大，因此，$U_D=0$，$U_{IN}=U_F$。

则运算放大器的输入电流 $I_B'=0$。

又因为 $U_{IN}=I_LR$，所以运算放大器输出电流 I_I 表达式为：

$$I_I=I_L=\frac{U_{IN}}{R} \tag{4-36}$$

根据式(4-36)，输出电流与电阻 R 和输入电压 U_{IN} 相关，因此，输出电流与电路的输入电压成正比，比例常数 α 为 $1/R$。

在图 4-29 中，负载始终接地。在节点 U_1 处，同相放大器各参数关系如下。

$$I_1+I_2=I_L\text{，且}\frac{U_{IN}-U_1}{R}+\frac{U_o-U_1}{R}=I_L\text{，}U_{IN}+U_o-2U_1=I_LR$$

根据上述关系，则：

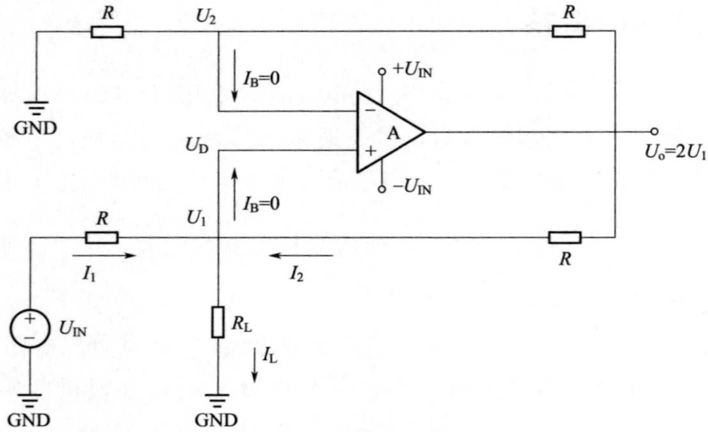

图 4-29　电流并联负反馈电路

$$U_1=\frac{U_{IN}+U_o-I_LR}{2} \tag{4-37}$$

但是对于同相放大器，传输增益 A：$A=1+\frac{R_F}{R_1}$，$R_F=R$，则 $A=1+\frac{R}{R_1}$

因此输出电压 U_o 为：

$$U_o=2U_1=U_{IN}+U_o-I_LR \tag{4-38}$$

接地负载为：

$$0=U_{IN}-I_LR \tag{4-39}$$

$$U_{IN}=I_LR \tag{4-40}$$

因此输出负载电流为：

$$I_L=\frac{U_{IN}}{R} \tag{4-41}$$

由式(4-41) 看出，电流 I_L 同输入电压 U_{IN} 和电阻 R 有关。

4.4.3　U/F 转换电路

U/F（电压-频率）转换电路的作用是将输入电压信号转换为频率信号。该电路通过控制振荡器振荡频率，使得振荡器产生的脉冲输出信号频率与输入电压成正比。U/F 转换电路具有抗干扰能力强、适合远距离传输等优点。如图 4-30 所示，U/F 转换电路主要由 RC 积分器、运算放大器、比较器、单稳态定时器以及模拟开关等组成。

假设模拟开关 S 断开，初始条件单稳态定时器输出 U_o 为低电平，输入电流

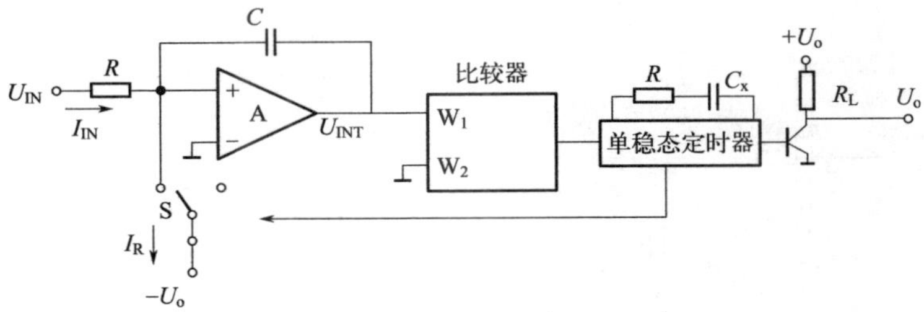

图 4-30　U/F 转换电路原理图

I_{IN} 通过对电容 C 充电，积分器 A 输出电压 U_{INT} 逐渐下降，当 U_{INT} 下降到 0V 时，比较器电压翻转，触发单稳态定时器产生一宽度为 t_0 的正脉冲，进而控制模拟开关 S 闭合，输入电流 I_{IN} 开始对电容 C 反向充电，从而使积分器 A 输出电压 U_{INT} 上升，U_{INT} 达到一定电压值时再次触发单稳态定时器电压翻转，此时，单稳态定时器输出脉冲宽度为 t_0 的负脉冲，并控制模拟开关 S 断开，输入电流 I_{IN} 又开始向电容 C 充电，从而使积分器 A 输出电压 U_{INT} 下降。以此反复工作，使 U_o 输出一定频率的脉冲信号，如图 4-31 所示的输出波形。由于输入电流 I_{IN} 远小于恒流源 I_R，所以正向充电以电流 I_{IN} 为主，反向充电以电流 I_R 为主。根据电容充放电平衡原理，有：$I_R t_0 = \frac{U_{IN}}{R}$，$F = \frac{1}{T} = \frac{1}{I_R R t_0} U_{IN}$，所以输入电压 U_{IN} 和脉冲频率 F 成正比例关系。

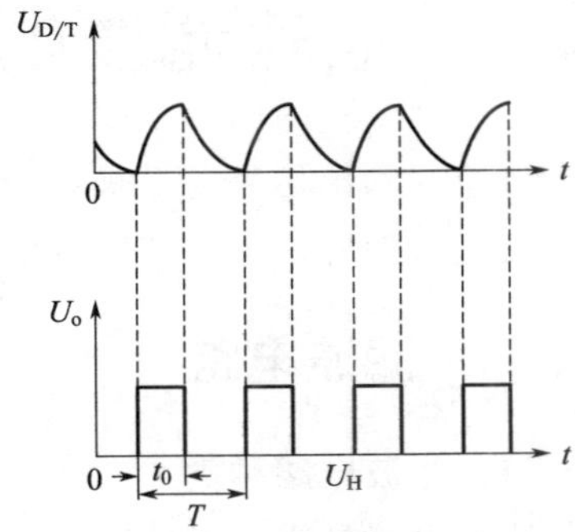

图 4-31　积分器与单稳态定时器输出波形

目前，用于 U/F 转换的常用芯片有 LM131、LM331 等。LM331 是一款集成了温度补偿能隙基准电路的 U/I 转换器，可通过配置实现 U/F 转换。LM331 内部的运算放大器和压控振荡器能够将输入电压转换为输出频率，通过外围元件便可实现 U/F 转换，并且转换精度高。图 4-32 是典型的 U/F 转换电路。

由图 4-32 可知，电路输出频率 F_{out} 与电路各参数的关系如下。

$$F_{out} = \frac{U_{in} R_s}{2.09 R_1 R_t C_t} \tag{4-42}$$

式中，U_{in} 为输入电压；F_{out} 为输出脉冲频率。

根据图 4-32，R_s 的阻值为 15kΩ 与可变电阻值 R_d 的和。根据式(4-42)，当 R_s、R_1、R_t、C_t 不变时，U_{in} 与 F_{out} 成正比，从而实现了 U/F 的线性转换。

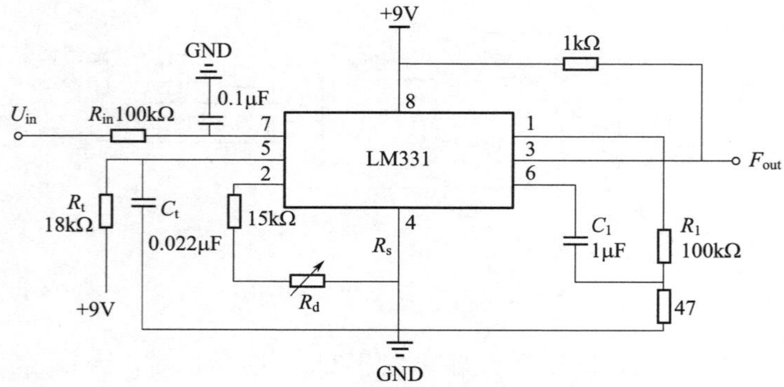

图 4-32 U/F 转换电路原理图

4.5 信号滤波电路

传感器输出信号易受噪声干扰，这些噪声可能含多种频率成分，严重时会覆盖有效输入信号。为了获取有效信号，需采取必要的噪声抑制措施。

4.5.1 滤波电路

(1) 滤波电路种类

滤波电路具有选择性，这种选择性是根据输入信号的频率特性，有选择地允许特定频率的信号通过。根据滤波电路的频率响应特性，滤波器可分为低通滤波器、高通滤波器、带通滤波器和带阻滤波器等。

图 4-33 是理想滤波电路的幅频特性。设截止频率为 f_p，放大倍数为 $\dot{A}_{up}$。当放大倍数 $\dot{A}_{up}$ 等于零时，表示该频率范围内的信号被抑制，在该情况下，输出电压与输入电压的比值为零，也就意味着输出电压为零，而输入电压非零。

图 4-33(a) 所示为低通滤波器（low-pass filter，LPF）幅频特性，低通滤波器可有效抑制高于频率 f_p 的噪声成分，而允许频率低于 f_p 的信号通过。图 4-33(b) 所示为高通滤波器（high-pass filter，HPF）幅频特性，高通滤波器能够去除频率低于 f_p 的噪声成分，同时保留高于 f_p 的有效信号。图 4-33(c) 所示是带通滤波器（band-pass filter，BPF）幅频特性，带通滤波器允许特定频率范围的信号通过，而抑制该范围以外的其他频率信号，即滤除高于 f_{p2} 的噪声和低于 f_{p1} 的噪声，只保留介于 f_{p1} 和 f_{p2} 频段之间的有效信号。图 4-33(d) 所示为带阻滤波器（band-stop filter，BSF）幅频特性，带阻滤波器是阻止特定频率范围的信号，即滤除介于 f_{p1} 和 f_{p2} 频段之间的信号，只保留高于 f_{p2} 和低于

f_{p1} 频段的有效信号。

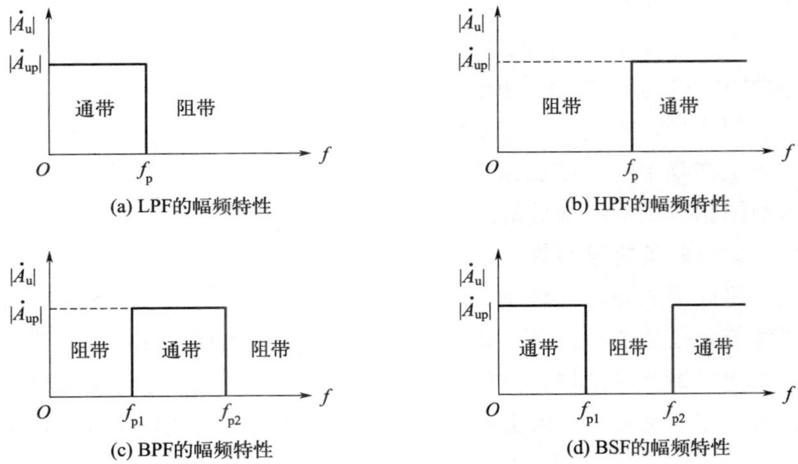

图 4-33　理想滤波电路幅频特性

例 4-6　已知 $\dot{A}_n$ 为放大电路的电压放大倍数，$\dot{A}_n$ 频率特性如下式所示。

$$\dot{A}_n=1000\frac{j\dfrac{f}{10}}{\left(1+j\dfrac{f}{10}\right)\left(1+j\dfrac{f}{10^6}\right)}$$

式中，f 为频率，Hz。试求：

① 该电路的下限截止频率；

② 上限截止频率；

③ 带宽；

④ 输出电压与输入电压的相位差。

解：

① 下限截止频率：

高通部分的截止频率计算公式：

$$\omega=\frac{1}{RC}，其中\ \omega=2\pi f$$

给定的是$\dfrac{f}{10}$，对应的 $f_L=10\text{Hz}$ 时，幅度减少到最大幅度的 $1/\sqrt{2}$。

② 上限截止频率：

低通部分的截止频率为$\dfrac{f}{10^6}$。所以 $f_H=10^6\text{Hz}$ 时，幅度减少到最大幅度的 $1/\sqrt{2}$。

③ 带宽：

带宽 BW 是上限截止频率 f_H 与下限截止频率 f_L 的差值。

$$BW = f_H - f_L = 10^6 Hz - 10Hz = 999990Hz$$

④ 输出电压与输入电压的相位差：

在截止频率处，高通滤波器相位贡献 $+45°$，低通滤波器贡献 $-45°$。

整体系统在频率远离截止频率的区域相位接近零，而在接近截止频率时，从高通部分的同相位到低通部分的反相位过渡。

(2) 滤波电路的幅频特性

滤波电路的幅频特性反映了滤波器对不同频率信号的增益或衰减程度，即输入信号幅度与频率变化的关系。滤波器幅频特性参数包括截止频率、带宽、增益和衰减。截止频率是滤波器允许信号通过的频率点。带宽表示滤波器能通过的频率范围。增益表示信号经滤波器后的放大或衰减程度。衰减则描述了滤波器对信号的过滤效果。如图 4-34 所示，f_p 为截止频率，其幅值等于 $0.707|\dot{A}_{up}|$。大于幅值 $0.707|\dot{A}_{up}|$ 对应的频带为通带，从幅值 $0.707|\dot{A}_{up}|$ 到接近零所对应的频带为过渡带，幅值 $|\dot{A}_{up}|$ 接近零所对应的频带称为阻带。过渡带越窄则滤波器的选择性越理想。

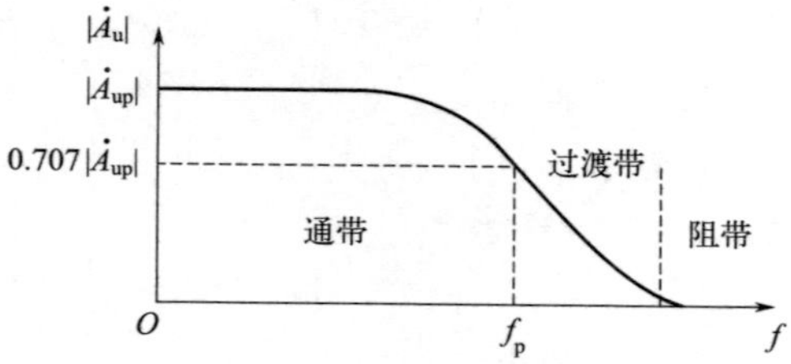

图 4-34 低通滤波器实际幅频特性

4.5.2 无源滤波

滤波电路的作用是有选择性地获取某些特定频率的信号，同时去除不需要的频率成分。滤波电路根据是否需要外部电源及元件组成，可分为无源滤波电路和有源滤波电路。无源滤波电路由电阻、电容以及电感等无源元件组成，且不需要外部电源。有源滤波电路由晶体管、运算放大器等有源元件组成，且需要外部电源。

图 4-35 所示为典型的 RC 低通滤波器及其幅频特性，若通带放大倍数 $\dot{A}_{up}=$

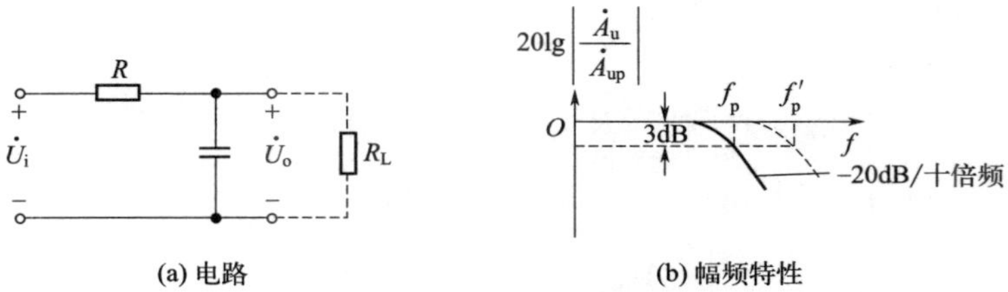

图 4-35　RC 低通滤波器及其幅频特性

$\frac{\dot{U}_o}{\dot{U}_i}=1$，则容抗趋于无穷大，电压放大倍数 $\dot{A}_u$ 为：

$$\dot{A}_u=\frac{\dot{U}_o}{\dot{U}_i}=\frac{\frac{1}{j\omega C}}{R+\frac{1}{j\omega C}}=\frac{1}{1+j\omega RC} \tag{4-43}$$

令 $f_p=\frac{1}{2\pi\tau}=\frac{1}{2\pi RC}$，则上式 $\dot{A}_u$ 变换为：

$$\dot{A}_u=\frac{1}{1+j\frac{f}{f_p}}=\frac{\dot{A}_{up}}{1+j\frac{f}{f_p}} \tag{4-44}$$

$\dot{A}_u$ 模为：

$$|\dot{A}_u|=\frac{|\dot{A}_{up}|}{\sqrt{1+\left(\frac{f}{f_p}\right)^2}} \tag{4-45}$$

若 $f=f_p$，则 $|\dot{A}_u|$ 为：

$$|\dot{A}_u|=\frac{|\dot{A}_{up}|}{\sqrt{2}}\approx 0.707|\dot{A}_{up}| \tag{4-46}$$

当 f 远大于 f_p 时，放大倍数 $|\dot{A}_u|\approx\frac{f_p}{f}|\dot{A}_{up}|$，频率每增大 10 倍，$|\dot{A}_u|$降低为原来的$\frac{1}{10}$，如图 4-35(b) 中实线所示的幅频特性，图中的纵坐标为 $20\lg\left|\frac{\dot{A}_u}{\dot{A}_{up}}\right|$，当 $f=0$ 时，它们的值相等，且均为 0。

$$\dot{A}_{up}=\frac{\dot{U}_o}{\dot{U}_i}=\frac{R_L}{R+R_L} \tag{4-47}$$

$$\dot{A}_u=\frac{\dot{U}_o}{\dot{U}_i}=\frac{R_L//\frac{1}{j\omega C}}{R+R_L//\frac{1}{j\omega C}}=\frac{\frac{R_L}{R+R_L}}{1+j\omega(R+R_L)C} \tag{4-48}$$

由式(4-47) 和式(4-48) 可知，电压放大倍数为：

$$\dot{A}_u=\frac{\dot{U}_o}{\dot{U}_i}=\frac{\dot{A}_{up}}{1+j\frac{f}{f'_p}},\quad 其中\ f'_p=\frac{1}{2\pi(R//R_L)C} \tag{4-49}$$

根据式(4-49)，改变无源滤波电路的负载，通带截止频率和放大倍数也会发生改变，从而导致电路工作状态发生偏移。若增加负载 R_L，增大通带截止频率 f'_p，则通带放大倍数 $\dot{A}_u$ 减小。

4.5.3 有源滤波

有源滤波器不仅提供增益，还能起到缓冲作用。根据选频特性，有源滤波器分为高通、低通、带通和带阻四种类型。

有源滤波器将有源元件引入滤波电路，有源元件是由外部电源而不是信号本身供电的组件。有源滤波电路通常由集成运放和 RC 网络组成，其电路负载对滤波特性不产生影响。有源滤波电路如图 4-36 所示。

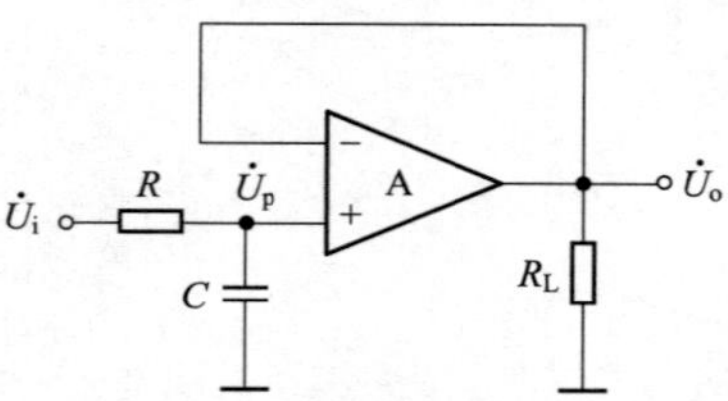

图 4-36　有源滤波电路

理想电压跟随器 A 具有输入电阻无穷大而输出电阻为零的特点，因此其输入信号不受电压跟随器输入端负载影响，能输出足够大的电流驱动负载，输出 U_o 仅受 RC 取值影响，RC 决定了滤波电路的频率特性。有源滤波电路在实现低通、高通和带通滤波的同时还可实现信号放大。通常情况下，直流电源滤波电路中，无源滤波器常利用电感和电容元件组合去除高频噪声，且对于大电流负载，LC 滤波器比 RC 滤波器更合适。

为使有源滤波电路分析简单化，通常采用拉氏变换。设 $U(s)$、$I(s)$、$R(s)$、$Z_c(s)$、$Z_L(s)$ 分别对应电压、电流、电阻、电容和电感的拉氏变换，且电阻的拉氏变换对应为 $R(s)=R$，电容的拉氏变换对应为 $Z_c(s)=1/(sC)$，电感的拉氏变换对应为 $Z_L(s)=sL$。输出量与输入量的传递函数表示为：

$$A_u(s)=\frac{U_o(s)}{U_i(s)} \tag{4-50}$$

则图 4-36 所示电路的传递函数为：

$$A_u(s)=\frac{U_o(s)}{U_i(s)}=\frac{U_p(s)}{U_i(s)}=\frac{\frac{1}{sC}}{R+\frac{1}{sC}}=\frac{1}{1+sRC} \tag{4-51}$$

4.6 信号调制与解调电路

在检测系统中，被测信号在信号处理过程中易受同频率噪声的干扰。检测电路主要任务是从测量信号中分离出噪声。通常在信号放大前需采用调制-解调进行信号处理，这可提高电路的抗干扰能力和信噪比。调制是通过将原始信号转化为高频载波信号，从而有效减少低频噪声对信号的影响。解调是在接收端恢复原始信号的过程。

调制电路是指通过低频信号控制高频信号振幅、频率或相位的电子电路。调制电路的主要作用是区分信号和噪声，并通过调制使测量信号具有一定的特征，从而提高测量信号传输的稳定性。载波信号和信息信号在调制过程中共同形成调制信号。载波信号是频率稳定的高频信号或脉冲信号。调制操作通过改变载波信号幅值、频率、相位，从而实现信号的传输，实质是信息信号与载波信号的合成。常见的调制方式包括调幅（AM）、调频（FM）和调相（PM）。

解调是从经过调制的信号中恢复出原始信号的过程。常见的解调方法有调幅（AM）信号解调、调频（FM）信号解调和调相（PM）信号解调。解调电路通常包括滤波器、检波器、放大器和整形电路。在解调过程中，通常会选取一高频载波信号用于携带原始测量信号，且该载波信号频率要远大于调制信号频率。实现解调的方法有包络检波法、频率检波法和相位检波法。

4.6.1 振幅调制与解调电路

4.6.1.1 振幅调制

调幅的基本原理是控制载波信号的幅度进行信息传递。调幅在测量中是一种非常有效的调制方法。线性调幅过程遵循调制信号和载波信号之间的比例关系。线性调幅信号 u_s 可用式(4-52) 表示。

$$u_s=(U_m+mx)\cos(\omega_c t) \tag{4-52}$$

式中　ω_c——载波信号的角频率；

U_m——调幅信号中载波信号的幅值；

m——调制度。

假设调制信号 $x=X_m\cos(\Omega t)$，调幅信号可写为

$$u_s = U_m\cos(\omega_c t) + mX_m\cos(\Omega t)\cos(\omega_c t)$$
$$= U_m\cos(\omega_c t) + \frac{mX_m}{2}\cos[(\omega_c+\Omega)t] + \frac{mX_m}{2}\cos[(\omega_c-\Omega)t] \tag{4-53}$$

式(4-53) 中的载波信号包含三个不同的频率：ω_c、($\omega_c+\Omega$) 和 ($\omega_c-\Omega$)。从式(4-53) 可看出，u_s 中不含被测量 x 的信息，只有两个双边对称的角频率信号 ($\omega_c+\Omega$) 和 ($\omega_c-\Omega$)，这种调制称为双边带调制。双边带调制 u_s 表达式如式(4-54) 所示：

$$u_s = mX_m\cos(\Omega t)\cos(\omega_c t) = U_m\cos(\Omega t)\cos(\omega_c t) \tag{4-54}$$

为正确进行信号调制，应满足 $\omega_c \gg \Omega$。

(1) 线性调幅时域分析

线性调幅时域分析通过低频调制信号与高频载波信号相乘，使载波幅值随调制信号的变化而变化。调制信号、载波信号（高频等幅余弦波，因频率远高于调制信号，波形呈密集周期性振荡）如图 4-37 所示，已调信号由二者相乘得到式(4-55)：

$$\begin{cases} y(t) = \cos(2\pi f_0 t) \\ x_m(t) = x(t)y(t) = x(t)\cos(2\pi f_0 t) \end{cases} \tag{4-55}$$

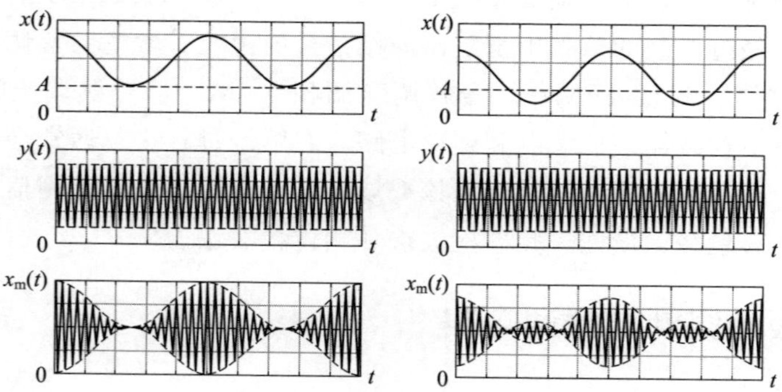

图 4-37　线性调幅时域分析

(2) 线性调幅频域分析

幅度调制通过将信息信号与高频载波信号相结合，实现对载波信号的幅度调制。调幅通常采用硬件电路来实现。常用的调制器有二极管调制器和晶体管调制器。常见的晶体管调幅电路有基极调幅电路、发射极调幅电路及集电极调幅电路。晶体管基极调幅电路最简单，常用于中等功率的调幅，其缺点是效率较低，容易失真。晶体管发射极调幅电路较为复杂，但调制信号稳定，适用于较高功率的调幅。晶体管集电极调幅电路复杂，但很少出现失真，调制信号幅度变化平稳，适用于高功率的调幅。

① 基极调幅电路　基极调幅电路是通过调制晶体管基极电流来改变集电极输出信号的幅度，从而产生调幅波。图 4-38 所示为晶体管基极调幅电路。高频载波信号经过变压器 T1 副端加载到晶体管 BG 基极，电感线圈 L 和变压器 T1 副端串联，使调制信号作用于晶体管基极，调制信号通过改变晶体管基极电流从而调节集电极信号幅度，输出信号的幅度随着调制信号的变化而变化，从而实现幅度调制。基极调幅电路可用于低、中频通信，且电路实现简单，但是如果调制信号过大，可能导致晶体管进入非线性区而产生失真，而且晶体管工作状态受温度、电压波动影响较大，导致工作不稳定。

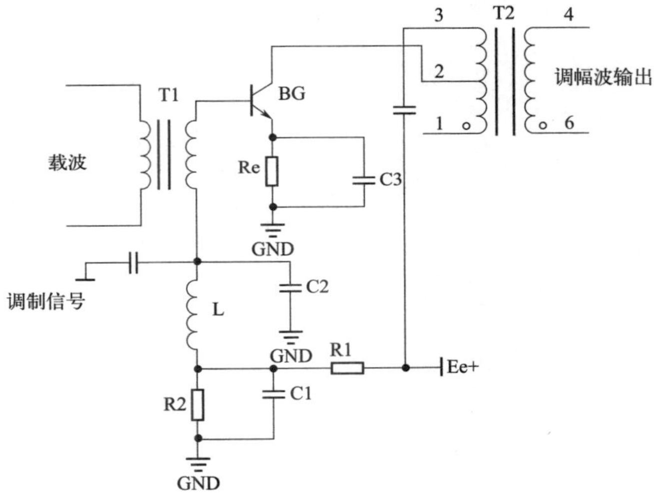

图 4-38　基极调幅电路

T1—高频变压器；BG—晶体管；C1—低频旁路电容器；
C2—高频旁路电容器；R1,R2—偏置分压器；L—电感线圈

② 发射极调幅电路　如图 4-39 所示为发射极调幅电路。该电路和基极调幅电路相似，也是通过改变晶体管输入电压来调整晶体管工作点。由于发射极调幅

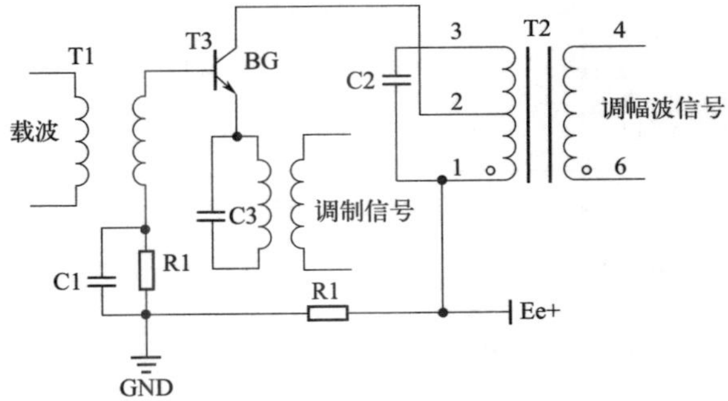

图 4-39　发射极调幅电路

电压变化远小于集电极电源电压，所以可忽略调制电压对集电极电路的影响。

③ 集电极调幅电路　集电极调幅电路如图 4-40 所示。该集电极调幅电路容易产生非线性失真，为减小这种失真影响，通常在电路中采用非线性补偿方法。常用的补偿方法有动态补偿、引入偏置调节电路补偿、反馈电路补偿和多级放大电路补偿等。动态补偿方法通过实时调整电路工作条件以适应输入调制信号的变化，从而避免非线性失真。例如双重集电极调幅动态补偿方法。双重集电极调幅电路是通过调整集电极电源来补偿非线性失真，确保在输入信号波动下电路维持在最佳工作点。

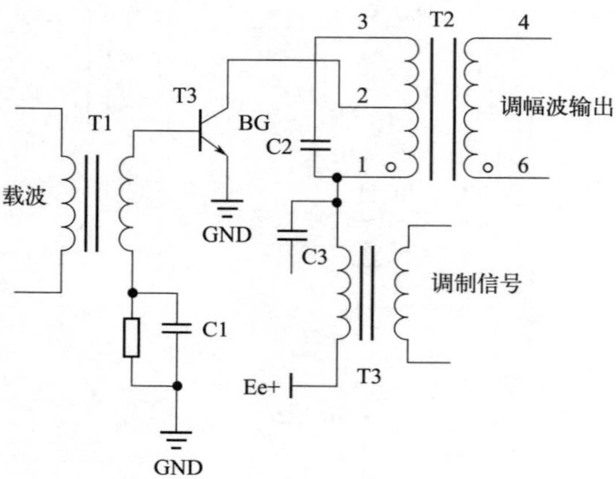

图 4-40　集电极调幅电路

图 4-41 是双重调幅电路，该电路不仅作用于集电极电压，还作用于发射极电压。因此，这种集电极、发射极双重调制电路可实现更精细的调制控制。

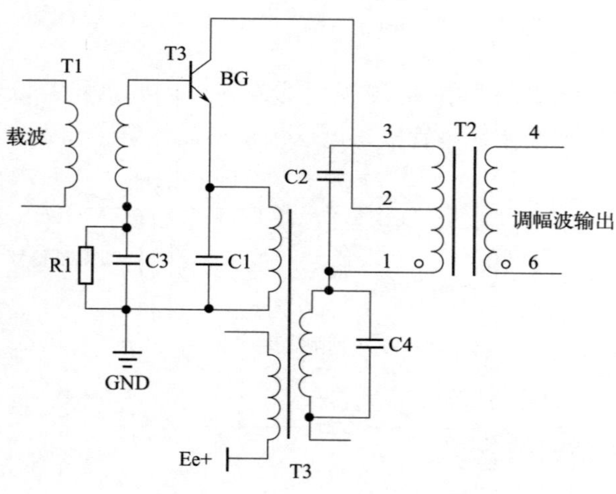

图 4-41　双重调幅电路

4.6.1.2　振幅解调

振幅解调是提取载波信号的调制信息。振幅检波器作为振幅解调的一种方式，其作用是从调幅信号中获取信号的振幅变化，并恢复原始信息。若输入信号是未调制的高频正弦波，则振幅检波器输出为恒定的直流电压；若输入信号是正弦调幅或脉冲调幅信号，则输出分别为近似正弦波或脉冲波。

幅度检波设计方法有小信号平方律检波、大信号包络全波检波和混频检波等。幅度检波设计应综合考虑多个因素，尤其是检波效率、检波失真、输入电阻这三个参数，将直接影响电路的性能和实际应用效果。

（1）检波效率

检波效率是电路将调幅信号的幅度变化正确恢复出来的能力。检波效率通常用 K 表示。对于理想的全波包络检波器，检波效率约为 100%。检波效率 K 常用输出电压 U_o 与等幅高频电压峰值 U_i 的比值表示：

$$K=\frac{U_o}{U_i} \tag{4-56}$$

若检波器输入为包络调幅波，则检波效率 K 反映了调幅低频信号的幅度与高频载波包络幅度的关系，表示为低频电压幅度 U_l 与输入高频电压包络幅度 mU_h 的比值：

$$K=\frac{U_l}{mU_h} \tag{4-57}$$

式中，m 为调幅系数。

（2）检波失真

检波失真通常表现为输出信号与输入信号产生的非线性关系。这种现象会导致信号频谱的变化，在幅度调制信号的解调过程中尤为明显。例如，理想情况下，放大器输出信号真实反映输入信号，但是在实际应用时，放大器存在非线性失真和线性失真现象。非线性失真：放大器工作点接近饱和区或截止区，导致放大的信号非线性，从而引起失真。线性失真：放大器对不同频率成分信号产生的增益或相位延迟，导致输入信号频率成分发生变化。线性失真虽然未发生波形改变，但是频谱或相位特性发生了变化。

（3）输入电阻

在检波器信号处理电路中，输入电阻是信号源连接到电路输入端的等效电阻，通常看作负载电阻的一部分。检波器输入电阻越大，信号源输出电流越小，电压降越小，系统越稳定。如果输入电阻过小，电流通过输入端的电压降就越大，从而影响信号源的工作状态，导致信号失真。因此，为确保电路能够高效且无失真地处理信号，在设计检波器时，选择输入电阻时应兼顾信号源特性和电路要求。

4.6.2 频率调制与解调电路

(1) 调频

调频是通过调整高频载波频率实现信号传输的一种调制方式。其特点是载波频率随调制信号变化，而幅度保持不变。调频分为窄带调频和宽带调频两类。窄带调频是频偏较小的调频，其频带宽度较窄，适用于传输距离较远的场景。宽带调频是频偏较大的调频，频带宽度较大，常用于高质量信号的应用场景。调频具有抗干扰能力强、频谱效率高、信号质量好等优点。常用调频电路有 LC 振荡电路、压控振荡器等。

线性调频是一种常用的调频方式。线性调频的调制信号与载波频率偏移呈线性关系。调频信号 u_s 的一般表达式为

$$u_s=U_m\cos[(\omega_c+mx)t] \tag{4-58}$$

式中 ω_c——载波信号的角频率；

U_m——调频信号中载波信号的幅值；

m——调制度。

调频信号的波形如图 4-42 所示，调频信号 $x=X_m\cos(\omega t)$，其频率在 $\omega_c\pm mX_m$ 范围内。为便于解调，ω_c 应远大于 mX_m，即 $\omega_c\gg mX_m$。

调频技术常用于传感器信号处理，为避免低频信号受噪声干扰，通过将低频信号转换为高频信号。

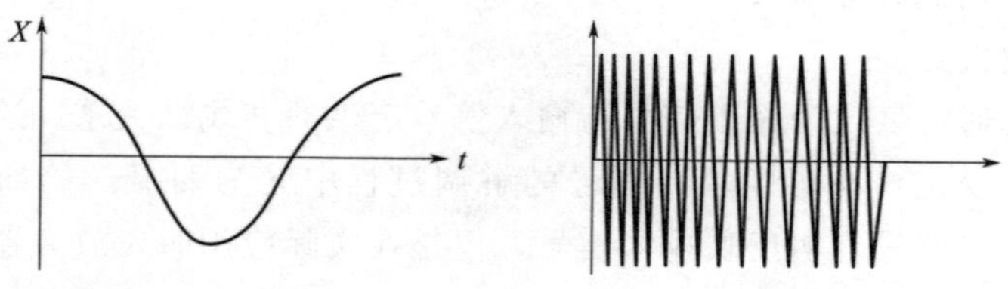

(a) 调制信号　　(b) 调频信号

图 4-42 调频信号波形

多谐振荡器调频电路如图 4-43 所示，该电路调频主要通过改变电容充放电状态来实现。图 4-43 中的稳压管 V_s 输出电压 U_o 为 U_r。当 U_o 为正值，即 $U_o=+U_r$ 时，通过电阻 R 和 R_p 向电容 C 充电，此时电容 C 电压 $U_c>FU_r$，F 可通过式(4-59) 求出。当 U_o 为负值，即 $U_o=-U_r$ 时，电容 C 通过 R 和 R_p 反向充电，此时状态翻转；当电容 C 电压 $U_c<FU_r$ 时，状态再次翻转，此时 $U_c=U_r$。

$$F=\frac{R_4}{R_3+R_4} \tag{4-59}$$

通过上述过程，多谐振荡器电容电压在区间 $-U_r$ 和 $+U_r$ 之间往复振荡，振

荡频率为 $f=\frac{1}{T_0}$，T_0 由 $(R+R_p)C$ 决定。

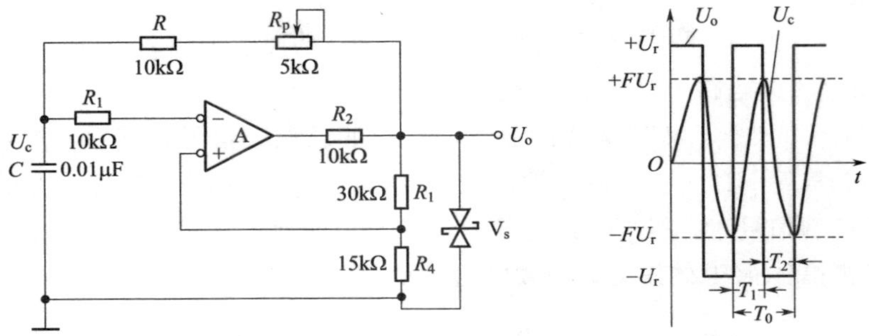

(a) 调频电路　　(b) 波形图

图 4-43　多谐振荡器调频电路

例 4-7　有一调幅波的表达式如下：

$$u=25[1+0.7\cos(2\pi\times5000t)-0.3\cos(2\pi\times10000t)]\cos(2\pi\times10^6t)$$

① 求调幅波各分量的频率和振幅。

② 求峰值与谷值幅度。

解：① 调幅波各分量频率与振幅如下表所示：

频率/Hz	10^6	$10^6\pm5000$	$10^6\pm10000$
振幅/V	25	8.75	3.75

② 此调幅波的包络为：

$$U_m(t)=25[1+0.7\cos(2\pi\times5000t)-0.3\cos(2\pi\times10000t)]$$
$$=25[1+0.7\cos\theta-0.3\cos(2\theta)]$$

峰值与谷值幅度如下所示：

当 $\theta=180°$时，谷值为 0V；

当 $\theta=54.3°$时，峰值约为 37.6V。

(2) 解调

调频解调是从调频信号中提取出原始调制信号。调频信号解调过程分为鉴频和包络检波两个主要阶段。鉴频是将调频信号中的频率变化经鉴频器转换为幅度变化；包络检波是将经过鉴频处理的信号中的幅度变化经包络检波器提取出来，恢复出原始调制信号。这一过程的关键是通过鉴频器实现对频率变化的检测。调频解调方法主要有微分鉴频、数字式频率计等。下面主要对微分鉴频进行讲解。

① 微分鉴频工作原理　通过对式(4-58) 进行求导，可得式(4-60)：

$$\frac{du_s}{dt}=-U_m(\omega_c+mx)\sin[(\omega_c+mx)t] \tag{4-60}$$

根据式(4-60)，信号 $U_m(\omega_c+mx)$ 可通过包络检波检出幅值变化，当 $x=0$ 时可求出 $U_m\omega_c$，并通过灵敏度标定可得到 U_m，从而求出调制信号 x。

② 微分鉴频电路　微分鉴频电路如图 4-44 所示。图 4-44(a) 中，该电路通过由电容 C_1 和二极管 VD 构成的放电回路来处理调频信号，其中，电容 C_1 负责微分，二极管 VD 负责整流。输出端通过电容 C_2 滤除高频载波，从而得到原始的低频调制信号。二极管 VD 为晶体管 T 提供直流偏置。如图 4-44(b) 所示，微分电路由晶体管 T 的发射结等效电阻（正向电阻）r 和电容 C_1 构成。

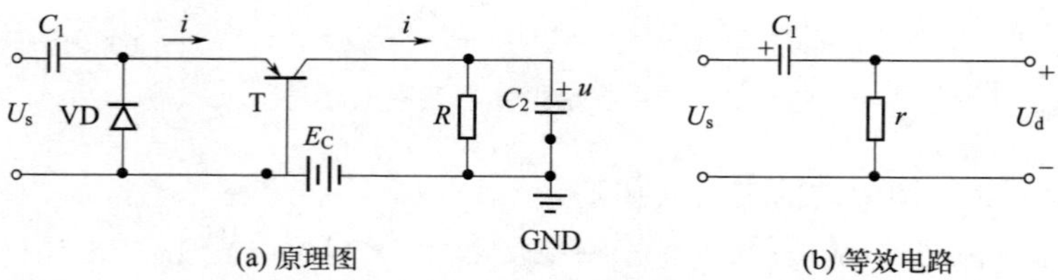

图 4-44　微分鉴频电路

为了实现有效的微分，在微分电路中，要求发射结的正向电阻 r 足够小，但是正向电阻太小会导致灵敏度降低。为解决该问题，常用的改进方法是采用单稳态触发器代替传统的微分方式，窄脉冲鉴频电路如图 4-45 所示。

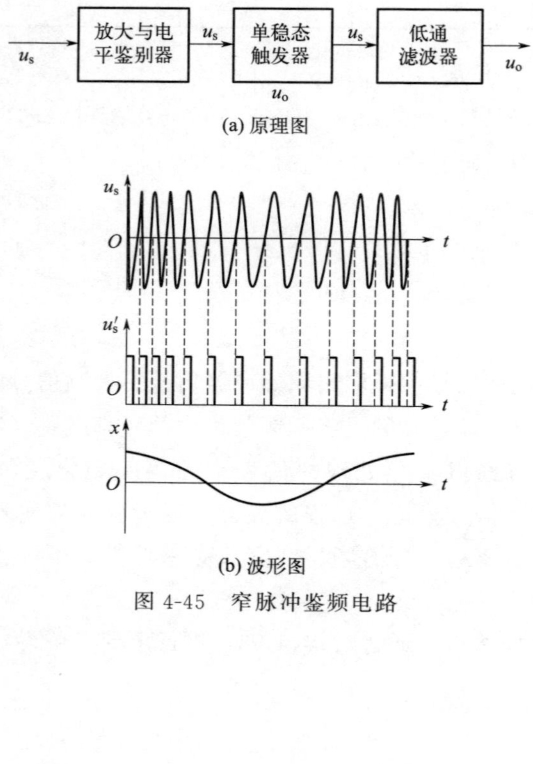

图 4-45　窄脉冲鉴频电路

窄脉冲鉴频电路能够对调频信号进行放大和电平鉴别，其工作过程是经放大器将输入的调频信号 u_s 的幅值放大，放大的信号进入电平鉴别器，电平鉴别器的主要作用是将调频信号转化为脉冲信号，从而触发单稳态触发器输出一个固定宽度的窄脉冲，经过单稳态触发器的脉冲信号进入低通滤波器以去除脉冲信号的高频成分，并转化为平滑的直流电压或低频信号，该直流电压与输入信号的瞬时频率成正比。u_s 的瞬时频率越高，产生的脉冲密度越大，经过低通滤波后，输出的直流电压越高。一般要求单稳态触发器的脉宽 τ 如下：

$$\tau<\frac{1}{f_m}=\frac{2\pi}{\omega_c+mx_m} \tag{4-61}$$

式中，f_m 为 u_s 的最高瞬时频率；x_m 为 x 的最大值。

4.7　非线性特性的线性化

理想情况下，检测仪表的输出量与输入量为线性关系，但是在实际应用中，由于检测仪表的多个环节存在非线性特性，这种非线性通常会影响检测仪表测量的精度和可靠性。在一些高精度测量中，这种非线性误差不能忽略，必须进行校正，因此，了解传感器的非线性特性，并采用正确的校正方法提高测量精度和可靠性非常必要。传感器非线性主要表现为以下几种形式。

① 饱和特性　传感器输出值在输入值接近极限值时不再随输入值变化而线性变化，而是趋于稳定。

② 温度效应　传感器随着工作环境温度变化其输出值易发生变化。

③ 非线性增益误差　传感器输出值和输入值的比例系数会随着条件不同而产生变化。

④ 非线性零偏误差　传感器在零输入值附近，其输出值不为零而产生的误差。

一般来说，传感器非线性校正方法可分为线性化和曲线拟合两种。线性化是将非线性曲线转换成一条直线，来进行误差的校正。传感器在整个量程范围内采用曲线拟合或在不同数据段进行线性化，如图 4-46(a) 所示。曲线拟合则是利用

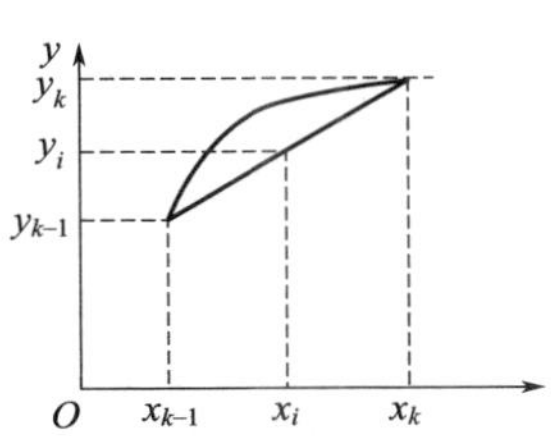

(a) 局部线性插值

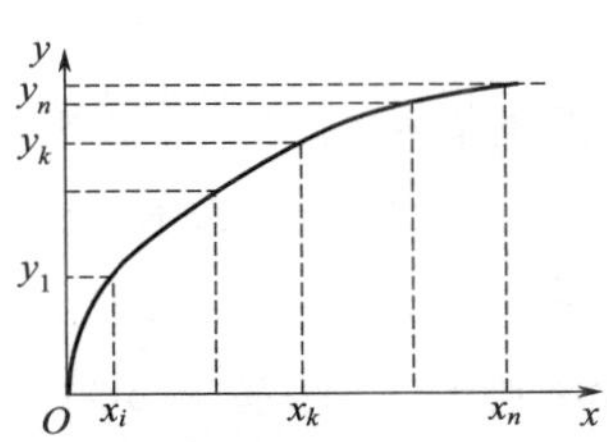

(b) 传感器非线性校正曲线

图 4-46　传感器非线性曲线的线性化

数学模型将非线性曲线进行数据拟合，得到一个近似的曲线函数，在实际测量时采用该曲线函数进行误差校正。如图 4-46(b) 所示，传感器在整个量程范围内采用曲线拟合。

本章小结

本章主要介绍了传感器常用的信号调理电路。首先讲解了传感器信号调理电路的设计原则和设计步骤。其次根据激励电源不同，介绍了直流电桥和交流电桥。重点讲述了直流电桥的工作原理，并按照连接方式不同，分别讲述了单臂半桥、双臂半桥、全桥式电路相关知识。然后介绍了线性集成运算放大电路设计要求、典型放大电路、仪表放大器和程控增益放大器相关知识。重点讲述了典型放大电路中的直流放大电路，其中详细介绍了同相放大电路和反相放大电路相关知识。再次讲述电压比较电路、U/I 转换电路、U/F 转换电路等基础知识。最后讲解了无源滤波电路和有源滤波电路基础内容，以及信号调制和解调电路，重点介绍了振幅、频率调制和解调电路。

思考题

1. 简述传感器信号调理电路设计的基本原则及设计步骤。

2. 使用电阻 $R_0=120\Omega$、应变为 $800\mu m/m$、应变灵敏系数 $K=2.05$ 的应变片作为传感器敏感元件。

(1) 求 ΔR 与 $\Delta R/R_0$；

(2) 若用于惠斯通电桥，输入电压 $U_i=3V$，求电桥非平衡输出电压 U_o。

3. 若一检测用金属电阻应变片阻值为 120Ω，灵敏系数 $K=2.00$，采用惠斯通直流电桥进行检测，桥臂 1 和相邻桥臂 3 连接 120Ω 的固定电阻，桥臂 2 连接电阻应变片，相邻桥臂 4 的应变片作为补偿用应变片，且两应变片有相同的阻值和灵敏系数。设通过应变片的最大电流为 30mA。

请画出惠斯通测量电路，并计算最大直流输入电压 U_i。

4. 某交流电桥，桥臂 1 为 R_1 和 C_1 并联，$R_1=2000\Omega$，$C_1=0.5\mu F$；桥臂 2 是 R_2 和 C_2 串联，$R_2=1000\Omega$，$C_2=1\mu F$；桥臂 4 为 $C_4=0.5\mu F$ 的电容。设信号源 $\omega=130rad/s$，试求桥臂 3 阻抗 Z_3 的值。

5. 下图所示为迟滞电压比较器电路，$u_i=5\sin(\omega t)(V)$，输入电源电压为 +12V，二极管 VD_1 为理想二极管，试画出输出电压与输入电压的传输特性，并画出输出波形。

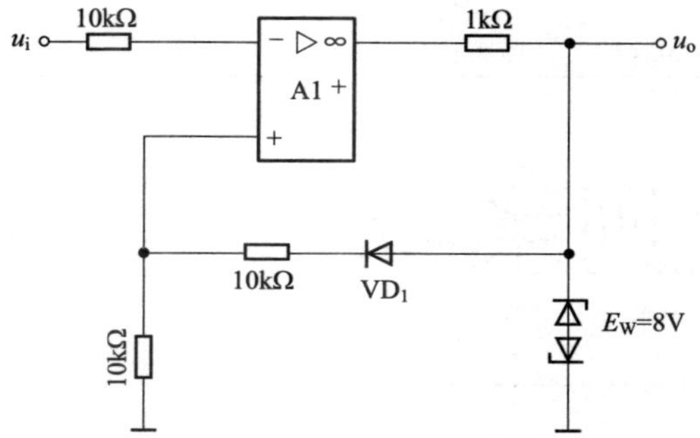

第5章

智能检测系统

智能检测系统结合传感器技术、数据处理技术和人工智能算法，通过数据采集、分析、智能化处理，实现对目标和环境的智能化监测、识别与分析。智能检测系统具有测量、检验、故障诊断、信息处理和决策等功能。本章主要介绍智能检测系统原理和系统组成。

5.1 智能检测系统概述

智能检测系统通过充分利用计算机及相关技术，使其在无需人工干预情况下实现最优检测结果，具有自动、高效、实时、智能化等特点。智能检测系统提升了产品质量，提高了生产效率，降低了生产成本。

(1) 智能检测系统分类

① 按被测对象分类　根据被测对象的不同，智能检测系统可分为实时在线智能检测系统和离线智能检测系统。实时在线智能检测系统主要用于生产、试验、监测现场，如水污染实时监测、设备运行状态监测、病人的医疗诊断、智能家居智能控制等。离线智能检测系统主要用于测试处于非运行状态的对象，如产品质量检验、设备维护检查等。

② 按标准接口总线分类　根据采用的标准接口总线不同，智能检测系统通常分为工业串行总线 RS485 系统、CAN 系统和 Modbus 系统等。智能检测系统随着新的接口与总线技术的发展而不断发展。

(2) 智能检测系统特点

① 自动化　智能检测系统能够实现对目标数据的自动采集、分析和处理，并实现识别和决策功能，无需人工干预，显著提升了工作效率。

② 智能化　利用人工智能算法和机器学习技术对数据进行分析，并基于数据模型做出决策。

③ 实时性　智能检测系统能够实时监测环境或目标的状态，并快速做出响应。智能检测系统凭借其实时响应能力，能够灵活适应多样化的复杂工作环境和应用场景。

④ 多样化　智能检测系统可以应用于多种不同的领域和场景，具有很强的通用性和适用性。

(3) 智能检测系统应用领域

在工业生产与制造领域，智能检测系统通过视觉传感器等检测技术，实现了产品质量自动检测、设备运行状态实时监控以及生产线的高效自动化转型。在环境监测领域，智能检测系统应用传感器网络实现了对空气、水质和噪声的实时监测。在医疗健康领域，智能检测系统结合智能图像处理和深度学习技术，辅助医生对患者状况进行分析和诊断。目前，智能检测系统已广泛应用在航空航天、能源管理、智慧城市、食品安全等多个领域。

(4) 智能检测系统发展趋势

随着人工智能技术的不断发展和进步，智能检测系统也在不断演进和完善。未来，智能检测系统的发展方向主要包括多模态融合、边缘计算和深度学习等。

多模态融合是集成并处理多类传感器数据，充分发挥各模态优势，实现不同模态信息互补，以增强检测系统的综合性和精确度。

边缘计算将数据处理和分析从传统的云端移动到离目标更近的地方，减少延迟，提高数据传输效率，提升系统实时性。

深度学习通过数据处理算法优化，提高系统对复杂场景和多变目标的识别能力。

5.2 智能检测系统原理

智能检测系统通过应用智能算法处理和分析传感器数据，实现对目标对象的实时监控、智能诊断和预测。如图 5-1 所示，智能检测系统通过数据采集、数据预处理、特征提取、特征分析、建模与训练、检测诊断，以及优化调整等一系列步骤，实现了对检测对象的智能化监测、诊断和预测。

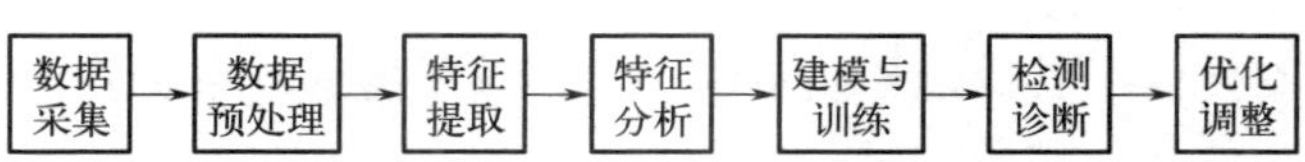

图 5-1　智能检测系统原理

系统通过各种传感器采集反映检测对象的物理和环境数据，对数据进行去噪、滤波、归一化等预处理，利用特征提取技术从预处理数据中提取出与检测目标相关的特征，例如频域特征、时域特征、空域特征等，并采用智能算法选择最具有代表性和区分度的特征，降低数据维度，采用合适的建模方法进行模型构建，经过模型训练，学习数据的内在规律及其特征间的相互关系，利用训练模型对新采集的数据进行检测和诊断，根据模型的预测结果来判断待检测对象的状态、异常情况或者故障原因，最后利用反馈信息实现模型优化和调整。通过上述原理，智能检测系统能够实现对待检测对象的智能化监测、诊断和预测。

5.3 智能检测系统组成

5.3.1 智能检测系统结构

如图 5-2 所示，智能检测系统结构包括传感单元、智能信息处理单元、检测单元和执行机构四部分。智能检测系统以先进传感器、先验知识为基础，协同智能处理器，并融合人工智能技术进行特征提取、识别、分析、诊断以及决策和计算，实现学习能力、记忆能力和推理能力。

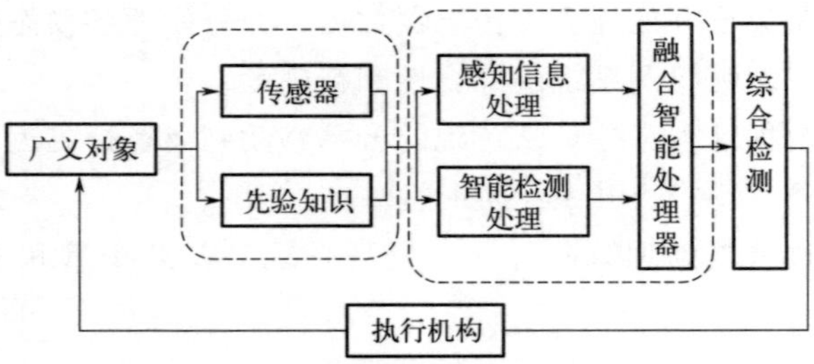

图 5-2　智能检测系统结构

5.3.2 智能检测系统硬件

智能检测系统的典型硬件结构通常由传感器、计算机、信号采集调理系统、接口电路、通信系统以及控制系统等组成，如图 5-3 所示。智能检测系统以计算机为核心，传感器采集的数据经信号采集调理系统处理后通过总线传送至计算机，计算机对数据进行进一步分析与处理，并将结果进行显示或打印，同时通过通信系统将数据传输至其他设备或系统。根据应用场景和系统复杂性的不同，智能检测系统的硬件结构有所不同。

传感器用于采集温度、压力、湿度、电流、电压等环境或系统参数数据，并将采集的数据传输到信号采集调理系统进行处理。应根据检测对象类型和环境特点等选择合适的传感器。

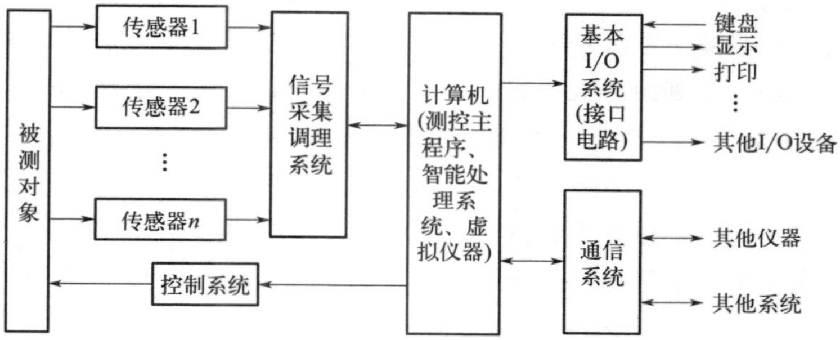

图 5-3　智能检测系统典型硬件结构

作为智能检测系统的核心，计算机主要完成数据处理、算法分析、监督管理、控制决策等任务。通过计算机强大的信息处理能力，结合人工智能算法，智能检测系统能够不断自我学习、调整和优化，从而实现高效的环境识别、异常检测和故障诊断，并在复杂的环境中完成自动化控制与智能化决策。

信号采集调理系统负责从传感器或测量设备中获取物理信号，并对这些信号进行处理和转换，以适应后续的数据分析。通常采集的信号存在噪声干扰或信号微弱等问题，因此需要对其进行调理，并传送给计算机进行进一步的数据处理操作。

检测系统中的接口常用于连接传感器、执行器和控制系统等设备，是实现数据采集、传输和控制的主要通道。常用的接口有模拟信号接口、数字信号接口、电源管理接口、数据总线和通信接口等。

通信系统是一种通过多种媒介、设备或平台实现信息交流与互动的系统，其核心目的是促进双向信息传递。通信系统负责在系统内部各组件以及与外部设备之间进行数据传输和通信。

检测系统中的控制系统通常用于数据分析、监测和控制该系统中的各硬件设备，旨在实现检测流程的自动化、智能化和精准控制。其主要功能是根据输入数据或环境状态，执行特定的控制策略或算法，从而调节和控制系统的行为。

硬件组成在检测系统中直接影响系统性能、功能实现以及经济性。应根据系统的需求和目标，合理设计和选择硬件组成，确保系统实现预期的性能和功能。

5.3.3　智能检测系统软件

在智能检测系统中，应用软件主要涵盖以下几个方面。

① 数据处理分析　检测系统对采集的数据进行处理分析，以提取检测目标的特征，并进行后续的判断与决策。因此，结合先进的数据处理分析技术，检测系统才能对采集的数据进行有效处理和分析。

② 数据算法和模型　根据具体的检测需求，智能检测系统同智能算法和建模方法结合，可高效实现数据分析、特征提取、模型构建等任务。智能算法及建模方法包括机器学习算法、信号处理算法、图像处理算法、分类回归、聚类等。

③ 人机交互及管理平台　智能检测系统通过图形界面和人机交互组件，以方便用户进行参数配置、监控和管理。人机交互及管理平台以图形化方式呈现实时数据、报警信息、数据图表分析等，方便管理人员进行查看和决策。同时，平台还实现了系统的配置管理、任务调度、性能监控、日志记录及错误处理等运维管理功能。

④ 应用软件　智能检测系统的应用软件是与被测对象直接相关的软件。根据检测需求和被测对象的特点，应用软件实现了控制、分析、数据采集和处理等功能，并可根据不同的任务进行定制和优化升级。

5.4 智能检测系统设计

设计智能检测系统应全面考虑多种因素，包括系统架构、传感器选择、算法设计等，以实现系统的最佳性能和用户体验。

① 系统架构设计　智能检测系统的系统架构设计是系统开发的基础。在设计系统架构时，需要根据系统部署方式和可扩展性等需求，明确系统功能模块的逻辑关系和通信方式。通常，智能检测系统包括传感器、数据采集与预处理和用户界面等模块，各模块之间通过标准化接口进行数据传输和通信，以确保系统的可扩展性和灵活性。

② 传感器选择与布局　传感器的选择与布局直接决定了系统对目标的感知能力和检测效果。应根据目标特性和系统需求等因素选择合适的传感器类型及规格。同时，在对传感器进行布局时要保证系统能够全面覆盖监测区域，确保检测的准确度与可靠性。

③ 算法设计与优化　数据处理算法对系统的检测效果和性能产生直接影响。数据算法设计需要根据目标特性和系统需求，选择合理的算法模型和优化策略。这些算法通过大量的数据训练和参数优化，可提高系统的准确性和鲁棒性。

④ 用户界面设计　用户界面是智能检测系统与用户交互的窗口。用户界面设计需要考虑用户的需求和习惯，采用直观、友好的界面设计，使用户能够方便地监控系统运行状态、调整参数设置等。同时，还可以通过图表、报表等方式直观地展示系统的检测结果，帮助用户更深入地理解并高效地做出决策。

⑤ 安全性与可靠性考虑　智能检测系统不仅要具备防止数据泄露、系统瘫痪等抵御安全风险的能力，同时还应具备故障自愈、容错处理等机制，以保障系统的安全可靠运行。

5.5 典型智能检测系统举例

5.5.1 机器视觉智能检测系统

机器视觉智能检测系统是一种基于计算机视觉技术的自动检测方法。通过处理和分析工件图像，机器视觉智能检测系统可以有效地检测出工件表面的缺陷和误差。该系统对于工业机器人自动化生产具有重要作用。

机器视觉智能检测技术在制造业中的应用，给机器人以及其他智能设备赋予了全新的视觉能力，这极大地提高了生产效率，解决了传统检测方法可能对产品造成二次损伤的问题。同人眼视觉相比，机器视觉在尺寸测量、检测速度方面具有人眼无法比拟的精度和稳定性。此外，机器视觉系统在恶劣环境下可替代人工完成检测工作。机器视觉的客观性和可靠性特点，使其在工业自动化与质量检测、智能交通系统、医疗诊断、农业与环境监测等领域得到了广泛应用。

① 工业自动化与质量检测　机器视觉可以进行表面缺陷检测、尺寸测量和装配过程检查等。视觉系统可以替代人工进行高效的检测，保证产品质量。

② 智能交通系统　机器视觉检测技术在智能交通系统中被广泛应用于自动车牌识别、交通流量监测以及违章检测等。尤其在自动驾驶领域，机器视觉检测技术结合摄像头、激光雷达等设备，可快速获取环境信息，精确识别道路标志、行人及其他车辆等。

③ 医疗诊断　机器视觉在医学影像处理，如 CT、X 射线、MRI 中可以帮助识别病变、肿瘤等异常区域。在显微镜下，机器视觉可以用于细胞和病理切片的自动化分析。

④ 农业与环境监测　机器视觉检测技术可用于监控作物生长状态、检测病虫害、评估土壤健康状况等。机器视觉还可用于垃圾分类、污染检测等环境保护领域。

在设计机器视觉智能检测系统时，需确保系统满足检测需求。一般机器视觉智能检测系统设计包含以下几个关键步骤。

(1) 检测需求

在设计机器视觉智能检测系统之前，需要深入了解检测需求，考虑检测对象、检测精度、检测环境、检测实时性以及复杂环境下的系统鲁棒性等，合理配置机器视觉智能检测系统参数。

(2) 检测方案

机器视觉智能检测系统的检测方案要设计合理。检测方案设计一般包括图像采集设备的选取、图像处理算法的选取以及硬件设备和软件算法的兼容性等内容。

(3) 机器人控制系统设计

机器人控制系统设计应根据应用场景和任务选择合适的机器人平台，并制定合理的运动控制策略。为实现机器人在检测过程中的动态调整能力，应通过控制系统与传感器结合，设计完善的反馈机制，从而保障机器人在执行任务过程中对检测结果进行实时分析和决策。

(4) 图像采集系统设计

图像采集系统是机器视觉智能检测系统的基础，其设计内容主要包括相机选型、镜头和光源选择、图像采集与同步，并根据检测精度要求确定图像分辨率和帧率。

(5) 检测算法实现

根据检测方案和需求，实现图像处理和分析算法的步骤包括图像预处理、特征提取、缺陷检测及分类、机器学习以及实时处理等。

(6) 测试和验收

机器视觉智能检测系统设计完成后，需要进行功能测试、精度验证、稳定性测试以及性能评估等验证，根据验证分析结果对系统进行优化，以保证与系统设计预期要求相符。

机器视觉智能检测系统对于确保产品质量和提升生产效率具有重要作用。设计机器视觉智能检测系统是一个复杂而至关重要的任务，需要综合考虑各设计环节，从系统架构到算法设计，再到用户界面和安全性保障等。只有在系统设计阶段做好充分的规划和准备，才能打造一个性能卓越、稳定可靠的智能检测系统，为机器视觉智能检测系统在各领域的应用提供强有力的支持与保障。

5.5.2 智能环境监测系统

空气污染严重影响着人类的身体健康和生存环境。智能环境监测系统通过部署的传感器实时监测空气中的污染物质，并对污染物质的来源、分布、迁移路径进行分析，从而为空气质量评估提供更精确的数据支持，并助力空气污染的有效治理。智能环境监测系统由传感器、终端设备、通信设备及远程监控管理平台等组成。

终端设备将传感器采集的数据进行初步处理，识别并剔除异常数据，然后将预处理后的数据通过无线网络传输到远程监控管理平台。远程监控管理平台借助云计算技术和智能算法对环境数据进行深入挖掘和分析，从而揭示环境变化规律和趋势。

智能环境监测技术是未来环境保护的重要发展方向。不仅数据采集和处理将更加准确，人工智能的响应速度和预测能力也将显著提高。在环境监测管理方面，可视化、数据共享和综合分析等方法的应用，推动了智慧环保的快速发展。未来，智能环境监测技术将在实时性、智能性和安全性等方面持续完善，为保护人类健康与自然环境提供更强有力的支持。

本章小结

智能检测系统是现代科技领域中的一项重要技术，本章首先介绍了智能检测系统的概念、分类及特点，简述了智能检测系统在典型领域的应用和发展趋势。其次重点讲述了智能检测系统原理等相关内容。然后介绍了智能检测系统结构、硬件组成、软件构成以及各部分的作用和特点，以及智能检测系统的设计步骤。最后给出了智能检测系统在机器视觉、环境监测领域的应用案例。

思考题

1. 简述智能检测系统原理。
2. 简述智能检测系统的硬件组成及其作用。
3. 简述智能检测系统的软件组成。
4. 说明智能检测系统的设计步骤。
5. 同传统检测系统比较，列举智能检测系统的特点。

第6章

抗干扰技术

检测仪器通常会受到声、光、电、磁以及腐蚀、高温、高湿、高压等各种干扰，这些干扰因素不仅影响测量精度，还会造成仪器测量失灵，甚至破坏检测仪器，导致仪器不能正常工作。抗干扰技术是指通过采取一系列措施，减少或防止干扰对电子系统、通信系统及其他系统性能的影响，从而保证检测设备在恶劣环境中正常工作的各种技术。

6.1 干扰来源

干扰是指在检测系统工作过程中，导致系统性能下降或不能正常工作的系统内部和外部的影响因素。因此研究干扰来源、传播途径，以及各种抗干扰技术理论基础和技术方法，是保障检测系统正常运行的重要手段。

干扰产生的原因有多个方面，按干扰的来源，可将干扰分为外部干扰、内部干扰、信号传输干扰等。

6.1.1 外部干扰

外部干扰是指来自检测设备外部的各种噪声等，这些干扰会对检测设备的正常工作产生不利影响，导致检测设备的检测性能下降，使其无法稳定、可靠工作。

(1) 使用环境条件干扰

使用环境条件干扰，如机械干扰、温湿度干扰、化学干扰、电磁干扰、辐射干扰等，这些干扰会影响测量仪器的稳定性和测量精度。

① 机械干扰　振动、冲击、摩擦等外部机械因素会对设备、仪器或系统的正常运行造成干扰，从而改变其电气参数，造成检测仪器测量不稳定，甚至会影响其测量的精度和稳定性。如图 6-1(a) 所示是铣削力测量实验平台，图 6-1(b)

是切削过程中的切削力，图 6-1(c) 是信号频谱图。从图 6-1(c) 可以看出，频率 4 中包含颤振频率，在铣削过程中，颤振现象常常发生，严重影响零件的表面质量。

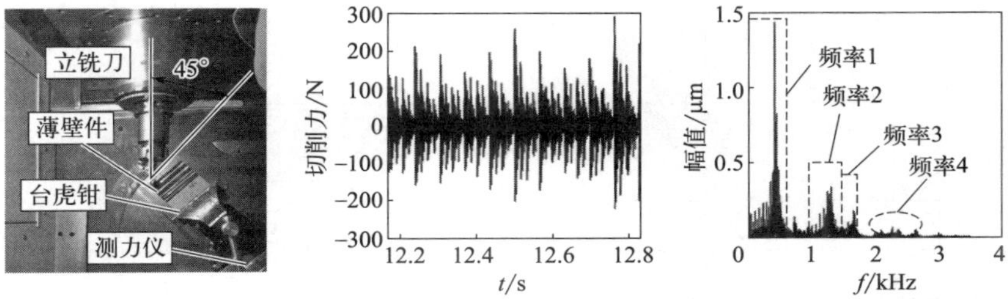

(a) 铣削力测量实验平台　(b) 切削力　(c) 信号频谱

图 6-1　机械干扰示例

对于机械振动、机械冲击干扰，可在检测仪器上加装减振弹簧或减振橡胶等弹性元件吸收振动能量，降低检测仪器的谐振频率，从而减小仪器振动。在振动频繁的环境下，检测仪器常因振动导致接口、器件固定件松动，从而影响测量，因此需定期对检测仪器进行维护。

② 温湿度干扰　温湿度是常见的环境干扰因素。温度波动以及不均匀的温度场，会导致检测设备内部元件发热或产生热电势，从而引起仪表或电路元器件的温度漂移，长期工作在高温环境下会缩短元件和设备寿命，降低设备耐压等级。在高湿工作环境下，水分会渗透到绝缘材料的表面或内部，导致仪器绝缘强度降低，进而引发漏电和短路等现象，同时水分渗透还会改变检测设备电路的容性和感性元件阻抗。避免湿度干扰通常采取的措施是选用具有良好湿度稳定性的绝缘材料，并通过加装防潮和密封装置，有效防止湿气进入设备内部。

为减小温湿度对检测仪器的干扰，可对工作环境温度和湿度进行控制，满足仪器工作环境要求。对于不能避免的特殊环境，可采用温湿度校准或补偿技术减小其影响。

图 6-2 所示为温度对气体传感器检测 VOCs 的影响的测试平台，表 6-1 为实验数据。

表 6-1　温度影响实验数据

温度/℃	浓度/0.0001%	检测浓度值/0.0001%	检测信号值/mV	系数值(TC)
−10	10	10.838	1138.9	1.118759
	20	22.687	2314.6	
0	10	10.689	1125.2	1.079463
	20	21.807	2233.3	

续表

温度/℃	浓度/0.0001%	检测浓度值/0.0001%	检测信号值/mV	系数值(TC)
10	10	10.481	1105.9	1.054135
	20	21.24	2180.9	
20	10	10.132	1073.7	1.017111
	20	20.412	2104.3	
30	10	9.93	1055.1	0.987916
	20	19.655	2043.9	
40	10	9.809	1043.8	0.983276
	20	19.655	2034.3	

图 6-2　温度影响气体传感器测试平台

由表 6-1 可知，温度对气体传感器检测 VOCs 有较大影响，0.001%与 0.002%标准异丁烯浓度检测信号值随温度变化的趋势一致，随着温度的上升，气体传感器检测信号值下降。为了减小温度波动对气体传感器性能的影响，同时考虑成本，基于温度影响实验数据，以室温 25℃数据为基准，采用温度补偿算法进行补偿。

③ 化学干扰　化学干扰主要来自化学物质对仪器部件的腐蚀，从而损坏仪器的结构和功能。由于某些检测化学物质具有同质性（如同分异构体、同素异形体等），导致检测仪器无法准确识别检测参数，使检测结果出现很大的偏差。例如，基于苯系物组分的光谱特性，采用光谱法对水中苯浓度进行检测。由于苯系物组分的光谱峰值相近，检测过程中的光谱重叠会对光谱检测结果产生干扰，如图 6-3 所示。

因此，为减小化学干扰对检测结果的影响，不仅要对检测仪器进行定期维护，以防止仪器损坏，而且应对检测物质特性进行综合分析，选择合理的检测方法。

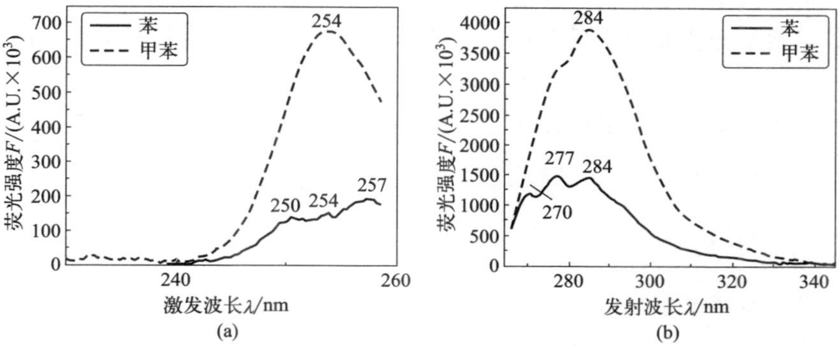

图 6-3　光谱法检测水质中甲苯对苯浓度的干扰

酸碱液、腐蚀性气体等物质，会腐蚀仪器设备和元器件，导致仪器设备不能正常使用。采取如对仪器设备进行浸漆、密封处理，以及定期通电加热驱潮等必要的防潮防腐措施，可有效延长设备的使用寿命并确保其稳定运行。

④ 电磁干扰　电磁干扰是指由电磁波引起的，对电子设备或系统性能产生负面影响的现象。电磁干扰主要来自检测仪器内部或外部的电磁场。例如外部电磁干扰信号会以共模方式通过电缆传导到电磁流量计和转换器，影响流量计的信号采集和数据转换过程。这种电磁干扰会严重影响检测过程，如图 6-4 所示。

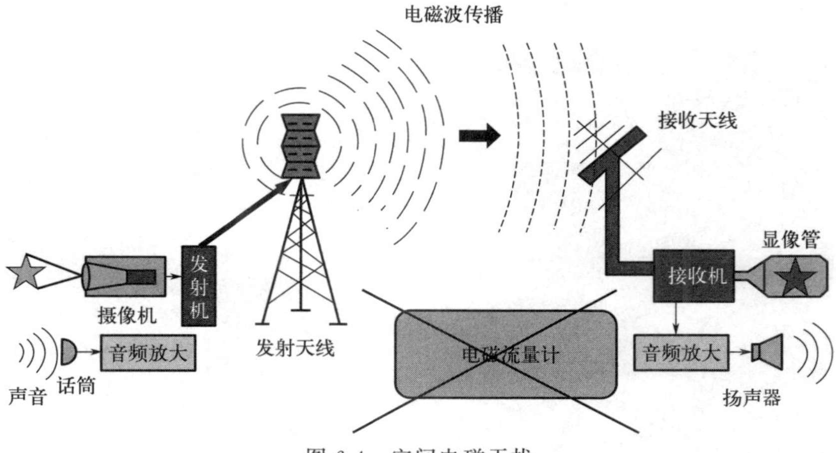

图 6-4　空间电磁干扰

⑤ 辐射干扰　辐射干扰是指 X 射线、γ 射线等不同类型的射线对设备产生的干扰。辐射干扰会使传感器读数不稳定，导致数据偏差，而且长时间暴露在强辐射干扰环境中，还会造成设备性能下降或失效。通常减小辐射干扰的方法有仪

器屏蔽保护、连接地线、增加滤波器、仪器合理布局等。

（2）人为干扰

人为干扰主要是操作人员在使用检测仪器过程中产生的干扰。人为干扰包括误操作导致检测仪器的读数不准、使用仪器时间过长产生的仪器温度过高、频繁操作产生的设备过热等。人为干扰还包括各种电气设备使用对检测仪器的干扰。

针对人为干扰，应采取操作规范培训，在检测仪器使用过程中合理避免高频、大功率设备的使用等手段减少其对检测仪器的影响。

6.1.2 内部干扰

内部干扰主要来自检测设备或系统内部，是由电子元件、系统布局、制造工艺等因素产生的干扰。常见的内部干扰有电子元件干扰、电路干扰、电磁干扰及布局与制造工艺产生的干扰等。电子元件干扰是指电子元件受到电磁波、射频信号、热噪声等干扰而导致其无法正常工作。电路干扰则主要来自电路内部元件的相互作用，常见的电路干扰有电源电路干扰、信号通道干扰和负载回路干扰等。电磁干扰在高频电路中较为常见，主要来自电容、电感等元件产生的电磁波辐射，从而影响电路的正常工作。在电路的设计、结构布局、元件选型与制造工艺中，若处理不当，也会对检测设备产生干扰。

如图 6-5 所示电路内部干扰环境，电路中元件与导线之间的寄生电容和电感会导致信号耦合和感应，从而引起信号失真。而且电路内部的高频信号、开关元件及快速变化的电流等会辐射电磁波，也会干扰电路的正常运行。

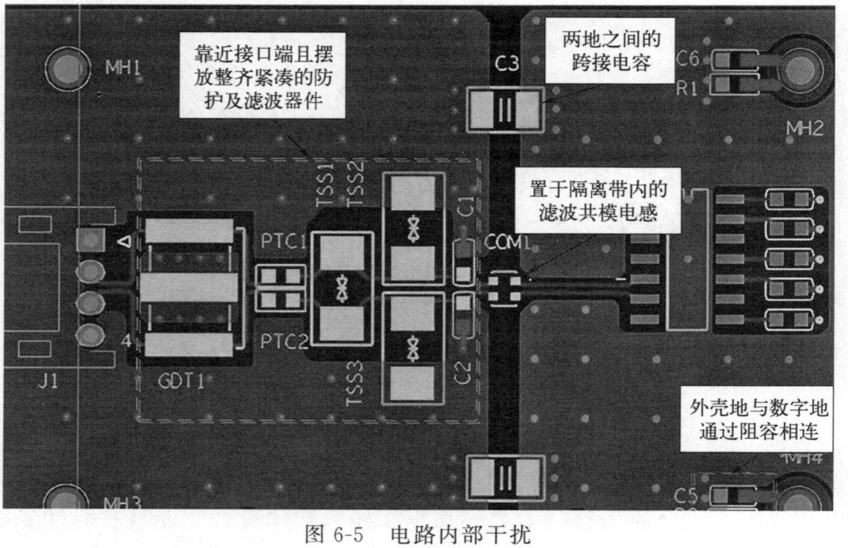

图 6-5 电路内部干扰

为减少内部干扰对设备性能的影响，在电路设计过程中可采用电子元件合理布局来减少元件之间的相关干扰；通过增加屏蔽材料阻止电磁干扰流入设备内部，增加滤波器以减少噪声干扰；在进行高频电路板布线时，信号线间距越小则寄生电容和电感越大，因此，信号线应保持适当间距并尽量缩短信号线长度以减少耦合干扰，同时，尽量保持地线大面积铺地，确保信号和电源稳定。

6.1.3　信号传输干扰

在信号传输过程中，由于信号损耗、衰减、反射等物理现象干扰，容易产生信号的弱化、失真或混合，从而影响正常的通信或数据传输。例如信号通道干扰以及负载回路干扰等。如图 6-6 所示为检测仪表信号传输干扰。

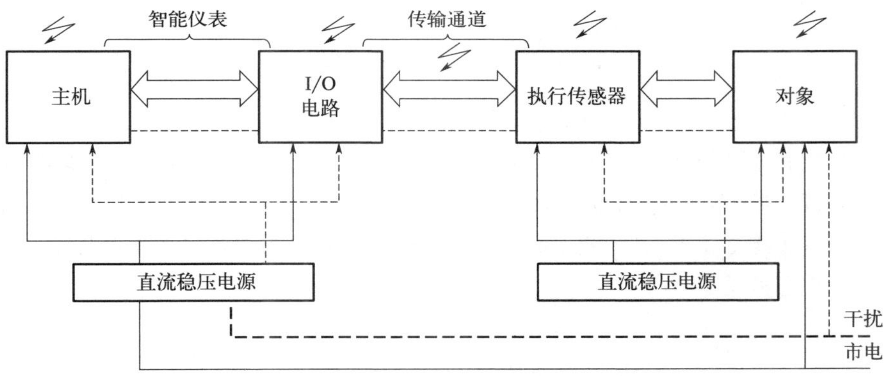

图 6-6　检测仪表信号传输干扰

信号通道是从信号源头传输到接收端的物理路径。在实际工作过程中，信号传输往往会受到噪声等因素的影响。因此，通道的带宽、延迟、抗干扰等特性对信号传输质量起着重要作用。

为减少信号传输干扰，应对电子设备和传输线进行屏蔽处理，以防止设备自身的电磁辐射干扰其他信号。

6.2　干扰传播途径

研究和分析干扰传播途径对有效抑制干扰至关重要。产生干扰的三因素包括干扰源、传播途径和接收载体。干扰耦合是干扰信号通过各种途径进入电子检测装置的过程。干扰耦合有静电耦合、磁场耦合、公共阻抗耦合和漏电流耦合等形式。

6.2.1 静电耦合

静电耦合是一种常见的电路干扰现象，通常是指两个导体之间通过分布电容形成电场耦合，当其中一个导体的电位变化时，通过电场作用使另一个导体产生感应电位，从而对电路造成干扰的现象。静电耦合常存在于高频信号线、电源线与信号线之间、电气设备之间等场景。如图 6-7 所示为两个平行导线之间的静电耦合。

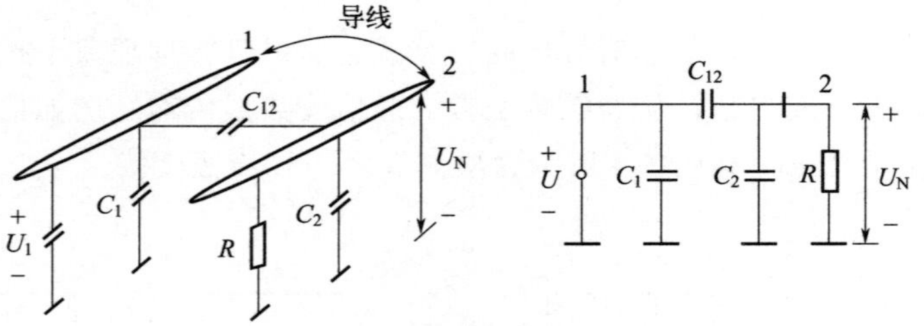

图 6-7　静电耦合

图 6-7 中，导线 1 和导线 2 分别是干扰源和信号传输线，C_1 是导线 1 的对地寄生电容，C_2 是导线 2 的对地寄生电容，R 是导线 2 的对地电阻，C_{12} 是两导线间的寄生电容。图中导线 2 产生的对地干扰电压为电阻 R 两端电压，则干扰电压计算公式为：

$$U_N=\frac{j\omega\left(\frac{C_{12}}{C_{12}+C_2}\right)}{j\omega+\frac{1}{R(C_{12}+C_2)}}U_1 \tag{6-1}$$

考虑实际情况，一般对地电阻 R 应满足 $R\ll\frac{1}{1/\omega(C_{12}+C_2)}$，因此，式(6-1)可简化为：

$$U_N\approx j\omega RC_{12}U_1 \tag{6-2}$$

从式(6-2) 可知，干扰电压 U_N 与角频率 ω 及干扰源电压 U_1 为正比关系，所以高频干扰源主要是通过静电耦合方式，将干扰信号引入设备。干扰电压 U_N 与 C_{12}、R 成正比，表明可通过优化布线设计、采取合理防护措施来降低电路间的寄生电容和输入阻抗的方式来减小干扰电压 U_N，进而有效减少静电耦合干扰。

如图 6-8 所示，在电路板设计过程中，并排导线之间会构成寄生电容，导线 1 电容的电荷会传送到导线 2。

图中，R 是导线 2 接地电阻，C_{12} 是导线 1 和导线 2 之间的分布电容，C_{1g} 和 C_{2g} 分别是导线 1 和导线 2 的接地电容。导线 1 通过交变电源 U_1 时，对导线 2 会产生耦合干扰，进而在导线 2 上产生干扰电压 U_N。

$$U_N=\frac{j\omega RC_{12}}{1+j\omega R(C_{12}+C_{2g})}U_1 \tag{6-3}$$

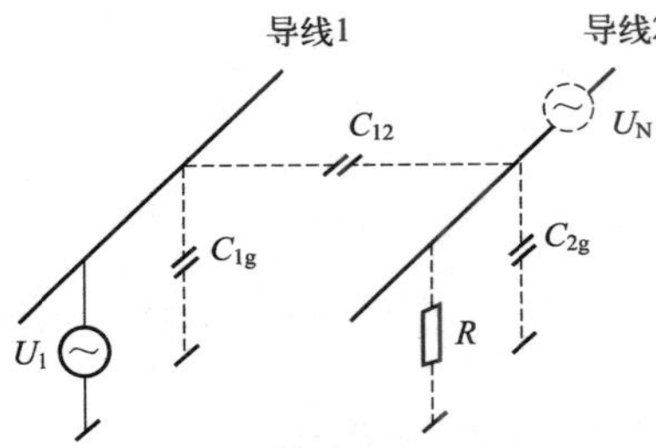

图 6-8　并排导线间的电容耦合

显然，导线 2 阻抗 R 很小且满足 $j\omega R(C_{12}+C_{2g})\ll 1$，干扰电压 $U_N\approx j\omega RC_{12}U_1$，因此干扰电压 U_N 与干扰源的角频率 ω、U_1、导线 2 的电阻 R、电容 C_{12} 成正比关系。

如果导线 2 阻抗很大，则 $j\omega R(C_{12}+C_{2g})\gg 1$，$U_N$ 可简化为 $\frac{C_{12}}{C_{12}+C_{2g}}U_1$，因此干扰电压 U_N 由 C_{12} 和 C_{2g} 的分压关系及 U_1 确定。

例 6-1　已知两平行导线，导线 1 电压 $U_1=10V$，频率 $f=10MHz$，两导线的半径 $r=1mm$、线长 $l=1m$，导线间距 $d=20mm$，两导线离地面高度 $h=10mm$，等效电阻分别为 $R_1=50\Omega$、$R_2=1M\Omega$，介电常数 $\varepsilon_0=8.85\times10^{-12}F/m$，试求导线 2 上的干扰电压。

解：

$$C_{12}=\frac{\pi\varepsilon_0 l}{\ln(d/r)}\approx 10pF \quad C_{2g}=\frac{2\pi\varepsilon_0 l}{\ln(2h/r)}\approx 20pF$$

$$\omega=2\pi f=2\pi\times10^7$$

则交流电路中的容抗

$$X_C=\frac{1}{\omega(C_{12}+C_{2g})}=\frac{1}{2\pi\times10^7(10+20)\times10^{-12}}\approx\frac{1}{6\pi}\times10^4\Omega$$

导线 1 等效电阻：$R_1=50\ll X_C$

则
$$U_N=j\omega C_{12}RU_1\approx j0.314mV$$

导线 2 等效电阻：$R_2=10^6\gg X_C$

则
$$U_N=\frac{C_{12}}{C_{12}+C_{2g}}U_1\approx\frac{10}{3}V$$

例 6-2　已知两根导线长度为 1m、直径 1mm，导线距离 30mm，两导线距离地面高度 10mm。假设干扰源电压 $U_1=10V$，干扰频率 $f=1MHz$，干扰源负载 Z 和受干扰回路负载 Z_{21} 和 Z_{22} 阻值均为 100Ω，求负载受到的干扰电压。

解：

$$L_1=L_2=\frac{\mu_0 l}{2\pi}\ln\frac{2h}{r}\approx 7.4\times10^{-7}H$$

$$M_{12}=\frac{\mu_0 l}{4\pi}\ln\frac{2h^2+d^2}{d^2}\approx 0.4\times 10^{-7}\,\mathrm{H}$$

$$\omega=2\pi f=2\pi\times 10^6$$

$$|U_{N1}|=|U_{N2}|=\frac{\mathrm{j}\omega M_{12}Z_{21}U_1}{(Z_{11}+\mathrm{j}\omega L_1)(Z_{21}+Z_{22}+\mathrm{j}\omega L_2)}\approx 1.25\times 10^{-2}\,\mathrm{V}$$

6.2.2 磁场耦合

磁场耦合是指由导体中的电流变化引起周围磁场变化，进而影响邻近导体产生的感应电路现象。如图 6-9(a) 是两根平行导线之间产生的磁场影响。等效电路如图 6-9(b) 所示。

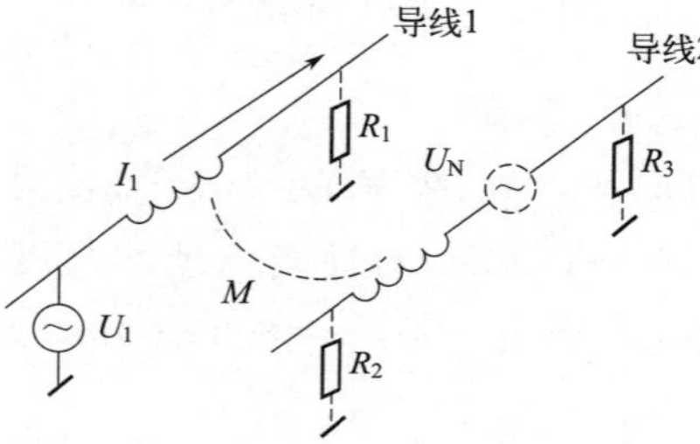

(a) 导线间磁场耦合

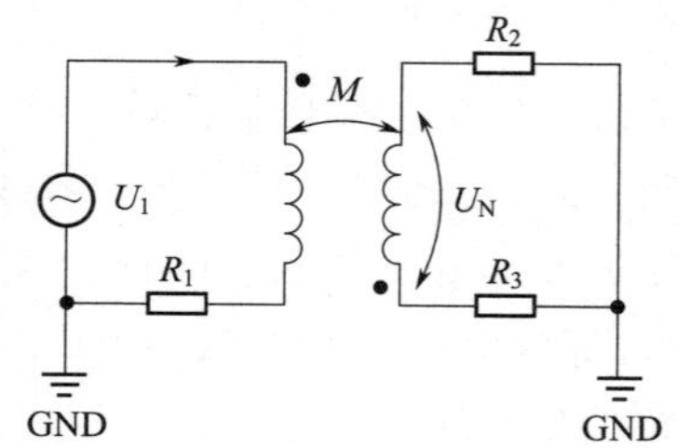

(b) 等效电路

图 6-9 导线间磁场耦合和等效电路

设导线 1 的电流为 I_1，M 为两根导线之间的互感系数，U_N 是感应磁场产生的干扰电压，ω 为交变磁场角频率，则

$$U_N=\omega I_1 M \tag{6-4}$$

根据式(6-4)，减小互感系数 M 是减小 U_N 的主要途径。如果导线 1 为交流输电线，信号线（导线 2）与导线 1 平行，则信号线会受到互感系数 M 引起的毫伏级干扰电压 U_N 的影响。

磁场耦合和等效电路如图 6-10 所示。

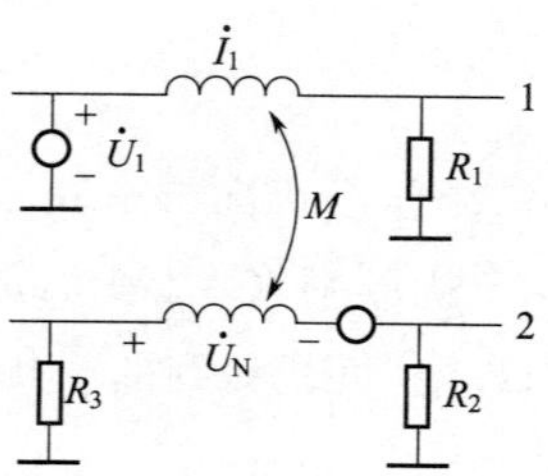

(a) 磁场耦合示意图

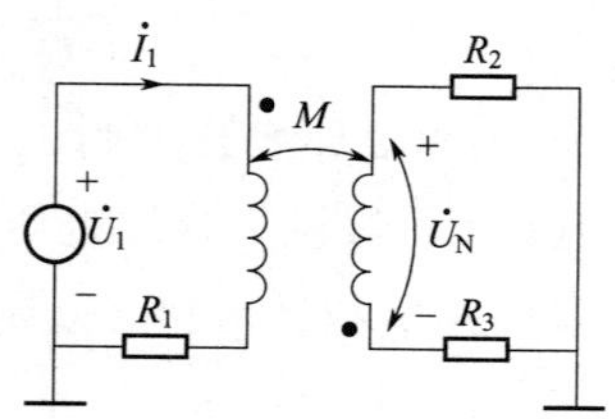

(b) 等效电路

图 6-10 磁场耦合和等效电路

图中导线 1 为干扰源，导线 2 为周边导线，互感系数为 M。根据磁场原理，流过导线 1 的电流 $\dot{I}_1$ 发生变化时，导线 1 周围会产生磁场，进而在导线 2 上产生干扰电压 $\dot{U}_N$。

$$\dot{U}_N = j\omega M \dot{I}_1 \tag{6-5}$$

根据式(6-5)，干扰电压 $\dot{U}_N$ 与干扰电源角频率 ω、互感系数 M 以及干扰源电流 $\dot{I}_1$ 成正比。因此有效减小磁场耦合干扰的措施是屏蔽干扰源或远离干扰源，也可采用设法降低 ω、M 等方法。

例 6-3　如图 6-11 所示，求电路的等效电感 L_{eq}。

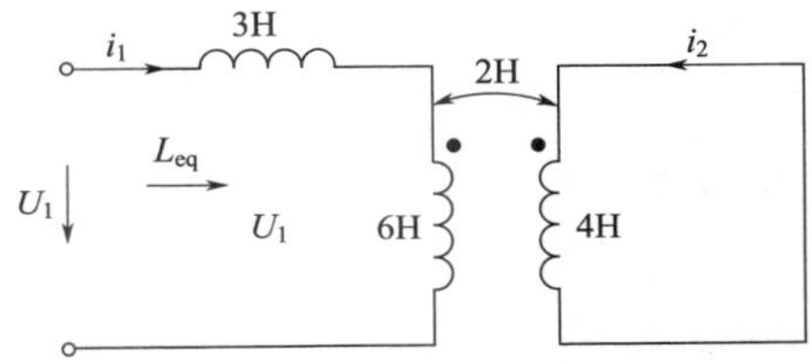

图 6-11　某磁场耦合电路图

解： 由图示电路可得

$$(3+6)\frac{di_1}{dt} + 2\frac{di_2}{dt} = u_1, 2\frac{di_1}{dt} + 4\frac{di_2}{dt} = 0$$

从以上两式中消去 $\frac{di_2}{dt}$ 得 $u_1 = 8\frac{di_1}{dt}$，由此可见

$$L_{eq} = 8\text{H}$$

6.2.3　公共阻抗耦合

公共阻抗耦合是指多个电路共享同一公共阻抗时，某一电路的噪声电流通过该阻抗产生噪声电压，进而传导至其他电路并引发干扰的现象。干扰电压大小与公共阻抗阻值及干扰源电流大小成比例。公共阻抗耦合主要包括地线耦合、电源耦合、电流环耦合和互感耦合。其等效电路如图 6-12 所示，由于存在公共阻抗 Z_C，从而在电路中产生了干扰源电流 I_N 和干扰电压 U_N。消除公共阻抗耦合干扰的关键在于消除公共阻抗。

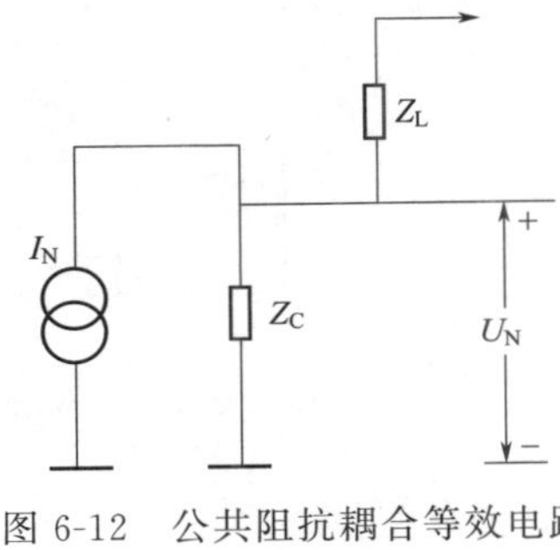

图 6-12　公共阻抗耦合等效电路

6.2.4 漏电流耦合

漏电流耦合的等效电路如图 6-13 所示，漏电阻、干扰源电压和受干扰电路的输入阻抗分别记为 R、U_1 和 Z_i，U_N 是 Z_i 两端电压，即干扰电压。由于绝缘不良，流过绝缘电阻 R 的漏电流 I_N 对电路产生影响，从而引发漏电流耦合。

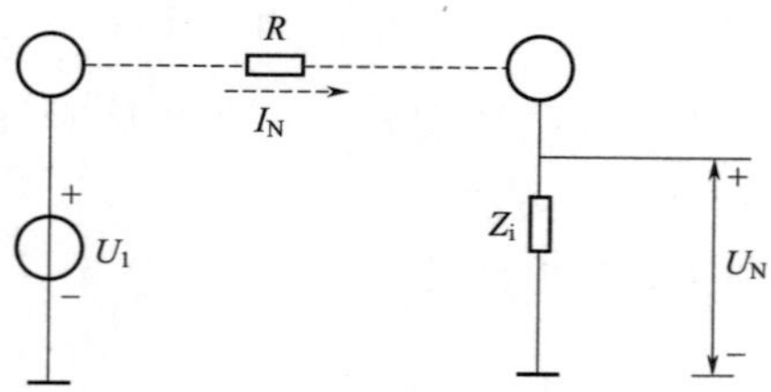

图 6-13 漏电流耦合等效电路

通常在检测仪器测量较高直流电压的应用环境下，当存在高电压直流电源或高输入阻抗直流放大器时，容易产生漏电流耦合。为了减小漏电流 I_N 引起的干扰，可采用改进绝缘效果、电路屏蔽、良好的电源和接地设计等相应的防护措施。

6.3 干扰形式

根据信号传播方式和干扰表现形式，干扰通常分为差模干扰和共模干扰两种类型。如图 6-14 所示，电流 I_D 往返两根导线传输易产生差模干扰；电流 I_C 在两根导线中做去路传输，地线做返回传输，易产生共模干扰。差模干扰在 I_D 流过的两根导线之间传输，属于对称干扰。电流 I_C 分别流过两根导线并在地线中汇集传输，属于非对称干扰。差模干扰来自差模信号源，差模干扰幅度小、频率低，因此造成的干扰小，但信号线之间的电压波动会影响传输质量。共模干扰来自共模信号源，由于干扰幅度大、频率高，所以造成的干扰大，信号线和地之间的电压波动会影响系统稳定性。

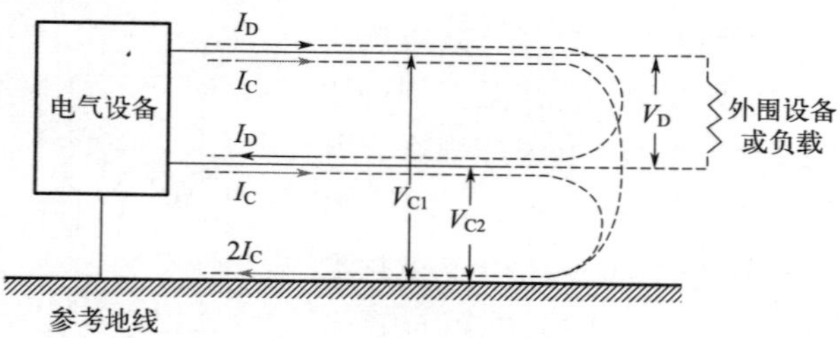

图 6-14 共模与差模信号图

6.3.1　差模干扰

(1) 差模干扰形式

差模干扰是干扰信号叠加在被测信号上的干扰，表现为两根导线之间的电压差。图 6-15 所示为差模干扰的串联电压发生器形式和并联电流发生器形式。图 6-15 中，e_s 为信号源，R_s 为内阻，U_N 表示等效干扰电压，Z_N 是等效干扰阻抗，R_i 是接收器输入电阻，I_N 是等效干扰电流。当信号源 e_s 的等效内阻 R_s 较小时，则采用如图 6-15(a) 所示的串联电压发生器形式。当信号源 e_s 的等效内阻 R_s 较大时，则采用如图 6-15(b) 所示的并联电流发生器形式。

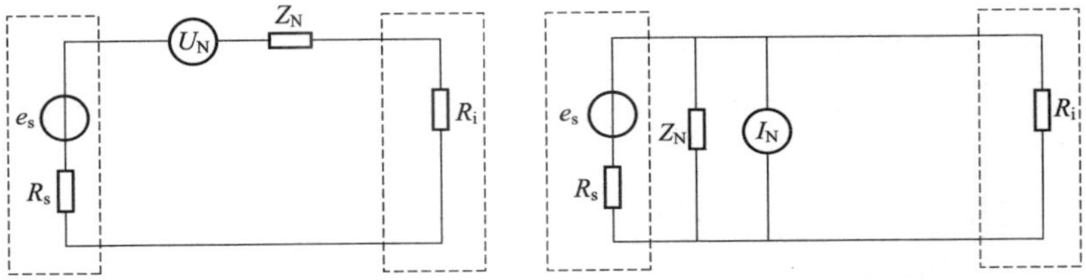

(a) 串联电压发生器形式　　(b) 并联电流发生器形式

图 6-15　差模干扰等效电路

(2) 差模干扰产生原因

引起差模干扰的原因主要包括外场电磁场干扰、电源线干扰、信号线之间耦合及设备内部噪声等。

① 外场电磁场干扰　当电子设备的信号线和电源线等暴露在强电磁场环境中时，由于电磁场变化会产生感应电压，这种感应电压会产生差模干扰，导致信号失真或误差，进而影响数据传输质量。

② 电源线干扰　由于电源线带有噪声，这些噪声信号会通过电源线与信号线的耦合传输到信号线，进而影响电子设备正常工作。而且，电源波动和接地不良会导致干扰电流在电源线中传导，也会造成差模干扰。

③ 信号线之间耦合　信号线耦合主要有电磁耦合、电容耦合和电流耦合。信号线间距过小时，信号线会因为电磁场作用而相互耦合。在传输高频信号时，这种耦合现象更加明显。而且，导线间存在相对电压时，会在导线之间产生电容效应，从而使信号受到干扰。在电流流过导线时，电流的变化对周边导线产生影响，尤其是长距离信号传输，受到电流影响更为明显，这加剧了差模干扰的产生。

④ 设备内部噪声　设备内部的开关电源、数字电路、振荡器等会产生噪声信号，这些噪声信号会通过电容耦合或电磁耦合方式传输到信号线，从而产生差

模干扰。例如频繁操作开关电源会产生高频噪声，该噪声以电容耦合或电磁耦合方式侵入到信号线，并对信号传输产生干扰，从而导致信号失真。

(3) 差模干扰消除方法

在电路板设计过程中，应全面考虑地线和信号线的合理布局，避免信号线过多交叉、平行和布设距离过长，可将信号线分开布设，采用单点接地，并留有足够大的接地面。同时，可采用增加去耦元件、安装隔离罩及电路隔离等方法消除差模干扰。在电路的电源线和信号线上采用串联限流电阻等措施，可抑制瞬时过电流的幅值，降低其通过导线辐射或传导耦合引发的噪声。在电源输入端或电源线上可通过增加电容或电感去耦元件滤除噪声。而对于敏感电路，可在其附近增加去耦电容来稳定电源。为防止外部干扰，设备或电路可增加由高电导率或高磁导率材料制成的隔离罩进行屏蔽，同时使隔离罩外壳接地。针对数字电路和模拟电路，以及大功率电路、小功率电路或设备，尽量采用物理隔离。在某些情况下，差分信号抗干扰能力强，因此可采用差分信号传输，以减少信号线耦合导致的差模干扰。

因此，可通过合理设计等措施，减少噪声的产生和传播，有效降低差模干扰，以提高系统的稳定性和可靠性。

6.3.2 共模干扰

(1) 共模干扰分析

共模干扰是共同对地的干扰。如图 6-16 所示共模原理图，U_{PQ} 是共模电压，I_{CM1} 和 I_{CM2} 是方向相同的共模电流。

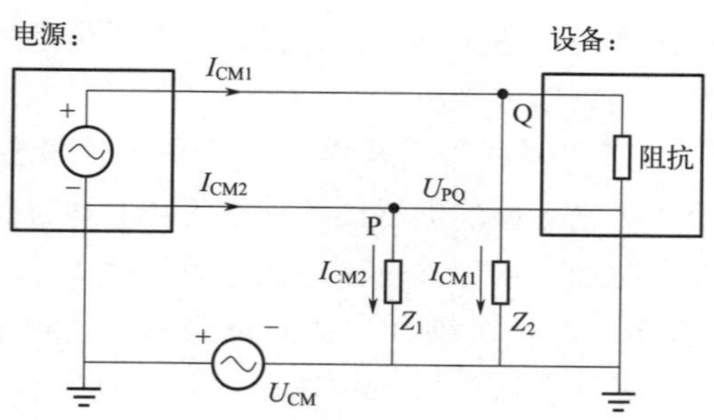

图 6-16　共模原理图

如图 6-16，I_{CM1} 近似等于 I_{CM2}，假设 Z_1 不等于 Z_2：

$$U_P = I_{CM2} \times Z_1 \tag{6-6}$$

$$U_Q = I_{CM1} \times Z_2 \tag{6-7}$$

根据上述公式，P 点和 Q 点之间存在压差，即电压 U_{PQ} 不等于零，这表明共模干扰可转换为差模电压影响设备。

(2) 共模干扰产生原因

① 地线干扰　产生地线干扰的原因有地电位不等、接地不良、接地回路噪声以及电源不平衡等。当多个设备通过不同接地点接地时，如果接地点存在电位差，则在地线中产生共模电流。如果设备接地不良，会造成接地电流不稳定而产生干扰。在设备共地时，回路电流通过导线耦合到信号中而产生噪声。如果电源中存在噪声或出现波动，会通过地线传递到其他设备造成干扰。

② 电源线干扰　电源电压不稳定会造成电源线上的电气信号变化或负载变化，进而产生共模干扰。

③ 设备工作特性　电子设备内部的高速数字电路、时钟信号和高速开关电源频繁切换产生高频噪声，这些噪声通过电源线和地线等路径传递到设备形成共模干扰。

④ 外部电磁场　当电子设备处于强电磁场环境中时，外部电磁场会影响周围导线，尤其是在高频环境中，电磁辐射会通过地线和信号线等路径传递到设备，从而引起共模干扰。

(3) 共模干扰消除方法

常见的共模干扰消除方法有使用共模滤波器、接地设计、电源滤波、电磁屏蔽、减少高频干扰等。

共模滤波器通常集成了电感和电容，在电源线或信号线上安装共模滤波器，可让干扰信号在低阻抗路径流过，并能够在较宽的频率范围内滤除共模干扰，尤其适用于高频干扰，因此，共模滤波器能够有效地抑制共模干扰。

接地设计需保证设备通过一个接地点与地线连接，这是因为多个接地点会出现电位不一致而产生电位差，进而影响设备正常工作。另外，选择低阻抗的接地线路，可避免因接地不良引起电流波动而产生地线环路形成干扰源。

采用带屏蔽层的电缆，可有效阻止外部电磁波的辐射，防止干扰信号沿电缆传播。给电气设备增加金属外壳，构建起电磁屏蔽层，可防止外界电磁波干扰设备工作。对于高频设备，可将设备放置在专用的屏蔽环境中，以此降低电磁干扰影响。

例 6-4　如图 6-17 所示，已知 I_{CM1} 和 I_{CM2} 是共模电流，阻抗 Z_1 和阻抗 Z_2 不相等，U_{PQ} 是共模电压，试写出 U_{PQ} 表达式。

解： 由图可知

$$U_P = I_{CM2} Z_1$$

$$U_Q = I_{CM1} Z_2$$

$$U_{PQ} = U_P - U_Q = I_{CM2} Z_1 - I_{CM1} Z_2$$

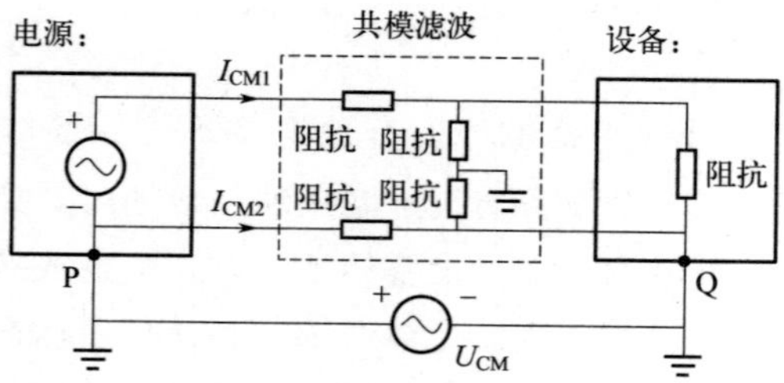

图 6-17　共模原理图

6.4 硬件电路抗干扰技术

抑制干扰的影响可显著提高测量系统的可靠性。常见的抗干扰措施主要从干扰源、干扰途径、干扰敏感性等方面考虑。如采用屏蔽和隔离、滤波、接地寄生等方法消除或抑制干扰源；采用电缆屏蔽、信号线布线优化、电磁兼容设计等措施阻断干扰途径；采用差分信号传输、滤波器、去耦电容、抗噪声设计等途径降低干扰的敏感性。抗干扰技术包括屏蔽技术、接地技术、滤波技术等。通过上述抗干扰技术可提高仪器设备的稳定性和可靠性。

6.4.1 接地技术

检测设备接地有两个含义：一种是“大地接地”，另一种是“安全接地”。大地接地是将设备通过导体连接到零电位的公共参考点，目的是提供稳定的电位参考点并分散干扰电流，防止安全事故发生，设备与大地相接，从而确保漏电流导入地面。

合理地选择接地方式是确保检测设备正常工作的基础，常见的接地方式有单点接地、多点接地、屏蔽接地和浮地接地等方式。接地方式应根据设备电气特性、工作环境以及相关标准来确定。人身安全是接地设计的重要目的，通过设备外壳接地，结合漏电保护器可在漏电时自动切断电源，避免对操作人员造成伤害。检测设备接地还可抑制电容性耦合、电感性耦合和静电放电等干扰，因此，合理选择接地方式有助于有效抑制干扰信号。

(1) 一点接地

在电路设计中，所有的接地点通过单一接地线连接到公共地。一点接地可避免回路的电流流动，从而减小由于不同接地点压差引起的干扰。一点接地减小了接地系统的复杂度，可简化电路设计，而且选择适当的接地位置点可有效降低电磁干扰和静电干扰。电路设计时，为避免信号地线、噪声地线和金属地线相互串联，应尽量在电路中进行一点接地。图 6-18 所示的串联一点接地，由于 R_1、R_2、R_3 三个电阻串联接地，当某一路电压远大于其他两路电压时，会产生较大的地电流，因此会对其他两路低电平信号造成干扰。使用串联一点接地时应保证各电路电压接近或把电压低的电路靠近地连接，如图 6-18 所示电路 1 最接近地电位 A 点。

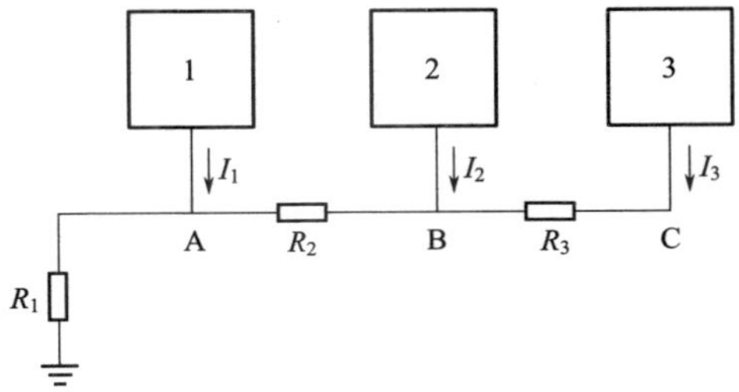

图 6-18　串联一点接地

根据电路设计复杂程度和要求，一点接地又分为单级电路一点接地和多级电路一点接地。

① 单级电路一点接地　如图 6-19 所示的单级电路一点接地，是所有电路元件共用一个接地点，以该点为参考地，用于为整个电路提供参考电压和返回电流路径。单级电路一点接地简化了接地设计，降低了布线复杂度，可有效克服地电位差和地线公共阻抗引起的干扰。单级电路一点接地常用于简单的电子电路和小型检测设备。

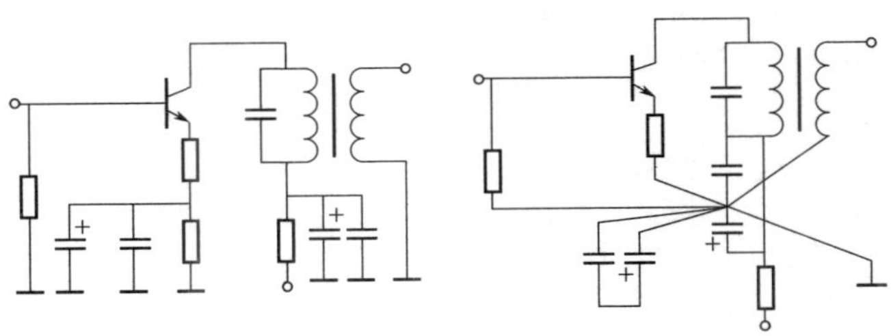

图 6-19　单级电路一点接地

② 多级电路一点接地　图 6-20 所示为多级电路一点接地。这种接地方法是在电路中设置一个共用接地点，为各级电路提供统一的参考电压，所以减小了各级电路之间的电位差，进而降低了噪声干扰。在设计复杂电路过程中，应重点关注布线的合理性，避免出现不必要的接地回路。

（2）多点接地

多点接地如图 6-21 所示，通过在多个位置设置接地点，有效减少地电位差和地线干扰，确保设备地线电位一致，从而减少噪声的影响。多点接地有多种方

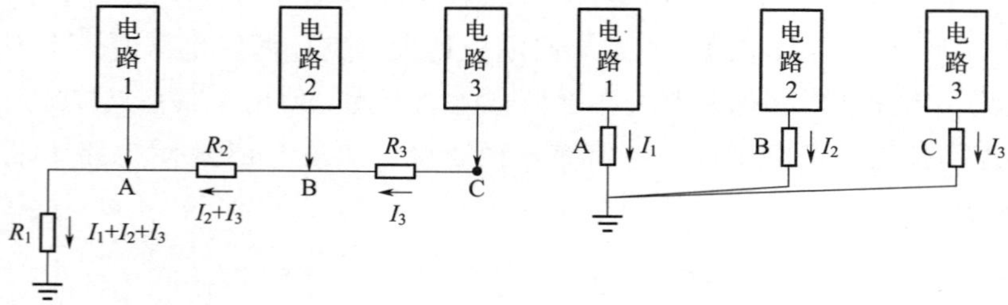

图 6-20　多级电路一点接地

式，下面只简单介绍两点接地和大面积就近多点接地。

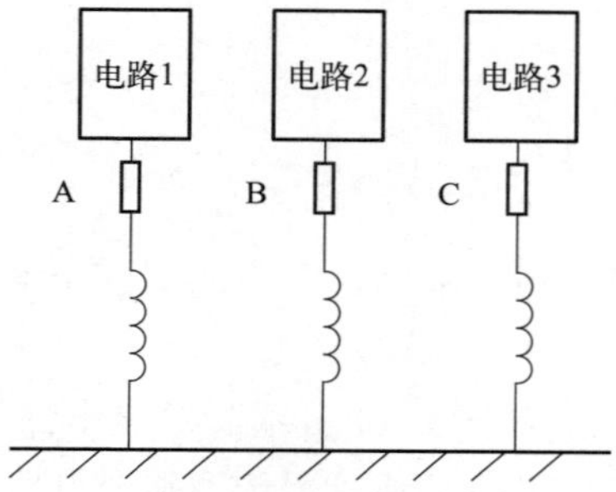

图 6-21　多点接地

① 两点接地　两点接地通常指设备设置两个接地点，如图 6-22 所示为检测装置的两点接地电路及等效电路。通过两点接地，为设备提供有效的电流回路，减小了一点接地可能产生的电位差，从而降低了电流不均匀分布的风险，有效提高了设备在高频信号传输中的抗干扰能力。

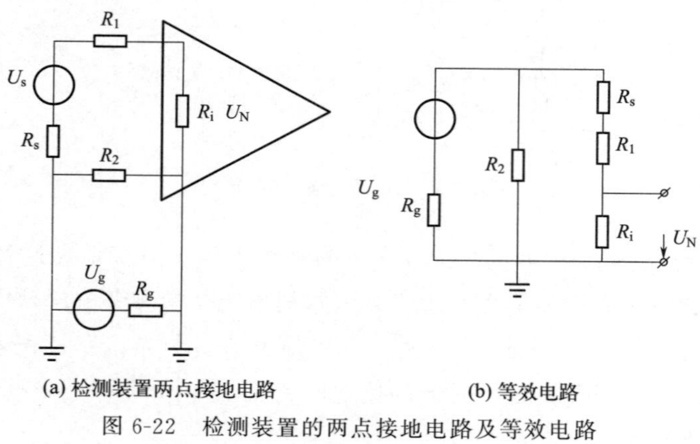

图 6-22　检测装置的两点接地电路及等效电路

② 大面积就近多点接地　作为一种有效的接地技术，大面积就近多点接地

通过布设多个接地点，使各接地点电位趋于一致，其目的是降低接地点的电位差，降低整体接地电阻，分散地线干扰，从而减少电磁干扰和公共阻抗引起的噪声。在实际应用时，大面积就近多点接地设计应根据布设场地优化接地的数量和布局，以提高系统的抗干扰能力。大面积就近多点接地常用于高频应用场景，如图 6-23 所示。

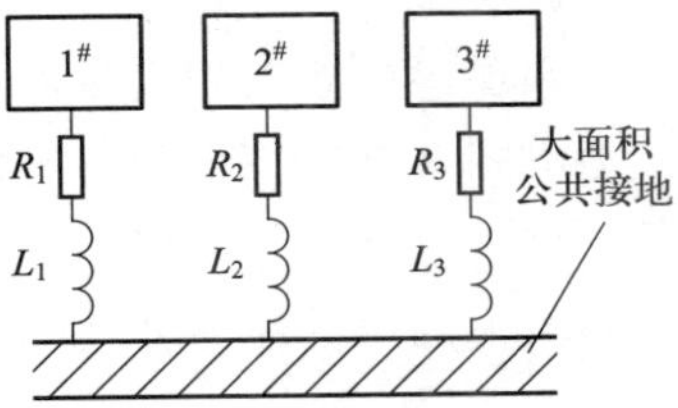

图 6-23　大面积就近多点接地

6.4.2　屏蔽技术

屏蔽技术是利用低电阻材料或高磁导率材料，将内部电流、电场与外部环境隔离，其目的是防止电磁干扰、电磁辐射向外传播，同时避免外部电磁场对内部元件产生干扰。屏蔽材料形成一个闭合的导电围罩，以阻止外部电磁波进入设备内部敏感电路，还可以阻止设备内部的电磁波对外界造成干扰。

根据屏蔽的干扰场性质不同，屏蔽技术通常分为静电屏蔽、低频磁屏蔽、电磁屏蔽和驱动屏蔽等。在实际应用中，鉴于干扰环境复杂多样，为保证设备在各种干扰环境下都能正常运行，往往会综合运用上述多种屏蔽技术。

(1) 静电屏蔽

静电屏蔽技术具有保护敏感设备和电路的作用。静电屏蔽技术可避免外部电场对设备性能产生干扰。通过在敏感设备和电路周围布置导电材料来阻挡电场穿透，从而实现对静电干扰的防护。

在静电场作用下，采用导电的金属外屏蔽罩并将其接地，从而将屏蔽罩上产生的电荷引入大地，不仅能避免内部设备受到静电场影响，而且可以有效消除外部静电场对电路寄生电容的影响。

(2) 低频磁屏蔽

低频磁屏蔽通过将高磁导率材料做成屏蔽层来引导磁通流向屏蔽层内部。低频磁屏蔽的高磁导率材料通过有效引导外部磁场磁通，将其导入材料内部。材料的磁导率越大，则磁阻越小，从而磁场越容易进入屏蔽层，所以屏蔽效果越好。

低频磁屏蔽设计应全面考虑导磁材料、屏蔽层厚度和屏蔽结构等因素。导磁材料常以软磁材料为主，由于软磁材料具有很好的磁饱和强度，所以在磁场环境中能防止出现磁饱和现象。通常情况下，屏蔽层厚度越厚屏蔽效果越理想，但在实际设计过程中，应同时兼顾设计成本。屏蔽结构常采用封闭式设计，该设计能够在一定程度上降低外界低频磁场对设备的干扰。

(3) 电磁屏蔽

电磁屏蔽是采用导电或导磁材料来阻挡、反射或吸收电磁波以减弱其影响，从而保护设备免受电磁干扰。

电磁屏蔽设计应重点考虑屏蔽层厚度、接地设计、接缝处理以及频率范围等。屏蔽层厚度要根据实际需求，同时兼顾屏蔽效果和成本。接地设计应合理选择接地方式，接地不合理，电磁波难以通过接地途径传播出去，进而会减弱屏蔽效果。接缝处理需保证屏蔽层完整性，以避免电磁波从接缝中泄漏而降低屏蔽性能。频率范围设计应重点考虑屏蔽材料选择和屏蔽结构设计对电磁波的屏蔽效果。

(4) 驱动屏蔽

驱动屏蔽作为一项抗干扰技术，其作用是消除屏蔽层信号电势差。驱动屏蔽主要用于电气和电子设备的保护，尤其是驱动电路，能有效避免设备受到电磁干扰，防止影响检测设备性能。驱动屏蔽的原理如图 6-24 所示。

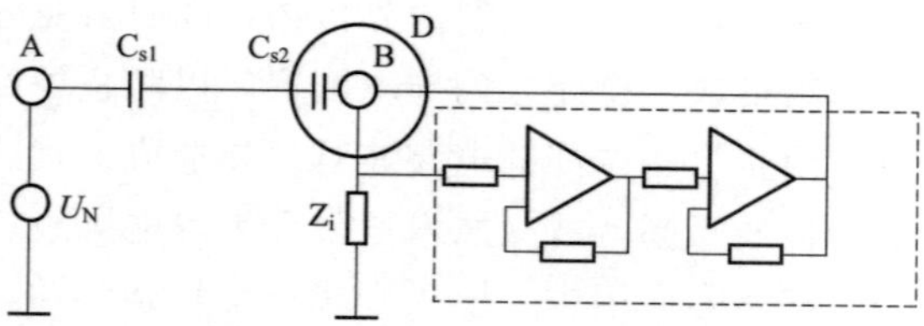

图 6-24　驱动屏蔽的原理

驱动屏蔽的效果通常与接地密切相关，接地应尽可能靠近干扰源，以提高屏蔽效果，降低电磁干扰的影响。

6.4.3　隔离技术

隔离技术是在信号传输路径中加入隔离元件，从而切断信号源和接收端之间的电气连接，进而达到抑制干扰的目的。该技术不仅能高效切断噪声干扰，还可保护弱电部分免受大电流冲击，进而减少信号噪声和抖动等问题出现的概率。常用的电气隔离方法有光电隔离、变压器隔离和继电器隔离等。

(1) 光电隔离

光电隔离是根据光学原理通过光学器件进行信号传递的隔离方法。光电耦合器是一种高效的电气隔离元件。由于光电耦合器输入和输出是借助光作为媒介进行耦合，因此其输入与输出具有绝缘特性。当光电耦合器中的光电三极管中有驱动电流时，光电三极管会因受光照射而进入饱和状态，其发射极输出高电平，即输入端和输出端即使存在共模噪声，也不会影响输出端信号，从而达到抑制共模干扰的目的。因此，光电耦合器还可以作为提高系统抗共模干扰能力的关键元件。图 6-25 所示为由光电耦合器组成的输入-输出线路。

在设计光电隔离电路时，应选择合适的光电耦合器以满足特定的隔离需求，例如要考虑光电耦合器的传输速率、功耗和温度范围等因素。

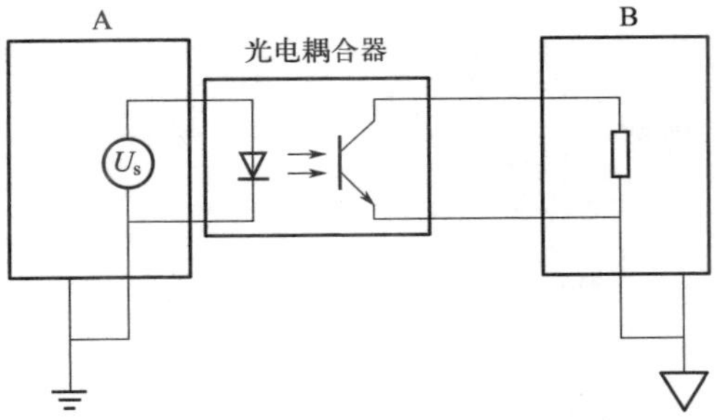

图 6-25　光电耦合器组成的输入-输出线路

(2) 变压器隔离

变压器隔离是使用变压器实现电气隔离的一种技术。变压器利用电磁感应原理将输入电压转换为输出电压，变压器的初级线圈和次级线圈之间没有直接的电气连接，而是通过磁场耦合进行能量传递，因此，变压器的电气隔离特性使其在抑制电磁干扰和射频干扰方面具有重要作用。在交流信号传输过程中，一般采用变压器隔离可有效阻断交流信号中的直流信号，从而实现隔离直流干扰的作用，而且，隔离变压器选用的磁芯材料对低频噪声也有抑制作用。如图 6-26 所示。

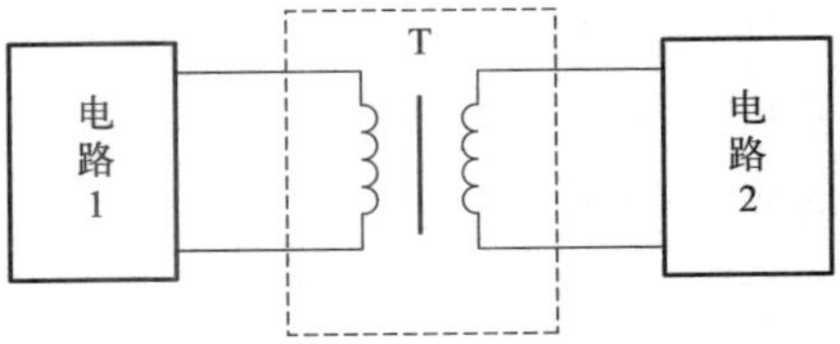

图 6-26　变压器隔离原理

在设计变压器隔离时，应考虑功率需求、工作频率、绝缘等级、频率特性等因素选择合适的变压器。

(3) 继电器隔离

继电器隔离是借助继电器的电气隔离特性，实现输入信号与输出信号相隔离的技术。继电器主要由线圈、触点以及弹簧等部件构成。当线圈通电时，继电器在磁场作用下驱动动触点与静触点实现电路的导通或断开。因此，由于继电器线圈和触点仅存在机械接触，并不存在直接的电气连接，从而可实现强电和弱电隔离。

图 6-27 所示是使用单片机弱电来控制强电并实现隔离的应用电路。该电路通过单片机控制大电流器件，实现控制端和大电流功率端的隔离。继电器导通的线圈就是一个电磁铁，它对触点的活动部分具有吸合力，可使触点吸合或者断开。图 6-27 中单片机的 I/O 口无法直接驱动功率较大的继电器，这里采用三极

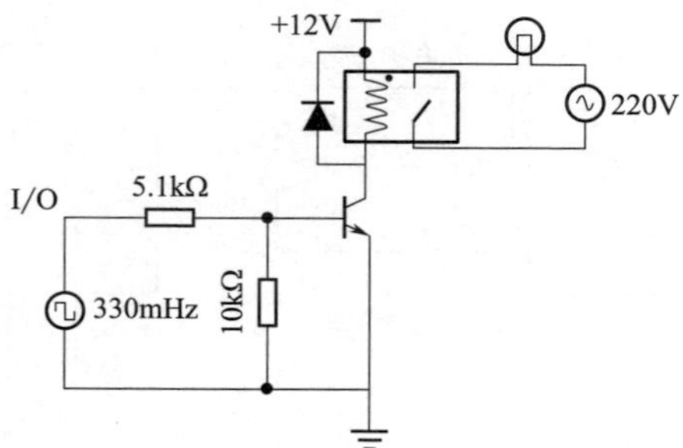

图 6-27　继电器隔离

管将单片机 I/O 口信号进行放大，从而完成对继电器的控制。当 I/O 口输出低电平时，三极管基极电压为零且断开，三极管处于截止状态，继电器线圈无电流通过，继电器触点处于断开状态，则电气设备关闭。当 I/O 口输出高电平时，三极管基极电压为正，三极管饱和导通，继电器线圈有电流通过，继电器触点处于吸合状态，则电气设备开启。通过上述对继电器的控制，实现了强电和弱电隔离。

6.4.4　滤波技术

滤波技术在电磁干扰抑制、噪声去除和信号清晰化方面具有显著效果。该技术通过对信号进行频域分析，从而提取目标信号并去除无用信号。常见的滤波器有低通滤波器、高通滤波器、带通滤波器和带阻滤波器等，通过滤波器调整信号频谱，从而实现对噪声和干扰信号的抑制。

低通滤波器是根据信号频率进行筛选，允许低于特定截止频率的低频信号通过，而抑制高于该截止频率的信号，常用于去除高频噪声和电源噪声。高通滤波器与低通滤波器恰恰相反，高通滤波器允许高频信号通过，而抑制低频信号，常用于去除低频噪声或直流成分。带通滤波器结合了低通滤波器和高通滤波器特性，只允许特定频率范围的信号通过，而抑制特定频率范围以外的信号。带通滤波器常用于无线通信、信号调制等。带阻滤波器是只衰减某个频段的信号，允许其他频段的信号通过，通常用于抑制电源噪声和干扰频率等。

6.5　软件干扰抑制技术

软件干扰抑制技术是基于信号分析技术识别干扰源，并对信号参数进行调整，从而减弱甚至消除信号干扰的一种技术。常见的软件干扰抑制技术有数字滤波技术、冗余技术、软件陷阱技术和软件狗技术等。

6.5.1　数字滤波技术

数字滤波借助算法对数字信号进行处理，目的是消除噪声，或增强信号中的特定频率成分。从本质上来说，数字滤波是一种程序化滤波。常见的数字滤波技术有低通滤波器、高通滤波器、带通滤波器以及自适应滤波器。数字滤波广泛应用于图像处理、医学诊断等领域。

（1）数字滤波优势

与模拟滤波器相比，数字滤波器在灵活性、精度、抗干扰性、稳定性及可调性等方面具有显著优势。

① 数字滤波器通过程序可精确实现设计，灵活调整参数，方便改变滤波特性。

② 数字滤波器基于强大的处理器，具有高精度的数字处理能力，而且不受外部环境干扰影响，具有精度高、抗干扰性强的特点。

③ 数字滤波器基于数字信号处理技术，能够稳定运行，不会引入噪声和非线性失真。

④ 数字滤波器可与其他数字信号处理系统集成，方便进行修改和算法升级等。

（2）数字滤波方法

数字滤波信号处理方法有算术平均滤波法、中值滤波法、限幅滤波法和滑动平均滤波法等。

1）算术平均滤波法

算术平均滤波法是一种易于实现且有效的线性滤波方法。算术平均滤波法对信号邻域样本取平均值以平滑信号。其基本思想是将信号的每个样本值替换为其邻域内的算术平均值，从而去除信号中的高频噪声，有效平滑信号。算术平均滤波法本质上是一种低通滤波器，因此不适用于偶尔出现脉冲干扰信号和采样个数多的测量检测。

通常，依据数据处理的平滑度和灵敏度要求，确定算术平均滤波采样次数 n。n 值越大，越容易平滑掉信号噪声成分，使信号变化更加平滑。但是，平滑处理会削弱高频信号细节，导致信号灵敏度降低。因此，为满足滤波要求，n 的选取应结合实际需求来确定。

算术平均滤波法表达式为：

$$\overline{X}=\frac{1}{n}\sum_{i=1}^{n}x(i) \tag{6-8}$$

式中，$x_i(i=1,\cdots,n)$ 为一个采样周期内不同时间点的取样值；$\overline{X}$ 为 n 个采样值的平均值。在实际应用中，常采用加权平均值法来提高新采样值在平均值中的权重。

加权平均值法公式：

$$X=\sum_{i=1}^{n}C_i x(i) \tag{6-9}$$

式中，C_i 为加权系数，应满足两个条件：

① $\sum_{i=1}^{n}C_i=1$；

② $C_n>C_{n-1}>\cdots>C_1$。

上述算术平均滤波法，由于采样数量 n 的限制，使得检测时间较长，因此，只能用在对检测时间要求不高的场合。

算术平均滤波法的 MATLAB 程序示例如下。

```
% 示例信号
fs=100;                                              % 采样频率
t=0:1/fs:1;                                          % 时间向量
signal=sin(2*pi*5*t) + 0.5*randn(size(t));          % 噪声正弦信号
%定义窗口大小
N=5;                                                 % 窗口大小
M=length(signal);                                    % 信号长度
filtered_signal=zeros(size(signal));                 % 初始化滤波后的信号
%应用算术平均滤波
for n=1:M
    if n< N
        filtered_signal(n)=mean(signal(1:n));        % 前 N 个点的平均值
    else
        filtered_signal(n)=mean(signal(n-N+1:n));    % 当前点及前 N 个点的平
                                                       均值
    end
end
%绘制结果
figure;
subplot(2,1,1);
plot(t,signal);
title('原始信号');
xlabel('时间 (秒)');
ylabel('幅度');
grid on;
subplot(2,1,2);
```

```
plot(t,filtered_signal,'r');
title('经过算术平均滤波后的信号');
xlabel('时间（秒）');
ylabel('幅度');
grid on;
```

输出结果如图 6-28 所示。

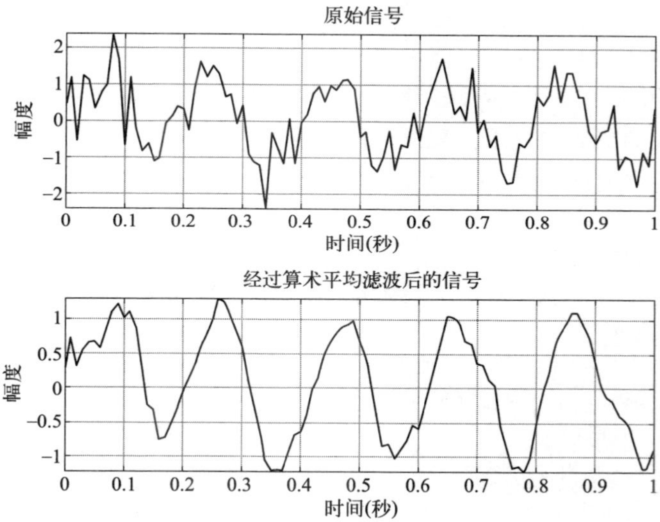

图 6-28　输出结果

2）中值滤波法

中值滤波法通过获取信号邻域样本的中位数来平滑信号。中值滤波法的优势在于能够有效克服偶尔出现的脉冲引起的波动干扰，可有效滤除偶然的异常值。其缺点是存在算法速度较慢的问题，对于快速变化的信号不适合使用该方法。

中值滤波法原理是在采样间隔内将 n 次采样值按大小排序，取中位数作为该次采样结果。其中，n 太小，可能无法有效去除干扰，n 太大，会导致处理延迟增加，而且可能会过度平滑数据，丢失重要的信号特征，尤其是边缘信息。

3）限幅滤波法

限幅滤波法是将信号幅值限定在一定范围内，并剔除超出该范围信号的一种滤波方法。由于限幅滤波法允许设定范围内的信号输入，阻止超出部分的信号输入，因此，该方法可去除高频和突发干扰信号，同时保留原始信号特征，具有显著的滤波效果。限幅滤波法常采用限幅和限速方式来提高信号质量。

① 限幅是针对较大的随机干扰，采用上下限限制，将采样数据控制在预定

范围内，以避免其偏离实际值过大，限幅滤波如下。

X_H 为上限值，X_L 为下限值，$X(n)$ 是第 n 次采样值，则：

$X(n) \geqslant X_H$ 时，取 $X(n)=X_H$；

$X(n) \leqslant X_L$ 时，取 $X(n)=X_L$；

$X_L < X(n) < X_H$ 时，取 $X(n)$。

② 限速又称限制变化率。

当 $|X(n)-X(n-1)| \leqslant \Delta x$ 时，取 $X(n)$；

当 $|X(n)-X(n-1)| > \Delta x$ 时，取 $X(n)=X(n-1)$。

其中 Δx 表示相邻采样点的最大变化量。Δx 和被测参数 x 的正常变化率、采样周期 T 相关。因此，应根据实际情况合理确定 Δx、X_H 及 X_L，否则，不仅无法实现预期的滤波效果，反而可能影响控制质量。

实现限幅滤波法的 MATLAB 程序示例如下。

```
%生成示例信号
fs=100;                                    %采样频率
t=0:1/fs:1;                                % 时间向量
signal=sin(2*pi*5*t) + 0.5*randn(size(t));  %5Hz 正弦信号加上噪声
%设置限幅阈值
threshold=0.5;                             % 限幅阈值
%应用限幅滤波
clippedSignal=signal;
clippedSignal(clippedSignal> threshold)=threshold;  % 削减超过阈值的部分
clippedSignal(clippedSignal< -threshold)=-threshold;  % 削减低于阈值的部分
%绘制结果
figure;
subplot(2,1,1);
plot(t,signal);
title('原始信号');
xlabel('时间 (秒)');
ylabel('幅度');
subplot(2,1,2);
plot(t,clippedSignal,'r');
title('限幅后的信号');
xlabel('时间 (秒)');
ylabel('幅度');
```

输出结果如图 6-29 所示。

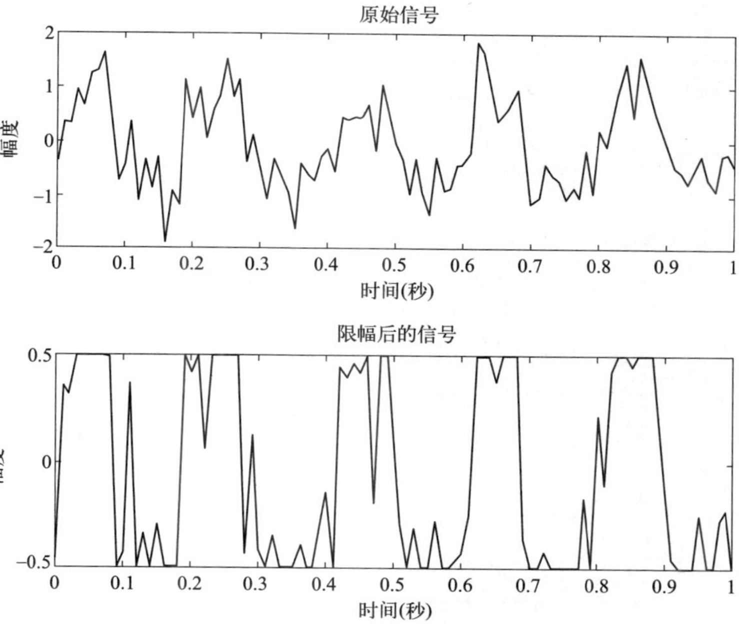

图 6-29　输出结果

4）滑动平均滤波法

滑动平均滤波法是通过计算一定数量连续数据点的平均值来平滑信号，是一种简单高效的数字信号处理方法。滑动平均滤波法可用来去除噪声和平滑信号。

滑动平均滤波法具有实时性好、去噪效果好等优点，同时对异常值不敏感。但是，该方法有一定的局限性，尤其对突变的信号响应迟缓，容易抑制瞬时信号的变化。而且，滑动平均滤波法由于引入信号延迟，在进行平滑处理过程中会丢失重要信息和细节，因此，在信号中存在一些非常强的噪声干扰或存在大量的异常值等特殊情况下，该方法可能难以达到理想效果。

实现滑动平均滤波法的 MATLAB 程序示例如下。

```
%生成示例信号
fs=100;                                      % 采样频率
t=0:1/fs:1;                                  % 时间向量
signal=sin(2*pi*5*t) + 0.5*randn(size(t));   % 5Hz 正弦信号加上噪声
%设置滑动平均窗口长度
N=5;                                         % 窗口长度
%应用滑动平均滤波
filteredSignal=filter(ones(1,N)/N,1,signal);
```

```
%绘制结果
figure;
subplot(2,1,1);
plot(t,signal);
title('原始信号');
xlabel('时间 (秒)');
ylabel('幅度');
subplot(2,1,2);
plot(t,filteredSignal,'r');
title('滑动平均滤波后的信号');
xlabel('时间 (秒)');
ylabel('幅度');
```

输出结果如图 6-30 所示。

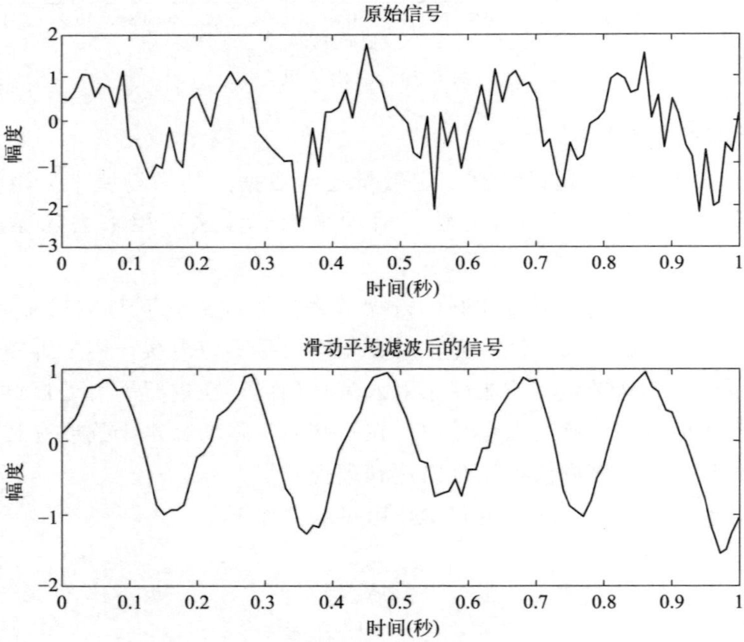

图 6-30　输出结果

6.5.2　冗余技术

冗余技术是指通过在软件程序中增加关键代码，并在程序中多次执行，以确保主程序执行指令失败时，能够通过冗余路径，使程序继续运行的一种技术。运用冗余技术可显著降低因系统故障引发的数据丢失或服务中断风险。通过冗余机制，软件系统可快速检测故障并触发容错切换，从而确保软件系统可靠运行。常见的冗余技术有指令冗余和校验码冗余。

指令冗余是指在程序中重复执行关键指令或代码块，以确保在出现错误时可通过再次执行程序或指令来保证操作顺利完成。例如，在测量系统受到干扰时，常导致 CPU 工作时序异常，进而引发程序“跑飞”或死循环而造成程序无法正常运行。为解决此类问题，可运用指令冗余技术，具体做法是在程序中插入 NOP 指令，或对有效指令的操作数进行修改。通常在 ACALL、LCALL、LJMP、JZ、JC 等关键控制指令前，插入两到三条 NOP 指令，以确保发生程序“跑飞”时，后续程序能够正常运行。例如，下面是一个指令重写的指令冗余程序。

```
START:
    MOV  A,#01;
    ADD  A,#02;
    ;在关键操作前插入 NOP 指令
    NOP;
    NOP;
    ;执行关键操作
    LJMP  CONTINU;
CONTINU:
    MOV  B,#01;
    NOP;
    NOP;
    ;进行操作
    NOP;
```

上面的程序通过在关键操作或重复操作前后添加两次 NOP 指令，利用 NOP 指令延时保持时间间隔，从而增强程序的稳定性。

6.5.3 软件陷阱技术

软件陷阱是用于控制程序的执行和调试的一种计算机系统机制。为有效防止程序因干扰“跑飞”后导致系统死机这类干扰故障，常采用软件陷阱技术，使程序在“跑飞”或死循环后能够迅速复位并退出死循环状态。

软件陷阱实际上是一种中断或异常机制。在程序运行过程中通过陷阱指令触发陷阱，使程序转向异常处理机制并接管程序，从而转向特定的处理程序。常用的陷阱类型有中断指令、系统调用陷阱、软件中断和设置断点等。

以 8051 单片机为例，通过触发外部中断 INT0 进入异常处理程序。

```
ORG 0000H                    ; 程序起始地址
;初始化部分
START:
  MOV IE,# 10000001B         ; 启用全局中断和外部中断 0 (INT0)
  ..................         ; 触发中断
  SJMP MAIN_LOOP             ; 跳转到主程序循环
  MAIN_LOOP:
  NOP                        ; 空操作,占位
  NOP                        ; 空操作,占位
  NOP                        ; 空操作,占位
  ORG 0010H INT0_ISR:        ; 外部中断 0 触发时进入此中断服务程序
  ..................         ; 陷阱处理程序
  RETI                       ; 中断服务程序结束,返回
```

上面的程序通过软件触发中断实现软件陷阱功能。首先通过 MOV IE,# 10000001B 启动全局中断并开启外部中断 INT0，当有中断触发 INT0 时，单片机调转到中断服务程序 ORG 0010H INT0_ISR。在中断服务程序中执行完陷阱处理程序后，结束中断并返回执行主程序。

6.5.4 软件狗技术

软件狗技术是连续监视程序运行状态的技术。其基本思想是在程序出现死循环或“跑飞”等异常状况时，能够自动将程序强制复位，或者让程序跳转到程序入口地址，使程序重新工作。软件狗技术常用于嵌入式系统和实时监控系统。

软件狗常采用定时器对程序运行状态进行监控。在程序启动时，软件狗开启设置有固定时间间隔的定时器，并在程序运行过程中定时执行“喂狗”操作。如果在设定的时间间隔内，定时“喂狗”操作未能执行而超时，软件狗机制将触发系统复位，使程序跳转到入口地址重新启动执行。

例如，使用 T0 作为软件狗监控程序，WATCHDOG 初始化程序如下。假设 T0 为工作模式 1，定时周期 16ms，时钟频率 6MHz。定时器初始值如下：

$$
\begin{aligned}
\text{T0 初值} &= 65536-(6\times16\times1000)/12 \\
&= 57536
\end{aligned}
$$

初始化程序如下：

```
MOV   TMOD,#01H                ; T0 为 16 位定时器
SETB   ET0                     ; 允许 T0 中断
SETB   PT0                     ; 设置 T0 为高级中断
MOV   TL0,#C0H                 ; 定时 16ms
MOV   TH0,#E0H                 ;
SETB TR0                       ; 启动 T0
SETB EA                        ; 开中断
```

软件狗启动后，系统工作程序必须定期喂狗，每次喂狗的时间间隔不能超过16ms。超过 16ms 未喂狗将导致 T0 溢出，从而触发高优先级中断，退出死循环。

本章小结

检测仪器常会遇到各种干扰，影响了测量精度，降低了检测仪器性能。本章首先从影响检测仪器的外部干扰、内部干扰和信号传输干扰来源进行讲述。其次介绍了干扰传播途径，分别讲述了静电耦合、磁场耦合、公共阻抗耦合及漏电流耦合等四种耦合方式。然后介绍了差模干扰、共模干扰等干扰形式的基础知识。再次详细讲述了硬件抑制干扰技术，包括接地技术、屏蔽技术、隔离技术、滤波技术、电磁抗干扰技术，以及电路抗干扰设计。最后介绍了多种软件干扰抑制技术。

思考题

1. 简述传感器检测系统的干扰来源。
2. 简述传感器检测系统形成干扰的条件和干扰耦合的几种方式。
3. 什么是共模干扰和差模干扰？如何抑制？
4. 简述传感器的干扰形式及特点。
5. 简述传感器的硬件电路抗干扰技术有哪些。
6. 简述电源抗干扰技术。
7. 检测设备一般有哪几种接地方式？请画出串联一点接地和并联一点接地示意图。
8. 屏蔽有几种形式？各自作用是什么？
9. 简述隔离方法有哪些，其各自作用是什么。

10. 电磁干扰来源有哪些？给出电磁干扰传播途径以及应采取的措施。

11. 软件干扰抑制技术有哪些？

12. 如图所示，其中 r_1、r_2、r_3 为接地电阻，该信号接地方式的缺点是什么？如何改进？

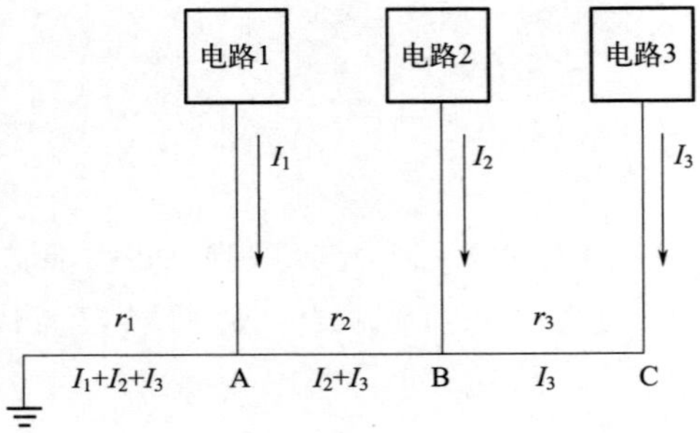

第7章

智能检测方法

智能检测方法是应用人工智能，结合数据和算法模型，通过训练和学习实现自动检测、分析和判断被检测对象的方法。由于控制系统复杂程度的提高和应用环境的不确定性，传统检测方法已不能满足现代检测的需求，而智能检测方法正在不断地创新和发展，并实现了在检测系统中的广泛应用。本章主要介绍了智能检测常用的数据分析算法：神经网络和支持向量机。

7.1 神经网络算法

神经网络通过机器系统模拟人类大脑的工作原理，使检测系统具有思考、推理、决策的能力，是目前检测系统的重要分析手段，是实现检测系统准确处理信息和提高检测效率的有效工具。

针对神经网络在智能检测领域的应用，相关团队开展了深入研究。在智能检测系统中，传感器的输出特性受到目标变量、环境变量和参数变量相互耦合作用的影响，这使得传感器的输出大都表现为非线性特性，从而影响了系统的测量精度。神经网络的并行运算能力比传统数字信号处理方法更高效，尤其在处理数据量大和计算复杂度高的任务时，神经网络通过并行运算能够更好地实现最优信号处理算法。神经网络的非线性处理能力，可实现对复杂非线性特性的传感器进行高精度拟合，从而提高传感器检测精度。典型的神经网络数学模型有误差反向传播神经网络（BP）、径向基函数（RBF）和 Hopfield 神经网络等。本章主要介绍目前工程科学领域应用广泛的 BP 神经网络算法及其在检测系统中的应用。

7.1.1 神经网络基础

神经网络是一种主流的数据融合算法，目的是消除非目标参量的影响。该方法在建模时需要检测这些非目标参量，进行多变量标定实验以获得学习样本，其非线性映射能力可满足传感器非线性输出的特性要求。

神经网络通过并行处理和分布式存储，可高效地进行信息加工、处理、存储和搜索，其自组织、自学习和自适应能力使其能够进行复杂的任务处理和优化。神经网络研究内容包括理论、模型、实现和应用等各方面，其特点如下。

① 神经网络具有分布式存储信息的特点。

② 神经网络具备并行处理信息与推理的能力。

③ 神经网络通过层次化结构对信息进行加工处理，具有自学习、自组织的特点。

作为神经网络的基本单元，人工神经元通过模拟生物神经元的工作机制进行信息处理。

人工神经元接收来自其他神经元的信号，并根据这些输入信号加权求和，结果通过激活函数进行处理，从而决定神经元是否激活和输出。人工神经元处理信息的过程包括两个方面。

① 聚合过程　神经元接收前一层神经元的信息流，并将信息进行加权求和的过程称为聚合过程。

② 活化过程　对聚合后的信息进行处理的过程称为活化过程。该过程通过线性、半线性、非线性激活函数对聚合结果进行处理。

7.1.1.1　人工神经元一般模型

人工神经元一般模型如图 7-1 所示。

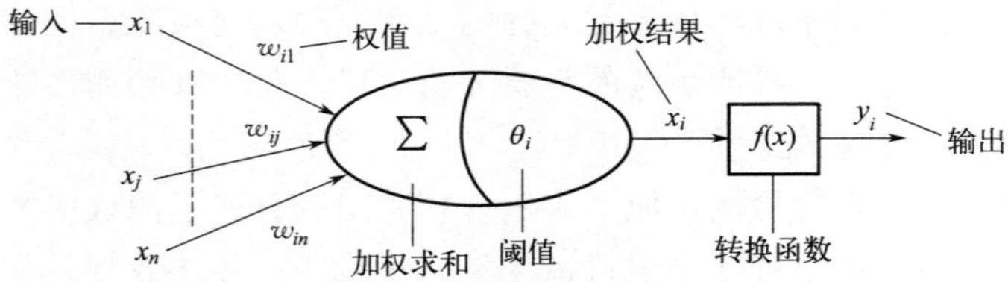

图 7-1　人工神经元一般模型

从图 7-1 可知，人工神经元是一个多变量输入、单变量输出的非线性信息处理单元，其中，第 i 个神经元收到的输入信息为 $x_1, x_2, \cdots, x_n$；ω_i 为连接权重，ω_i 为正表示兴奋，ω_i 为负表示抑制；θ_i 是激活神经元的阈值电平，即 $\sum_{j=1}^{n}\omega_{ij}x_j$ 大于阈值时，激活神经元并发送脉冲出去。

因此，第 i 个神经元的输入输出关系为

$$y_i = f(\text{net}_i) = f\left(\sum_{j=1}^{n}\omega_{ij}x_j + \theta_i\right) \tag{7-1}$$

该数学表达式描述了一个神经元从接收输入信息到输出响应的信息处理过程，从数学的角度可分为三个步骤。

① 加权　每个输入信号与其相应的权重相乘进行加权计算。

② 求和　对加权后的信号组合进行求和计算。

③ 映射　通过转换函数 $f(\cdot)$ 计算输出结果。

7.1.1.2　转换函数

转换函数 $f(\cdot)$ 在神经网络中用于模拟生物神经元的非线性转移特性。这种非线性转移特性表现为神经元接收其他神经元信号，通过加权求和整合输入信号，再经转换函数进行非线性变换后输出。转换函数的非线性使得神经网络具有更强的泛化能力和表达能力（若使用线性函数，多层网络会退化为线性模型，通常仅用于简单场景）。常用的转换函数主要有线性函数、Sigmoid 函数（S 型函数）、双曲正切 S 型函数、阶跃函数、符号函数、对称饱和线性分段函数等，如图 7-2 所示。

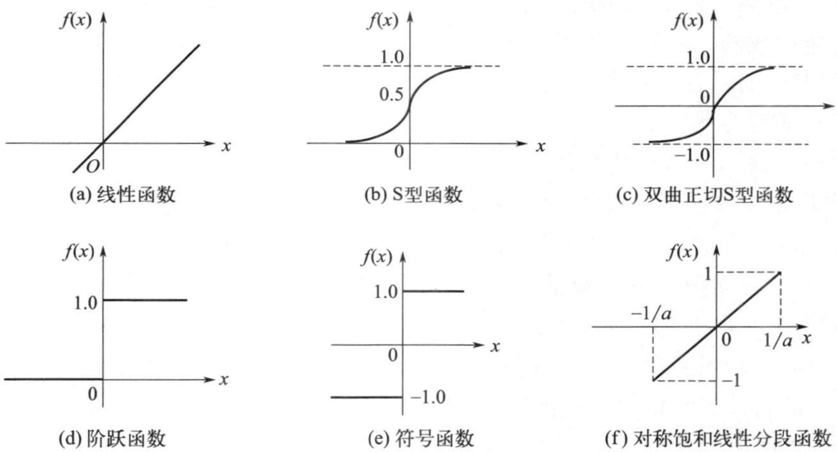

图 7-2　常用的转换函数图

(1) 线性函数［图 7-2(a)］

$$f(x)=x \tag{7-2}$$

(2) Sigmoid 函数（S 型函数）［图 7-2(b)］

$$f(x)=\frac{1}{1+e^{-\beta x}} \qquad \beta>0 \tag{7-3}$$

(3) 双曲正切 S 型函数［图 7-2(c)］

$$f(x)=\frac{1-e^{-\beta x}}{1+e^{-\beta x}} \qquad \beta>0 \tag{7-4}$$

(4) 阶跃函数［图 7-2(d)］

$$f(x)=\begin{cases}1 & x\geqslant 0\\ 0 & x<0\end{cases} \tag{7-5}$$

(5) 符号函数［图 7-2(e)］

$$f(x)=\begin{cases}1 & x\geqslant 0\\ -1 & x<0\end{cases} \tag{7-6}$$

(6) 对称饱和线性分段函数［图 7-2(f)］

$$f(x)=\begin{cases}-1 & x\leqslant -\dfrac{1}{a}\\ ax & -\dfrac{1}{a}<x\leqslant\dfrac{1}{a}\quad (a>0)\\ 1 & \dfrac{1}{a}<x\end{cases} \tag{7-7}$$

7.1.1.3 工作方式

神经网络的工作方式由学习期和工作期组成。

① 学习期　神经网络结构不变，阈值通过某些学习方法进行调整修改。神经网络应用成功的关键在于通过学习训练求得合适的权重和阈值。

② 工作期　各连接权和阈值不变，根据网络规则计算系统的状态输出。

(1) 学习方式

神经网络学习过程的核心是：通过与环境（如训练数据集）交互，获取输入-输出样本对，再通过学习算法和优化机制调整网络参数（权重、阈值），以改进对任务的拟合能力。根据获取信息的方式不同，神经网络有三种学习方式。

① 有导师学习　有导师学习是指导师（教师）模型将知识传递给学习系统（学生模型），学习系统（学生模型）利用获取的知识来解决给定任务的学习方式。有导师学习过程是一种导师监督学习训练过程，该过程首先要提供大量的训练数据，并将训练数据加载到神经网络的输入端，通过逐层计算得出预测输出，预测输出与期望输出相比较，计算出误差，将该误差从输出层反向传递到输入层，逐层计算神经元的梯度来更新神经网络的权值，以此进行多个训练周期的训练，直到误差在允许范围内，导师监督学习训练过程停止。有导师学习如图 7-3 所示。

② 无导师学习　无导师学习是在没有监督信号的情况下自动从数据中学习，是一种完全自组织学习过程。如图 7-4 所示，自组织学习通过网络内部的自我调整机制优化参数，评价准则和优化目标隐含在网络结构中。

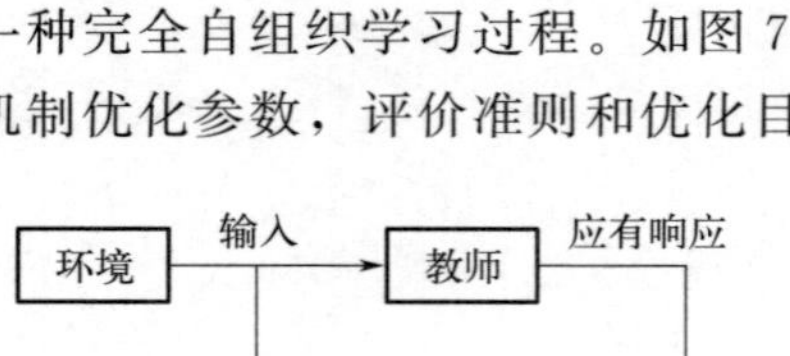

图 7-3　有导师学习

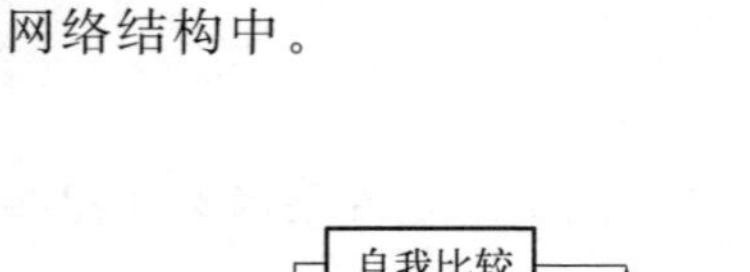

图 7-4　无导师学习

③ 强化学习　强化学习是通过与外部环境交互，并根据环境对动作的反馈（如奖励信号）来学习如何选择最优行为策略的方法。环境对学习系统动作的反馈表现为奖励或惩罚。如图 7-5 所示，强化学习通过强化奖励和惩罚的动作反馈来改进自身性能。

(2) 学习规则

神经网络学习规则是指在神经网络训练过程中用于不断调整神经元权值 ω_i 的规则。权值的调整方法有多种，产生的学习规则也多种多样。其中一种学习规则如图 7-6 所示，神经网络节点 i 输入用 $x_i(i=1,\cdots,n)$表示，x_i 来自外部神经元的输出。第 i 个节点与第 j 个节点的连接权值为 ω_{ij}。

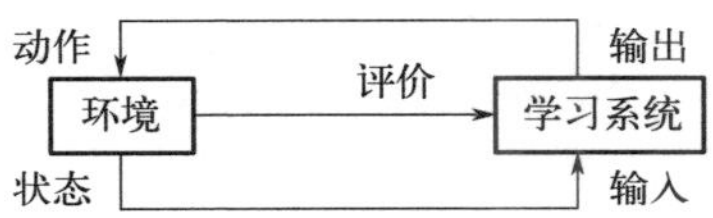

图 7-5　强化学习

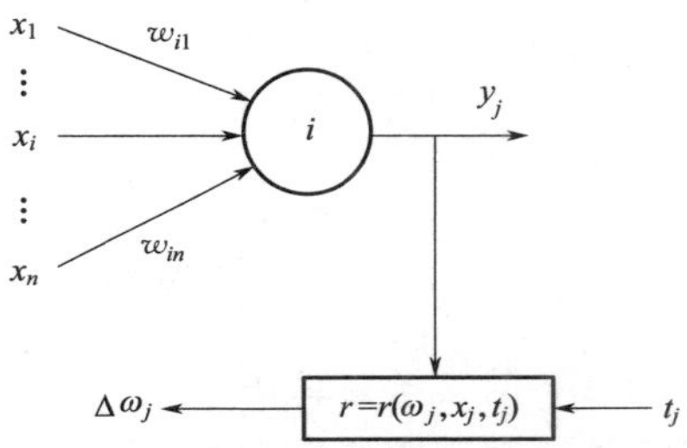

图 7-6　神经网络模型

学习信号 r 定义为：

$$r=r(\omega_j,x_j,t_j) \tag{7-8}$$

$$\Delta\omega_j=\eta r(\omega_j,x_j,t_j)x \tag{7-9}$$

式中　t_j——教师信号；

$\Delta\omega_j$——第 j 个神经元的权值的增量；

η——学习效率。

第 j 个神经元的节点在下一迭代过程中对应的权值可表示为

$$\omega_j(t+1)=\omega_j(t)+\Delta\omega_j(t) \tag{7-10}$$

7.1.2　BP 神经网络

BP 神经网络是一种多层前馈神经网络算法，它通过反向传播算法对网络每一层的权重进行调整，从而优化网络的预测能力。

BP 神经网络的主要应用：

① 函数逼近：用于非线性系统建模、机器人轨迹控制、测量等。

② 模式识别与分类：图像识别、视觉检测等。

③ 数据压缩：编码压缩和恢复、图像数据压缩。

(1) 多层前馈网络结构

图 7-7 所示的是三层前馈网络结构，该网络结构由多变量输入层、多个节点隐含层和单变量输出层构成，神经元用节点表示，$\boldsymbol{X}$ 表示网络的输入向量，$\boldsymbol{Y}$ 表示网络的输出向量。输入层有 n 个神经元，隐含层有 l 个神经元，隐含层为一层或多层，隐含层将输入层的输入信息汇总传给输出层，输出层有 m 个神经元。输入层中各神经元的转换函数一般都选用比例系数为 1 的线性函数。

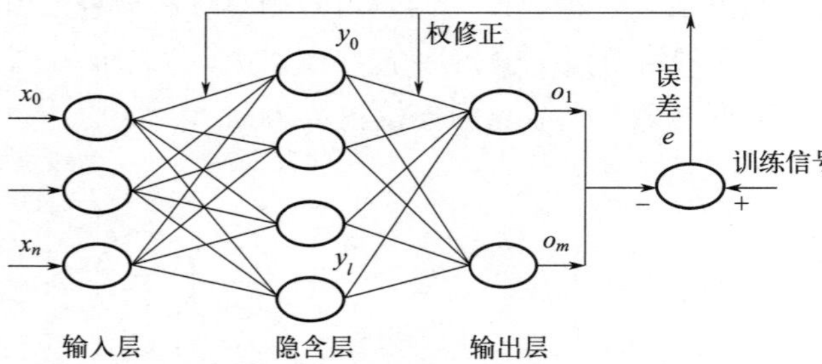

图 7-7　BP 神经网络结构图

(2) BP 网络学习算法

BP 算法（反向传播算法）是一种有监督式学习算法，其训练过程包括了前向传播、计算误差、反向传播、权值和偏差的调整以及迭代训练等步骤。在前向传播阶段，输入的训练样本通过神经网络，计算每一层神经元加权和，经过转换函数产生神经元的输出值。在误差反向传播阶段，通过比较网络输出层的预测结果与期望值的差异来确定误差大小，为后续的权值调整提供依据。

输入训练样本后，通过前向传播计算网络输出，再利用反向传播算法计算误差对权值的梯度，逐层调整网络的权值和偏差。该过程重复多个训练周期，直到网络输出的误差平方和达到预设的收敛阈值时结束训练，最终保存权值和偏差等网络参数。BP 算法的基本思想是通过梯度下降法不断调整神经网络权重，以最小化期望输出和实际输出的误差。BP 算法学习训练过程由前向信号传播和反向误差传播构成。

如图 7-7 所示：

输入层输入向量：$\boldsymbol{X}=[x_1,x_2,\cdots,x_n]^{\mathrm{T}}$，$x_0=-1$ 是为隐含层神经元引入阈值而设置的；

隐含层输出向量：$\boldsymbol{Y}=[y_1,y_2,\cdots,y_l]^{\mathrm{T}}$，$y_0=-1$ 是为输出层神经元引入阈值而设置的；

输出层输出向量：$\boldsymbol{O}=[o_1,o_2,\cdots,o_m]^{\mathrm{T}}$；

期望输出向量：$\boldsymbol{T}=[t_1,t_2,\cdots,t_m]^{\mathrm{T}}$；

输出层至隐含层的权值矩阵 $\boldsymbol{V}=[v_1,v_2,\cdots,v_m]$；

隐含层至输入层的权值矩阵 $\boldsymbol{W}=[w_1,w_2,\cdots,w_l]$。

① 正向信号传输计算。

隐含层：

$$y_j=f(\mathrm{net}_j)\qquad \mathrm{net}_j=\sum_{i=0}^{n}w_{ij}x_i \tag{7-11}$$

输出层：

$$o_k=f(\mathrm{net}_k)\qquad \mathrm{net}_k=\sum_{j=0}^{l}v_{jk}y_j \tag{7-12}$$

输出误差函数：

$$E=\frac{1}{2}\sum_{k=1}^{m}(t_k-o_k)^2 \tag{7-13}$$

将误差函数展开至隐含层

$$E=\frac{1}{2}\sum_{k=1}^{m}[t_k-f(\mathrm{net}_k)]^2=\frac{1}{2}\sum_{k=1}^{m}\left[t_k-f\left(\sum_{j=0}^{l}v_{jk}y_j\right)\right]^2 \tag{7-14}$$

进一步展开至输入层

$$E=\frac{1}{2}\sum_{k=1}^{m}\left\{t_k-f\left[\sum_{j=0}^{l}v_{jk}f\left(\sum_{i=0}^{n}w_{ij}x_i\right)\right]\right\}^2 \tag{7-15}$$

从式(7-15) 可以看出，含有各层权值和阈值的误差函数 E 通过梯度下降法来调整网络各层的权值和阈值，从而不断地减少误差，直到满足要求时停止。

② 反向传播计算。

修改各层的权值和阈值，输出层权值调整量：

$$\Delta v_{jk}=-\eta\frac{\partial E}{\partial v_{jk}}=\eta\delta_k^0 y_j\quad j=0,1,2,\cdots,l;k=1,2,\cdots,m \tag{7-16}$$

式中，η 为学习率（0～1），δ_k^0 为输出层的误差信号

$$\delta_k^0=-\frac{\partial E}{\partial \mathrm{net}_k}=-\frac{\partial E}{\partial o_k}f'(\mathrm{net}_k) \tag{7-17}$$

隐含层的权值调整量为：

$$\Delta w_{ij}=-\eta\frac{\partial E}{\partial w_{ij}}=\eta\delta_j^y x_i \tag{7-18}$$

不难看出，BP 算法各层权值调整均取决于 3 个因素：学习率 η、误差信号 δ 和输入信息 $\boldsymbol{X}$。BP 神经网络算法步骤如下。

第一步：初始化。首先给出初始值，样本模式计数器 p 为 1，误差 E 为 0，学习率 η 在范围 0～1 内取值，q 为训练次数。

第二步：输入训练样本（$\boldsymbol{X},\boldsymbol{T}$）。

第三步：正向计算各层输出。

$$y_j=f(\mathrm{net}_j)\qquad j=1,2,\cdots,l \tag{7-19}$$

$$\mathrm{net}_j = \sum_{i=1}^{n} w_{ij} x_i \tag{7-20}$$

第四步：计算各网络输出误差。

$$\delta_k^0 = (t_k - o_k) o_k (1 - o_k) \tag{7-21}$$

$$\delta_j^y = \left(\sum_{k=1}^{m} \delta_k^0 v_{jk}\right) y_j (1 - y_j) \tag{7-22}$$

第五步：计算各层误差信号，调整各层权值。

$$v_{jk}(k+1) = v_{jk}(k) + \Delta v_{jk} \tag{7-23}$$

$$w_{ij}(k+1) = w_{ij}(k) + \Delta w_{ij} \tag{7-24}$$

第六步：检查所有样本是否完成一次训练，若样本模式计数器 p 小于样本对总数 P，则将样本模式计数器 p、训练次数 q 各增加 1，返回第二步继续。

第七步：检查网络误差是否满足精度要求。若满足则转至第八步，否则 E 置 0，p 置 1，返回第二步。

第八步：训练结束。

7.1.3 神经网络应用

为了提高传感器的稳定性，通常利用多传感器进行数据融合的方法来消除干扰因素对传感器输入/输出特性的影响，从而减小传感器的静态误差。以压力传感器受两个环境变量——工作温度 T 及电流波动 γ 影响为例，介绍基于神经网络算法的智能压力检测方法。

该例中，传感器模块包括压力传感器、温度传感器、电流传感器，基于神经网络理论对传感器进行数据融合分析。获取 3 种传感器数据建立训练样本，通过反复训练消除电流波动和温度变化对压力传感器的干扰，以提高压力传感器测量的准确性。

(1) 神经网络数据融合原理

如图 7-8 所示，智能压力传感器系统基于多传感器数据融合的网络结构，并采用神经网络算法。该系统主要由传感器模块和神经网络模块组成。

传感器模块中有 3 个传感器：压力传感器为主传感器，用来测量被测压力 p（目标参量），输出电压信号为 u；温度传感器和电流传感器为辅助传感器，主要用来监测非目标参量温度与电流，输出电压信号分别为 u_{T} 和 u_{i}。

(2) 神经网络

如图 7-8 所示，u、u_{T}、u_{i} 为神经网络模块的输入量，p' 为误差修正后压力传感器的输出，ω_{ij} 和 T_{ki} 分别为输入层和中间层、中间层和输出层间的权值，θ_j 为中间层节点阈值，θ_k 为输出层节点阈值。其中输出值 p' 具有以下两个特点。

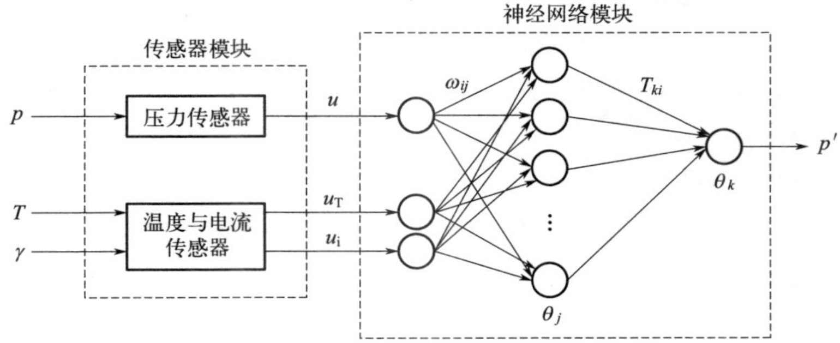

图 7-8　基于神经网络数据融合原理的压力传感器系统

① 为了消除温度和电流两个非目标参量的影响，p'定义为被测压力 p 的单值函数。

② 为了达到测量目标参量 p 的目的，在温度和电流波动的允许偏差内使 p' 逼近被测量 p，并用训练样本对神经网络进行训练。

根据图 7-8 结构，神经网络误差修正方法如下。

① 采集被测压力 p 和工作环境温度 T 以及电流波动 γ，并通过传感器将它们分别转换成 u、u_T、u_i。

② 对原始数据进行归一化处理，使其落在［0,1］之内，这些数据构成网络的训练样本。

③ 初始化网络，确定网络参数。

④ 训练网络，直至满足要求为止。

(3) 训练样本

在工作温度变化和电流波动条件下，对压力传感器的静态输入（p）-输出（u）特性进行标定。神经网络输入输出样本库见表 7-1。

表 7-1　神经网络输入输出样本库

样本序号	归一化输出值	T＝21.5℃ 归一化输出值			样本序号	归一化输出值	T＝21.5℃ 归一化输出值			样本序号	归一化输出值	T＝21.5℃ 归一化输出值		
m	$\overline{p}_m$	$\overline{u}$	$\overline{u}_T$	$\overline{u}_i$	m	$\overline{p}_m$	$\overline{u}$	$\overline{u}_T$	$\overline{u}_i$	m	$\overline{p}_m$	$\overline{u}$	$\overline{u}_T$	$\overline{u}_i$
1	0.05	0.000	1.000	0.03	7	0.05	0.000	1.000	−0.01	13	0.05	0.000	1.000	−0.03
2	0.23	0.252	0.795		8	0.23	0.190	0.815		14	0.23	0.141	0.835	
3	0.41	0.439	0.592		9	0.41	0.392	0.626		15	0.41	0.358	0.637	
4	0.59	0.626	0.378		10	0.59	0.595	0.415		16	0.59	0.572	0.451	
5	0.77	0.813	0.204		11	0.77	0.798	0.189		17	0.77	0.781	0.235	
6	0.95	1.000	0.000		12	0.95	1.000	0.000		18	0.95	1.000	0.000	

(4) 神经网络的训练及其结构的确定

如图 7-9 所示，多层感知前向神经网络由三层网络构成，分别为输入层、隐含层和输出层，且每一层节点个数不同，图 7-9 为 3-j-1 结构的多层感知前向神经网络，其中，输入层节点数为 3，隐含层节点数为 j，输出层节点数为 1。根据神经网络结构，相邻层神经元通过连接权值相连，其中，w_{ij} 为输入层与隐含层连接权值，w_{jk} 为隐含层与输出层连接权值。为保证均方差 e 最小，设 $y=p'$，样本数为 18，$\overline{p}_m$ 为样本平均值，则：

$$e=\frac{1}{18}\sum_{m=1}^{18}(p'-\overline{p}_m)^2\leqslant\varepsilon \tag{7-25}$$

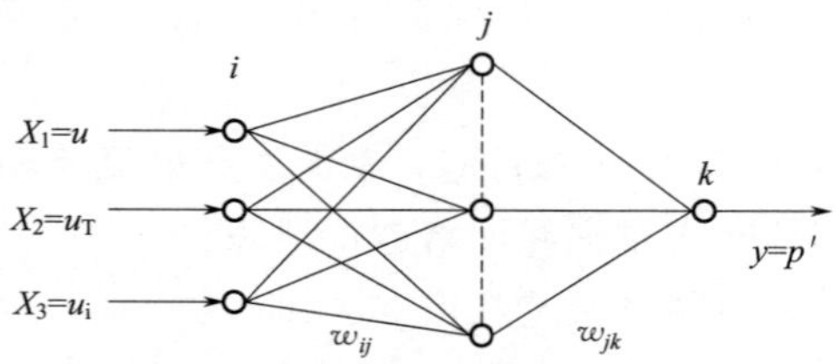

图 7-9　多层感知前向神经网络

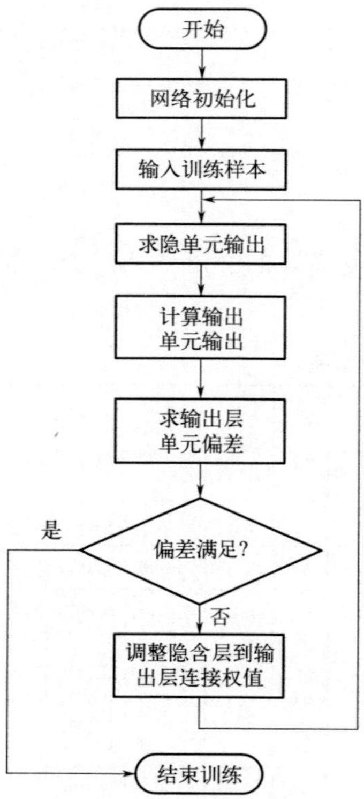

图 7-10　BP 网络训练过程及算法

(5) BP 网络训练过程及算法

BP 网络训练过程及算法如图 7-10 所示。

① 神经网络初始化　初始化参数包括隐含层节点数 l、连接权值 ω_{ij}、连接权值 ω_{jk}、阈值 θ_j、阈值 θ_k、步长 η 及势态因子 α 的初始值。

② 提供样本数据　取三维矢量 $\boldsymbol{X}=(X_1, X_2, X_3)$，例如，样本 $m=1$，则输入 $\boldsymbol{X}=(0.05, 0.00, 1.00)$。

③ 计算隐含层节点 S_j 输出 $f(S_j)$　$f(S_j)$ 采用 S 型函数，$f(S_j)$ 计算公式为：

$$f(S_j)=\frac{1}{1+\mathrm{e}^{-S_j}}, S_j=\sum_{i=1}^{3}x_i\omega_{ij}-\theta_j \tag{7-26}$$

④ 计算节点 S_k 的输出值 $f(S_k)$　$f(S_k)$ 采用 S 型函数，且输出 $y=p'$，$f(S_k)$ 计算公式为：

$$f(S_k)=\frac{1}{1+\mathrm{e}^{-S_k}} \tag{7-27}$$

$$S_k=\sum_{j=1}^{l}x_j\omega_{jk}-\theta_k \tag{7-28}$$

⑤ 计算输出层和隐含层训练误差 δ_k 和 δ_j。

$$\delta_k=f(S_k)[1-f(S_k)][d_k-f(S_k)] \tag{7-29}$$

$$\delta_j=f(S_j)[1-f(S_j)]\left[\sum_k\delta_k\omega_{jk}-\theta_j\right] \tag{7-30}$$

⑥ 修正权值。

$$\omega_{ij}(t+1)=\omega_{ij}(t)+\eta\delta_j f(S_j)+\alpha[\omega_{ij}(t)-\omega_{ij}(t-1)] \tag{7-31}$$

$$\omega_{jk}(t+1)=\omega_{jk}(t)+\eta\delta_k f(S_k)+\alpha[\omega_{jk}(t)-\omega_{jk}(t-1)] \tag{7-32}$$

⑦ 判断均方误差 e 是否在允许误差范围内　即当 e 满足小于 $\varepsilon=10^{-3}$ 的要求时，转到第⑧步结束训练，不满足要求则跳转到⑤、⑥和⑦步继续进行调整。

⑧ 结束训练。

7.2　支持向量机

在样本数量有限的情况下，选择一种适合处理小数据集的统计学方法至关重要。支持向量机（support vector machines，SVM）作为一种监督学习算法，广泛用于分类和回归问题的处理。其核心思想是寻找最优的超平面来区分不同类别的数据或样本点。对于非线性分类问题，支持向量机引入核函数将数据从原始空间映射到高维空间，从而在高维空间中实现数据的线性可分。

7.2.1　支持向量机原理

支持向量机在 1992 年由 Vapnik 等人提出，是一种特别适用于小样本、高维度和非线性问题的分类方法。

支持向量机原理是当部分数据样本在低维空间中无法直接划分时，通过非线性的变换将输入空间转换到高维空间中，并创建超平面将空间中的样本进行划分。相比于其他的机器学习方法，支持向量机具有很好的泛化能力，有效地解决了其他机器学习方法存在的问题，在求解上，理论上可以得到全局最优解，而且支持向量机引入了核函数，可以解决部分大规模数据计算效率问题。

(1) 广义超平面划分

支持向量机理论最初旨在解决复杂数据的分类问题，其分类机理是在数据空间内寻找一个最优的分类超平面，超平面两边的数据能保持各自的最大一致性，同时，为使得数据类别严格区分，超平面两侧需要保持一个尽可能大的空白区域。超平面划分区间理论上可以拓展到多维空间，因此支持向量机不仅能够应对线性可分数据的分类，也能抽象到高维空间中处理非线性分类问题。如图 7-11

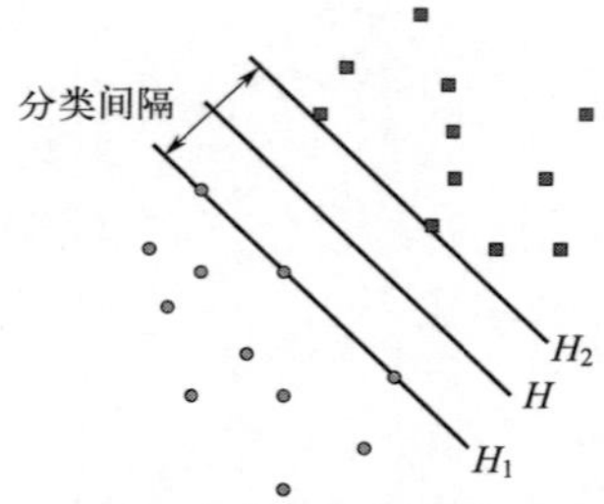

图 7-11 最优分类间隔划分

所示，在二维平面内存在可识别的两类数据点，SVM 的目的是找到一条分类线 H 将两类数据点分开，直线 H_1、H_2 是平行于分类线 H 的直线，且距离分类线两边样本点最近，两条平行线 H_1 和 H_2 的距离称为分类间隔，实现对数据点的最优分类为最大化分类间隔。分类线尽可能将不同数据分开符合经验风险最小化原则，而追求分类间隔最大化的过程即为追求实际风险的最小化，符合结构风险最小化的原则。

支持向量机分类原理同样适用于高维空间，此时分类的界限变成了一个抽象的超平面，超平面的维度始终比数据空间的维度小一维，支持向量机训练过程即为寻找最优划分超平面的过程。对于 n 维空间下的样本集 $\{x_i, y_i\}(i=1,2,\cdots,m)$，其划分的超平面方程可表示为 $\boldsymbol{\omega}^{\mathrm{T}}\boldsymbol{x}+b=0$，$\boldsymbol{\omega}$ 和 $\boldsymbol{x}$ 为 n 维的列向量，$\boldsymbol{\omega}$ 为超平面的法向量，b 为实参数，$\boldsymbol{\omega}$ 和 b 决定了超平面到样本点的距离。相应地，定义划分超平面两边的正负支持向量超平面：$\boldsymbol{\omega}^{\mathrm{T}}\boldsymbol{x}+b=+1$，$\boldsymbol{\omega}^{\mathrm{T}}\boldsymbol{x}+b=-1$，其中 $+1$、-1 仅代表其在划分超平面的两边。支持向量到划分超平面的距离为：$|\boldsymbol{\omega}^{\mathrm{T}}\boldsymbol{x}+b|/\|\boldsymbol{\omega}\|$。

由前面可推知，获得与正负支持向量超平面的最大化垂直距离，即为最优化地划分超平面，若正负支持向量对应的点为 $\boldsymbol{x}_+$ 和 $\boldsymbol{x}_-$，则两者的距离计算公式为：

$$\gamma=\frac{(\boldsymbol{x}_+-\boldsymbol{x}_-)\cdot\boldsymbol{\omega}^{\mathrm{T}}}{\|\boldsymbol{\omega}\|} \tag{7-33}$$

代入支持向量超平面公式可得：

$$\gamma=\frac{(1-b)+(1+b)}{\|\boldsymbol{\omega}\|}=\frac{2}{\|\boldsymbol{\omega}\|} \tag{7-34}$$

按照优化划分支持向量的思路，要使得 $2/\|\boldsymbol{\omega}\|$ 最大化，即：

$$\max_{\omega,b}\frac{2}{\|\boldsymbol{\omega}\|} \quad \text{s. t. } y_i(\boldsymbol{\omega}^{\mathrm{T}}\boldsymbol{x}_i+b)\geqslant 1(1,2,\cdots,m) \tag{7-35}$$

由式(7-35) 可知，最大化 $2/\|\boldsymbol{\omega}\|$ 的有效途径为缩小 $\|\boldsymbol{\omega}\|$，于是该问题可以转化为最小化 $\|\boldsymbol{\omega}\|^2$，为方便采用拉格朗日乘子法计算，可等同于最小化 $\frac{1}{2}\|\boldsymbol{\omega}\|^2$，即得到支持向量机的基本公式：

$$\min_{\omega,b}\frac{1}{2}\|\boldsymbol{\omega}\|^2 \quad \text{s. t. } y_i(\boldsymbol{\omega}^{\mathrm{T}}\boldsymbol{x}_i+b)\geqslant 1(1,2,\cdots,m) \tag{7-36}$$

上式转化为拉格朗日乘子法求最小值问题：

$$L(\boldsymbol{\omega},b,a)=\frac{1}{2}\|\boldsymbol{\omega}\|^2+\sum_{i=1}^{m}a_i[1-y_i(\boldsymbol{\omega}^{\mathrm{T}}\boldsymbol{x}_i+b)] \tag{7-37}$$

对 $\boldsymbol{\omega}$ 和 b 求偏导：

$$\begin{cases}\dfrac{\mathrm{d}L}{\mathrm{d}\boldsymbol{\omega}}=\boldsymbol{\omega}-\sum\limits_{i=1}^{m}a_iy_i\boldsymbol{x}_i\\ \dfrac{\mathrm{d}L}{\mathrm{d}b}=\boldsymbol{\omega}-\sum\limits_{i=1}^{m}a_iy_i\end{cases} \tag{7-38}$$

使偏导值为零，获得如下多项式：

$$\begin{cases}\boldsymbol{\omega}=\sum\limits_{i=1}^{m}a_iy_i\boldsymbol{x}_i\\ 0=\sum\limits_{i=1}^{m}a_iy_i\end{cases} \tag{7-39}$$

将多项式代回式(7-39）得到求解公式：

$$\max_{a}\sum_{i=1}^{m}a_i=-\frac{1}{2}\sum_{i=1}^{m}\sum_{i=1}^{m}a_ia_jy_iy_j\boldsymbol{x}_i\boldsymbol{x}_j \tag{7-40}$$

$$\text{s. t.}\sum_{i=1}^{m}a_iy_i=0,a_i\geqslant 0,i=1,2,\cdots,m \tag{7-41}$$

依次解出 $\boldsymbol{\omega}$ 和 b，获得划分超平面公式：

$$f(\boldsymbol{x})=\boldsymbol{\omega}^{\mathrm{T}}\boldsymbol{x}+b=\sum_{i=1}^{m}a_iy_i\boldsymbol{x}_i^{\mathrm{T}}\boldsymbol{x}+b,\quad\begin{cases}a_i\geqslant 0\\ a_i[y_if(\boldsymbol{x}_i)-1]=0\\ y_if(\boldsymbol{x}_i)-1\geqslant 0\end{cases} \tag{7-42}$$

(2) 线性不可分

前面探讨了样本点可被完全分割的情况，这种情况比较理想化，大多数情况下样本点分布会比较复杂，难以严格进行线性分割，会出现少量样本点落在两个支持向量超平面之间，这时需要引入松弛变量，计算软间隔的支持向量机。将出现在支持向量超平面内的少量样本点称为离群点，离群点不满足间隔函数 $y_i(\boldsymbol{\omega}^{\mathrm{T}}\boldsymbol{x}+b)\geqslant 1$，引入松弛变量 ξ 后离群点间隔为 $y_i(\boldsymbol{\omega}^{\mathrm{T}}\boldsymbol{x}+b)\geqslant 1-\xi$，于是支持向量机的基本公式变为：

$$\begin{cases}\min\limits_{\omega,b}\dfrac{1}{2}\|\boldsymbol{\omega}\|^2+C\sum\limits_{i=1}^{m}\xi_i\\ y_i(\boldsymbol{\omega}^{\mathrm{T}}\cdot\boldsymbol{x}_i+b)=1-\xi\\ \xi_i\geqslant 0,i=1,2,\cdots,m\end{cases} \tag{7-43}$$

式(7-43）中，引入了常系数 C 来调整支持向量分类间隔对离群点的容忍程

度，称之为惩罚因子，C 越大，说明离群点的权重越高，从而在分类间隔内的离群点数量越少。由此，可以发现惩罚因子的作用在于平衡经验风险 $\sum_{i=1}^{m}\xi_i$ 和结构风险 $\min_{\omega,b}\frac{1}{2}\|\boldsymbol{\omega}\|^2$ 的作用效果，因此 C 的取值需要针对样本的特征进行优化。

(3) 核函数选取

当训练样本严格线性不可分时，软间隔支持向量机仍会因离群点越过超平面导致不可接受的分类错误（表现为测试集准确率过低）。此时必须采用非线性分类策略。核函数是支持向量机处理非线性分类问题的有效途径之一，其基本原理为通过核函数，SVM 在低维空间中解决线性不可分的分类问题，而无需进行特征空间映射和计算，这大大提高了计算效率。如图 7-12 所示，在高维空间内以前不可分的点会转变为简单的线性可分，用 $\phi(x_i)$ 表示 x_i 在高维空间下的特征向量，于是划分超平面公式为：

$$f(x_i)=\boldsymbol{\omega}^{\mathrm{T}}\phi(x_i)+b \tag{7-44}$$

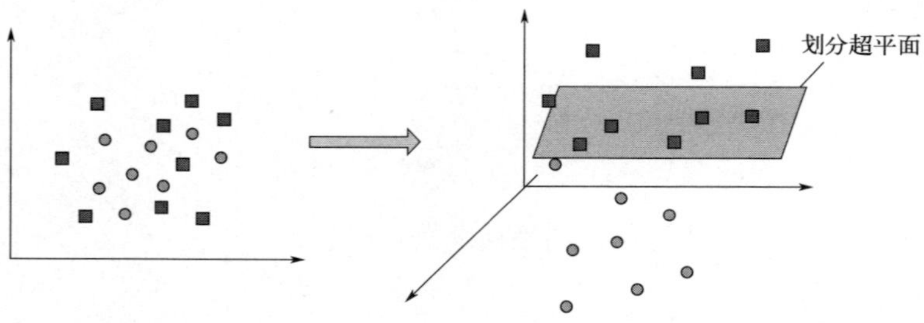

图 7-12　核函数映射原理示意图

核函数的映射相比直接进行内积运算，可以在高维空间内对划分超平面完成调参优化，避免高维空间运算易导致的“维数灾难”。根据 Mercer 定理，常用的核函数如表 7-2 所示。

表 7-2　常用的核函数

类别	公式	优点	缺点
线性核函数 (linear kernel)	$K(\boldsymbol{x}_i,\boldsymbol{x}_j)=\boldsymbol{x}_i^{\mathrm{T}}\boldsymbol{x}_j$	计算量少，操作简单	无法处理线性不可分问题
多项式核函数 (polynomial kernel)	$K(\boldsymbol{x}_i,\boldsymbol{x}_j)=(a\boldsymbol{x}_i^{\mathrm{T}}\boldsymbol{x}_j+c)^d$	可处理非线性问题	对参数 d 的取值较敏感，只适用于 d 较小的情况
高斯核函数 (Gaussian kernel)	$K(\boldsymbol{x}_i,\boldsymbol{x}_j)=\exp(-\gamma\|\boldsymbol{x}_i-\boldsymbol{x}_j\|^2)$	可处理非线性问题，不限制映射的维数	计算复杂，容易陷入过拟合

核函数的差异直接影响 SVM 模型的预测性能，以水质数据为例，考虑各类水质数据的特性差异较大，要求 SVM 模型具有较强的适应能力和抗干扰能力，因此选取高斯核函数作为 SVM 模型的核函数，结合参数寻优方法，减少模型计算的工作量。

7.2.2 最小二乘支持向量机

最小二乘支持向量机是 SVM 的一种改进方法，通过优化目标函数来减少训练的计算复杂度，提供高效的求解方式，如式(7-45) 所示，最小二乘支持向量机按照线性问题进行等式求解，这样降低了计算过程的复杂程度，从而提高了模型的运算速度。

$$\begin{cases} \min\limits_{\boldsymbol{\omega},b,e} J(\boldsymbol{\omega},e)=\dfrac{1}{2}\boldsymbol{\omega}^{\mathrm{T}}\boldsymbol{\omega}+0.5\gamma\sum\limits_{k=1}^{n}e_k^2 \\ y_k[\boldsymbol{\omega}^{\mathrm{T}}\varphi(\boldsymbol{x}_k)+b]=1-e_k, e_k\geqslant 0, k=1,2,\cdots,n \end{cases} \tag{7-45}$$

式中，γ 为决定函数的置信范围和经验风险的比例的正规化参数；e_k 为误差变量。相应的 Lagrange 函数为

$$L(\boldsymbol{\omega},b,\alpha,e)=J(\boldsymbol{\omega},e)-\sum_{k=1}^{n}\alpha_k[\boldsymbol{\omega}^{\mathrm{T}}\varphi(x_k)+b+e_k-y_k] \tag{7-46}$$

分别对式(7-46) 中的 $\boldsymbol{\omega}$、b、α、e 求偏导，并令其等于零，得到方程组：

$$\begin{cases} \boldsymbol{\omega}=\sum\limits_{k=1}^{n}\alpha_k\varphi(\boldsymbol{x}_k) \\ \sum\limits_{k=1}^{n}\alpha_k=0 \\ \alpha_k=\gamma e_k \\ \boldsymbol{\omega}^{\mathrm{T}}\varphi(\boldsymbol{x}_k)+b+e_k-y_k=0 \end{cases} \tag{7-47}$$

消去 $\boldsymbol{\omega}$ 和 e_k，可得：

$$\begin{bmatrix} 0 & \boldsymbol{e}_n^{\mathrm{T}} \\ \boldsymbol{e}_n & \boldsymbol{\Omega}+\gamma^{-1}\boldsymbol{I} \end{bmatrix}\begin{bmatrix} b \\ \alpha \end{bmatrix}=\begin{bmatrix} 0 \\ y \end{bmatrix} \tag{7-48}$$

式中，$\boldsymbol{\Omega}$ 和 $\boldsymbol{I}$ 为核矩阵和恒等式矩阵。求解式(7-48) 可得 LSSVM 的预测模型函数如下：

$$y(\boldsymbol{x})=\sum_{k=1}\alpha_k K(\boldsymbol{x},\boldsymbol{x}_k)+b \tag{7-49}$$

式中，$K(\boldsymbol{x},\boldsymbol{x}_k)$ 为核函数，选取径向基函数（RBF）作为核函数，其主要参数 σ 表示径向基函数宽度。由于超参数 σ 和 γ 的选择决定了 LSSVM 回归和预

测的精度，所以选取最佳的参数可使回归模型的效果达到最佳。

7.2.3 最小二乘支持向量机应用

根据《地表水环境质量标准》GB 3838—2002、《地下水质量标准》GB/T 14848—2017和实际地下水检测中对硝酸盐物质的检测要求，选取 NO_3^--N 的检测量程为 0～10mg/L。利用标准溶液进行稀释配比，得到 0.2、0.4、0.6、0.8、1.0、2.0、4.0、6.0、8.0、10.0mg/L 的 10 组 NO_3^--N 标准溶液，以去离子水作为对比，分别进行光谱扫描，得到如图 7-13 所示的波长-吸光度图，图 7-13(a) 为 NO_3^--N 原始数据，图 7-13(b) 为采用小波去噪预处理后的数据。

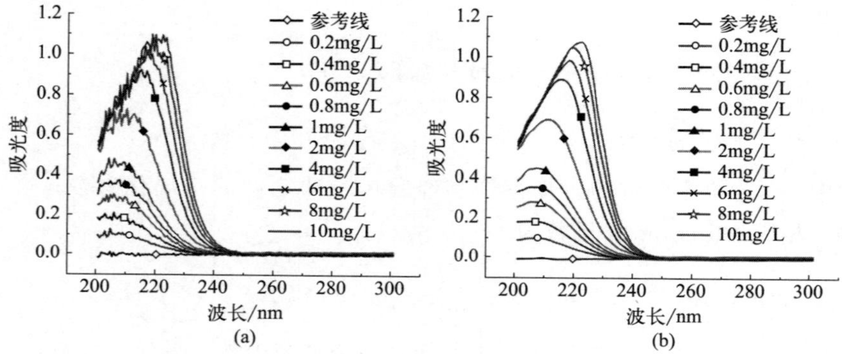

图 7-13　硝酸盐氮（NO_3^--N）波长-吸光度图

如图所示，NO_3^--N 溶液主要吸收谱区在 200～250nm，吸收波峰出现在 220nm 附近，250nm 之后吸光度几乎为 0。

采用 20 组 NO_3^--N 溶液的 210～240nm 吸光度数据进行预测建模，其中 15 组作为训练样本，5 组作为预测样本。对硝酸盐氮标准浓度的光谱数据进行最小二乘支持向量机（LSSVM）建模，并进行模型指标评价。对 LSSVM 模型选定的固定参数值为 $\sigma=10$，$\gamma=200$。LSSVM 对 NO_3^--N 的预测结果如图 7-14 所示。

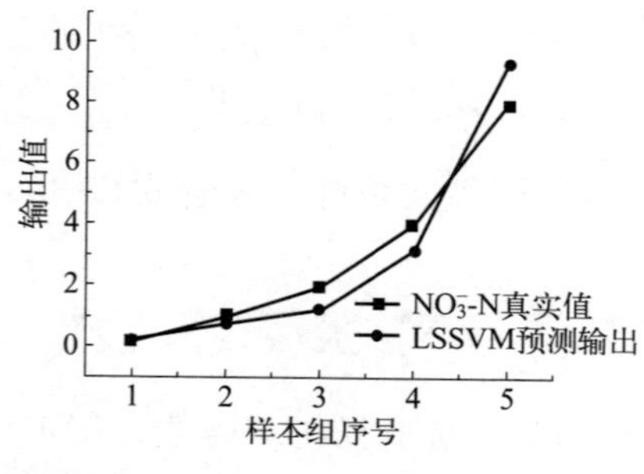

图 7-14　硝酸盐氮（NO_3^--N）溶液 LSSVM 模型预测结果

在对 NO_3^--N 的预测中，LSSVM 模型的均方根误差 RMSE 为 0.7803，决定系数 R^2 为 0.9694。

通过对硝酸盐氮光谱数据建模，发现模型拟合程度较好，预测精度较高。

本章小结

本章主要介绍了神经网络算法和支持向量机算法的基础知识、原理及应用案例。首先介绍了神经网络算法特点、信息处理过程、人工神经元一般模型、常用的转换函数、工作方式、学习方式、学习规则等内容，其中，简述了有导师学习、无导师学习、强化学习等三种学习方式。重点讲述了 BP 神经网络结构、学习算法原理及算法步骤，并给出了神经网络多传感器检测应用案例。然后介绍了支持向量机原理，包括广义超平面划分、线性不可分、核函数选取等内容。最后简单介绍了最小二乘支持向量机水质检测光谱数据分析案例。

思考题

1. 简述神经网络算法特点。
2. 简述 BP 神经网络结构。
3. 简述最小二乘支持向量机原理。
4. 列举智能检测方法的应用案例。

第8章

无线传感器网络

无线传感器网络（wireless sensor network，WSN）是21世纪备受国内外关注的热点技术领域之一，已广泛应用在农业、机器人、空间探索、环境监测、智慧医疗、智能家居、智能交通等众多领域。近些年WSN取得了快速发展，我国《国家中长期科学和技术发展规划纲要（2006—2020年）》将其列为信息产业及现代服务业的优先发展主题之一。

8.1 无线传感器网络概述

无线传感器网络由大量分布在监测区域内的传感器节点组成，这些节点通过无线通信和自组织方式构成网络系统。网络中的传感器节点将采集的信息进行预处理后，通过无线通信将数据发送到其他节点或中继设备，最终汇集到中央节点进行深度分析。根据分析结果，系统做出决策并采取相应操作。

8.1.1 无线传感器网络原理

无线传感器网络作为一种分布式系统，通过多个节点的协作和数据交互，而无需中心控制即可自主构建分布式系统。网络的传感器节点能够将数据进行处理和存储，并与其他节点协同工作，实现信息的传输和共享。其工作过程是一个交互和协同的过程，主要包括节点部署、数据采集、数据传输、协同处理等步骤。

节点部署是指在监控区域部署大量传感器节点的过程。部署方式通常采用手动部署或者自动部署。常见的部署策略包括随机部署、规则部署、覆盖需求部署、环境特性部署、动态调整部署以及能耗部署等。选择部署策略需结合应用场景、传感器特性、部署成本和传感器能耗等因素进行综合考量。在实际应用中，通常应根据实际情况合理选择部署策略，以实现最佳效果。

数据采集是指由分布在空间中的传感器节点收集环境数据。每个节点基于内置的传感器感知环境参数，按照需求和能量管理确定采集频率，并将采集的数据进行初步处理和存储。

数据传输是无线传感器网络的关键环节，主要负责数据从传感器节点到目标接收点的传输，由于无线传感器网络节点量大、电源有限、网络拓扑改变频繁，因此数据传输设计要保证传输节能、高效且可靠。通常，无线传感器网络数据传输有单跳传输和多跳传输两种模式，这需要根据数据传输距离以及电量等因素决定选用哪种传输模式。数据传输策略常见的有数据聚合、数据压缩、负载均衡以及能量感知路由等。

协同处理是指多个传感器节点协同完成复杂任务或处理大量数据的过程。协同处理可提高传感器网络系统效率、降低能量消耗、提高任务执行的可靠性。协同处理主要内容和方法包括协同感知、数据融合与压缩、协同路由、协同定位跟踪、协同节能策略等。协同感知主要通过多个传感器节点合作克服噪声、环境变化以及单一传感器精度等的影响。数据融合与压缩通过多个节点之间的信息处理和共享，减少冗余数据，降低网络传输负载。协同路由通过选择最优路径进行多个节点的数据传输。通过协同路由可减小传输延迟、降低节点能量损耗、提高传输效率等。协同定位跟踪通过节点合作可减小定位误差，精确跟踪监测目标位置变化。协同节能策略采用最优的节能策略延长无线传输网络的使用寿命。常用的策略有协同睡眠策略和动态功率调整等。

8.1.2　无线传感器网络特点

无线传感器网络在环境监测、智慧农业、智慧城市、军事侦察、医疗健康等领域得到了广泛应用。无线传感器网络特点如下。

（1）网络规模及传感器数量

无线传感器网络需要设置大量且密集的节点。根据监测范围的不同，节点布局各不相同，且节点数量和信息质量对整个系统分析的准确性产生直接影响。由于传感器节点数目庞大、资源有限，且无需精确的地址标识，所以传感器网络的网络层和传输层设计相对于计算机网络而言得到了很大的简化。

传感器网络广域性有两层含义。一层含义是空间的广泛覆盖，即传感器节点分布区域面积广。另一层含义是传感器节点部署密度高，即在区域内布置的传感器节点数量庞大。如图 8-1 所示，每个目标监测区域有多个传感器节点，整个区域由数个目标监测区域构成。

（2）监测环境

传感器网络多分布在无人值守的环境，供电方式为电池供电，而电池电量有限且不可更换，所以在设计传感器网络时，考虑节能是设计的关键因素，这决定

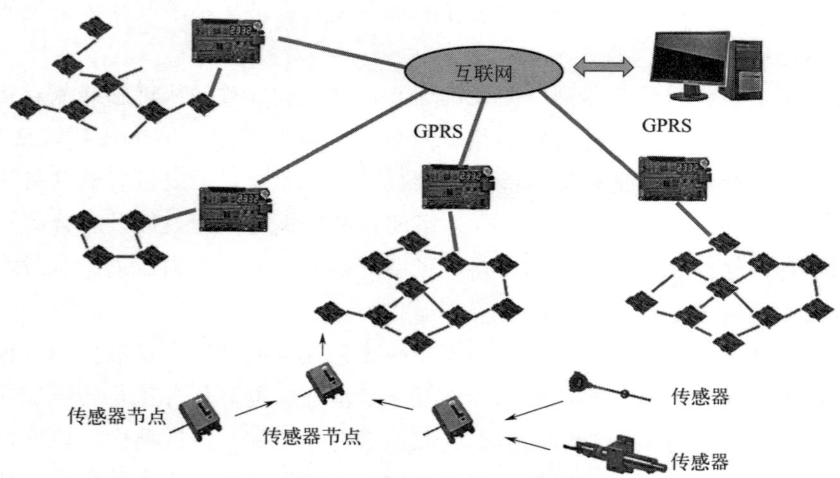

图 8-1 基于分层网络架构的传感器部署

了传感器节点的寿命。所以说，无线传感器网络应用中的重要约束因素包括电源供电能力和计算能力。一般无线传感器网络多采用计算能力有限的单片机或嵌入式处理器，不能很好地处理大量的数据。而且，单片机或嵌入式处理器存储容量小，对于存储实时采集的数据，其容量远远不够。

（3）网络自动配置

无线传感器网络自动配置过程无需人工参与，可自主完成网络发现、网络配置、能源管理和参数调整等。这一过程对网络节点的高效协作和无缝连接起着重要作用。其中，网络发现是指无线传感器节点自动搜寻并连接附近节点，从而完成自组网；网络配置是指节点自动获取地址和路由相关信息，以确保网络的正常运行；能源管理则是指根据网络需求和节点能量状态，动态调整工作模式、任务分配和通信负载，以延长网络的工作寿命；参数调整是指根据网络状况自动调整通信参数，以提升数据传输效率。

网络自动配置减少了人工干预，增强了网络自适应能力，同时提高了网络效率和可靠性。

（4）自组织和协作性

自组织和协作性是无线传感器网络的两个特性，该特性使其在没有中心网络控制的情况下能够高效、可靠地运行。自组织增强了无线传感器网络的灵活性和适应性，协作性则提高了网络效率和稳定性。

自组织：网络自动、独立地完成节点部署、数据传输和网络拓扑构建，并根据环境变化动态调整网络结构，自动灵活地适应网络扩展。

协作性：网络节点借助多跳路由、数据融合等协作方式，有效减少冗余数据传输，节省带宽，从而提升通信效率、资源利用率。

(5) 拓扑结构

广域传感器网络包含若干个节点，这些节点通过自组织或网络拓扑来通信或传输数据，传感器网络的拓扑结构会随着节点失效、新节点加入等因素而动态变化，严重干扰网络的算法。

(6) 网络鲁棒性和容错能力

传感器网络需要具备强大的鲁棒性和容错能力，传感器网络系统节点所处的环境通常非常恶劣，经常受到温湿度、磁场等噪声干扰，导致节点工作不稳定，易产生错误数据，因此需要无线传感器网络具有较强的容错能力和稳定性。

8.1.3 传感器网络发展历程

无线传感器网络的发展历程覆盖了传统传感器系统、现代微型化传感器、智能感知自组网三个阶段，反映了传感器技术的演变和智能化程度的提高。

第一阶段是传统传感器系统。传统的传感器系统出现在 20 世纪 60 年代到 80 年代。20 世纪 70 年代，美军在越战时期部署了超过 2 万个“热带树”传感器。通过该传感器可捕捉车队经过的特定声音、周围环境活动、潜在的振动和声响等，并将相关信息远程发送到指挥中心。传统的传感器系统特点是传感器只完成数据检测，传感器无计算能力，而且传感器之间不能通信。

第二阶段是现代微型化传感器。随着电子技术和集成电路的发展，从 20 世纪 90 年代开始，传感器逐渐向小型化、低功耗方向发展，并开始了无线通信。该时期的传感器主要用于分布式传感网络系统等。现代微型化传感器具有低功耗、无线通信、简单的数据处理能力等特点。1996 年，美国加州大学提出的“低能耗无线集成微型传感器”项目，被认为是现代无线传感器网络的开始。

第三阶段是智能感知自组网。进入 21 世纪后，人工智能、无线通信、嵌入式等技术的发展，使得无线传感器网络进入了智能化时代。在第三阶段，传感器具有自主感知、数据处理和传输功能，还能够通过自组织和自适应构建网络结构。该阶段的传感器具有智能化、自组网、低功耗、协同算法以及数据融合和网络优化等特点。我国与发达国家在无线传感器网络研究及应用方面基本同步，在信息领域位居世界前列。2003 年，美国《技术评论》杂志将传感器网络列为影响人类未来生活的十大新兴技术之一。随后，我国在 2006 年发布的《国家中长期科学和技术发展规划纲要（2006—2020 年）》中明确将传感器网络的发展作为优先主题。

8.2 无线传感器网络系统

8.2.1 基本结构

无线传感器网络由多类传感器节点组成，无线传感器网络设计与其他无线网络设计不同。无线传感器网络系统的典型硬件结构包括传感器节点、汇聚节点和管理节点三部分。传感器节点分布在监控区域内，负责数据采集和数据初步处理；汇聚节点具有接收汇聚、转发和网络协调等功能；管理节点执行网络通信、任务调度和管理。无线传感器网络结构如图 8-2 所示。

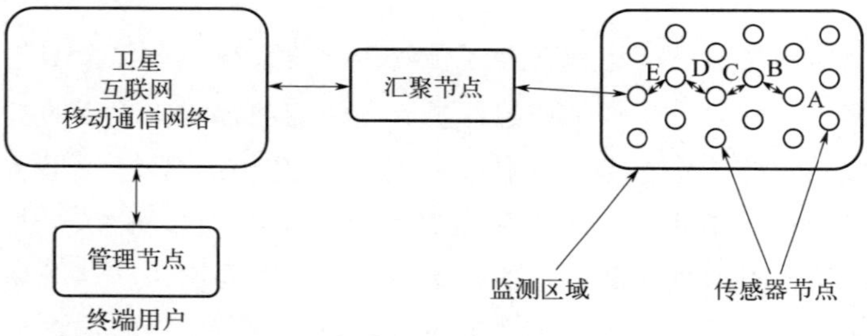

图 8-2 无线传感器网络硬件组成

传感器节点作为无线传感器网络中的核心组成，通过对数据的感知、处理、传输和存储，构建成一个分布式监控和数据采集系统。节点的设计和优化对无线传感器网络的性能、鲁棒性和能源效率具有重要作用。通常，传感器节点由嵌入式系统、存储模块、电源模块、通信模块、计算模块和传感模块组成，如图 8-3 所示。

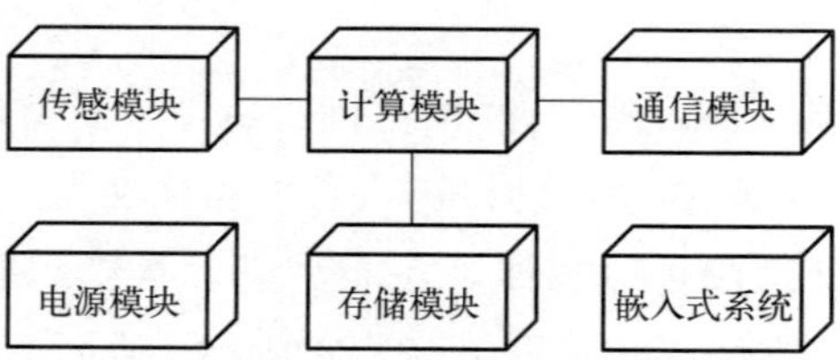

图 8-3 传感器节点组成

汇聚节点可以组建与管理无线网络，其主要功能包括：收集传感器节点的数据，发布监测任务，并将接收到的数据通过无线或总线方式传送至服务器端，最终接入外部网络。

管理节点负责全局网络通信配置、任务调度（如指定节点采集频率）及节点状态监控，实现对整个网络的管理。

8.2.2　网络拓扑结构

无线传感器网络拓扑结构对网络性能产生直接影响。所谓网络拓扑是指每个传感器节点之间以及和中心节点连接形成的多条通信路径。

(1) 组网形式

无线传感器网络的组网形式可分为分布式、集中式和混合式三种类型。每种类型各有优缺点，因此，在设计无线传感器网络时，需结合具体需求、网络规模以及环境特点等因素进行综合考虑。

分布式结构是指各个传感器节点形成多对多的连接关系，通常无明确中心节点，节点间可直接或间接通信协作，并通过自组织网络实现去中心化的分布管理，无需依赖中心节点传输。分布式结构增强了网络的灵活性和适应动态变化环境的能力，当单个节点不工作时不会干扰整个网络。分布式结构适合对网络的灵活性和容错性要求较高的应用场景。

集中式结构有一个中心节点或控制器，通过将所有传感器节点直接或间接地与其连接，实现网络管理。中心节点负责数据处理、传输，以及网络管理和资源分配，而各传感器节点则依赖中心节点。集中式结构具有管理简单，易于控制、优化全局信息和减轻各节点负担的特点，而且网络配置和维护方便。集中式结构适合要求较高的较大型网络应用场景。

混合式结构结合了集中式结构和分布式结构的优点，由汇聚节点和中心节点组成。这种结构兼具中心化管理的效率和分布式结构的灵活性。汇聚节点负责局部数据的处理和汇集，并将数据发送到中心节点进行分析处理。汇聚节点的引入有效减轻了中心节点的负载，同时，中心节点具有处理大量数据和容错的能力，因此，特别适合大规模网络的应用场景。

(2) 拓扑结构

无线传感器网络拓扑结构根据不同的网络架构可分为多类，常见的包括平面网络结构、层次网络结构、混合网络结构以及 Mesh 网络结构。

① 平面网络结构　平面网络结构是没有层级划分的最简单的无线传感器网络拓扑结构，如图 8-4 所示。每个节点都执行相同的功能且对等部署，每个节点均可直接与其他节点通信并传输数据。节点依据网络拓扑动态调整通信路径，均包含相同的媒介访问控制、路由和管理等协议，因此具有完全一致性的特点。平面网络结构的节点部署简单、便于扩展，可覆盖大面积区域，适用于监测广域环境的应用。同时，由于平面网络结构是自组织网络，因此协同算法相对复杂。

② 层次网络结构　层次网络结构顾名思义是由传感器节点组成的具有多个层级的结构，一般分为网络上层和网络下层两个结构。网络上层为中心节点（骨

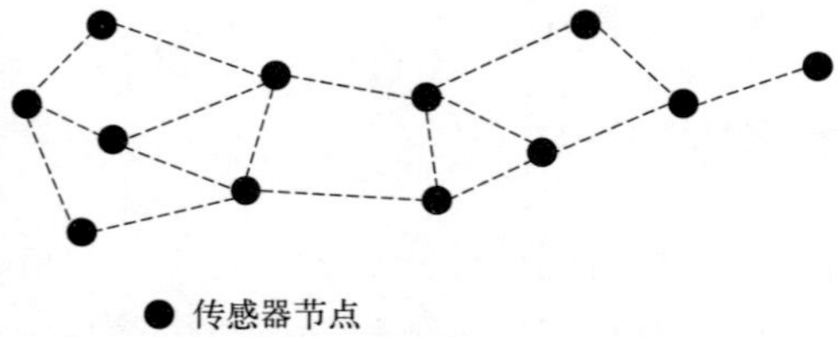

图 8-4　无线传感器网络平面网络结构

干节点），负责整个网络的数据收集、数据聚集、路由和存储等管理和控制；网络下层由一般传感器节点组成，它们负责采集数据，如图 8-5 所示。通过层次网络结构，可实现数据分层管理和维护，便于增加或删除节点。层次网络结构应用场景较灵活。

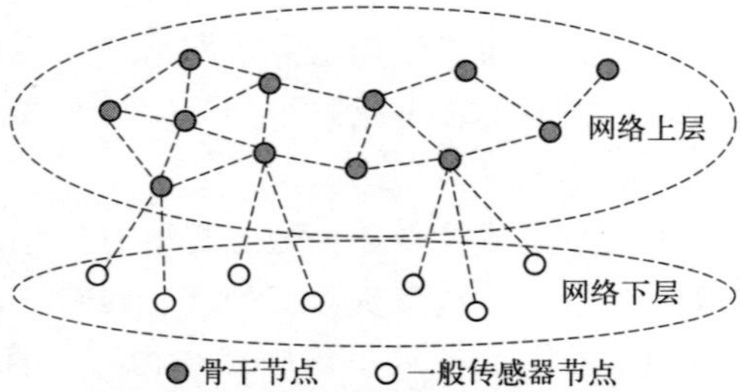

图 8-5　无线传感器网络层次网络结构

③ 混合网络结构　混合网络结构是结合平面网络结构和层次网络结构的一种无线传感器网络拓扑结构形式。具有平面网络结构和层次网络结构的特点，允许在网络中采用不同的结构形式，如图 8-6 所示。尽管混合网络结构设计复杂，但是其具有灵活的通信方式、多样性的节点和环境适应性强等优势，应用前景更加广泛。

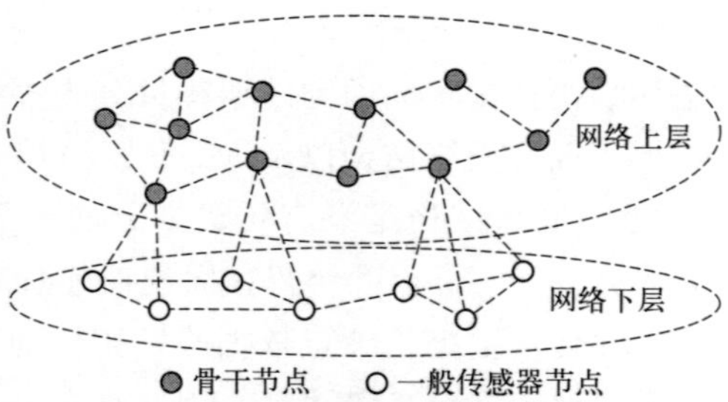

图 8-6　无线传感器网络混合网络结构

④ Mesh 网络结构　图 8-7 所示的无线传感器网络 Mesh 网络结构是一种灵活的网络拓扑结构，其中每一个节点自动发现邻近节点，并根据网络需要动态调整通信路径。

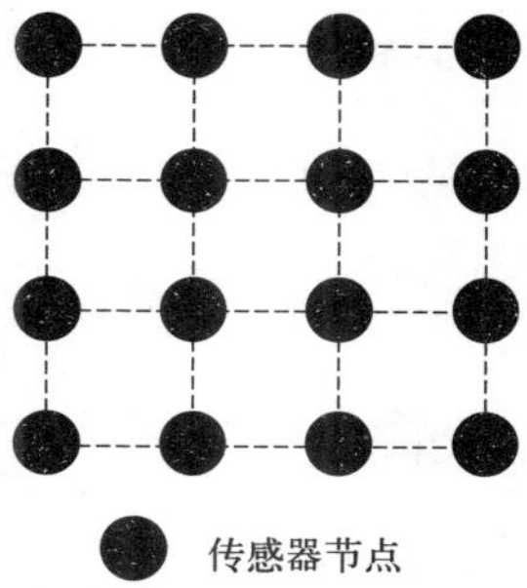

图 8-7　无线传感器网络 Mesh 网络结构

Mesh 网络结构提供了多条路由路径，其核心是节点之间可通过多个路径进行通信。针对单点或单个路径故障，可通过其他节点或路径弥补故障影响，并接管故障节点的通信任务。因此，Mesh 网络结构具有多跳通信、自组织能力、高容错性（鲁棒性）、高效数据转发及强扩展性等特点。

8.3　节点

作为无线传感器网络的基础，传感器节点在网络中负责采集数据，同时还承担数据处理、管理、存储和传输等职能。

8.3.1　节点特点及类型

在无线传感器网络中，传感器节点是网络的关键构成部分，具有分布式随机部署、微型嵌入式系统、兼顾收发功能等特点。

监测区域的传感器节点类型有终端节点、路由节点、协调器节点。终端节点负责采集监测区域数据信息，在所有节点类型中，终端节点功能最简单。路由节点主要实现传感器监测区域的数据转发，可与多个路由节点或终端节点通信。协调器节点可以与此网络中的所有路由节点或终端节点建立联系，从而实现通信。

8.3.2　节点结构

如图 8-8 所示，通常，终端节点由传感器模块、处理器模块和无线通信模块等部分构成。传感器模块负责环境监测数据的收集，处理器模块负责对传感器模块收集的数据进行处理、分析，并实现对供电模块的管理，一般应选择计算能力强、功耗低、数据存储容量大的处理器芯片。无线通信模块负责节点的信息收发和交换。

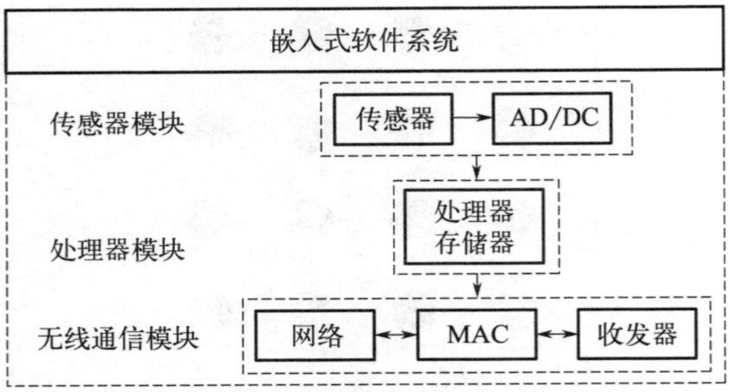

图 8-8 传感器节点的结构示意图

8.3.3 节点约束条件

由于硬件限制，传感器节点在数据处理、通信、计算和存储方面的能力通常较为有限，所以传感器节点在实现网络组网协议和应用控制中存在着以下约束条件。

(1) 数据处理和存储能力的约束

传感器节点不仅需要处理自身采集的数据，还要接收并响应其他节点和中心节点的请求与指令。由于硬件资源限制，节点难以高效处理大量数据和复杂计算的任务，因此，在数据处理和存储能力方面存在一定的约束。这种局限性要求节点在设计时需优先考虑能耗和计算效率，以平衡性能与资源消耗。

(2) 通信能力的约束

传感器节点的通信能力关系到传感器网络监测区域内节点部署数量，而制约其通信能力的参数主要有两个，即能量损耗和通信距离，二者之间的关系为

$$E=kd^n \tag{8-1}$$

式中 E——传感器节点的通信能量损耗；

k——常数，与传感器节点的系统构成有关；

d——传感器节点的通信距离；

n——传感器网络部署系数，取值范围为 $2\leqslant n\leqslant 4$。

n 的具体取值与节点部署环境、天线质量等多个因素有关。由式（8-1）可知，当确定参数 n 的值后，随着传感器节点的通信距离 d 的增加，能量损耗 E 将呈指数级增加。

(3) 电源能力的约束

鉴于传感器节点分布广泛且数量庞大，而且节点通信具有实时性，因此电源消耗严重，有些区域无法实现人工更换电源。电池新材料和微电子技术的不断发展推动了超低功耗的传感器和通信技术的发展。传感器节点无线通信模块的能量消耗的比例如图 8-9 所示。

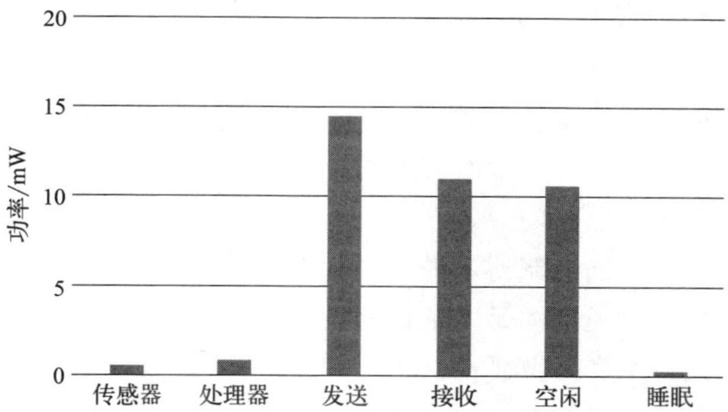

图 8-9　无线通信模块能量消耗比例图

图 8-9 表明，无线通信模块能量消耗在睡眠模式下最低，空闲状态和接收状态的能量消耗相对较低，而发送状态的能量消耗最大。

8.4　无线传感器网络关键技术

无线传感器网络关键技术有定位技术、时间同步技术、物理层技术、MAC 层技术、路由技术、网络拓扑控制技术、网络覆盖技术等。

8.4.1　定位技术

定位技术是基于位置的路由算法确定节点的物理位置。一般来说，节点的定位主要有绝对定位和相对定位。

绝对定位是一种基于全球坐标系，能够表征节点精确位置的定位技术。在实际应用中，通常采用 GPS 等定位系统计算节点的绝对位置。这种定位方式具有位置标定直观和高精度的特点，且无需依赖节点之间的相对位置关系。但是，绝对定位也存在一定的局限性：一是受环境条件约束；二是需要特定的硬件设备支持，从而增加了使用成本。

相对定位是通过测量节点之间的相对距离或角度来推算节点的位置。例如通过 Wi-Fi 技术定位室内节点与其他节点的距离。相对定位不依赖外部环境信号，可在室内等信号不好的环境下应用，和绝对定位相比，成本和功耗低。其缺点是精度较低，需要复杂的算法处理位置数据。

根据不同应用场景需求，定位系统可结合绝对定位和相对定位两种方法。

8.4.2　时间同步技术

时间同步是无线传感器网络的重要组成部分，是确保多个节点协调一致、有效运行的关键。时间同步在数据集成、介质访问控制协议、数据传输与路由协议、网络协议和任务调度等方面起着重要作用。

数据集成方面，无线传感器网络中的各传感器的节点没有统一的时间基准，不同节点采集的数据缺乏有效的时间参数，导致数据融合和数据处理产生误差，时间同步确保了多个节点时间一致。

时间同步是介质访问控制协议的基础。无线传感器网络的节点共享同一无线通信介质，合理分配信道资源是个关键问题。时间同步会保证节点在同一时间发起通信，消除信道冲突和带宽延迟。

时间同步在数据传输与路由协议中起着关键作用。路由协议依赖时间同步来实现数据包的转发。在转发过程中，时间戳信息是判断是否转发数据包的重要依据，直接影响着数据转发的准确性和效率。

网络协议和任务调度高度依赖时间同步。无线传感器网络任务调度需要多个节点在指定时间执行任务，而网络协议则要求节点在特定时间执行发送数据任务。上述操作均需要时间同步来协调。

8.4.3 物理层技术

物理层是无线传感器网络的基础层，主要负责信道选择、无线信号监测以及数据发送和接收等任务。其设计目标是在能耗最小化的基础上实现最大化链路容量。目前，无线传感器网络物理层研究主要集中在集成化设计、全数字化硬件以及节能优化控制等方面。

IEEE 802.15.4 标准体系结构如图 8-10 所示。该标准是低速、低功耗和短距离无线通信网络标准。标准体系结构物理层的主要功能包括激活和休眠无线电收发器、能量检测和信道选择、链路质量评估和数据传输等。IEEE 802.15.4 标准已成为低功耗无线通信的理想选择，广泛应用于 WSN、物联网等领域。

图 8-10　IEEE 802.15.4 标准体系结构

8.4.4 MAC 层技术

在无线通信中，MAC（medium access control，介质访问控制）层是数据链路层的组成部分，其主要负责对共享通信介质上的信道访问进行调度和管理，以确保各节点之间实现高效的数据传输。

此外，传感器节点在功耗、计算能力、存储容量等方面存在很大的限制，无线传感器网络如何能够在受限环境下长期、高效地通信是无线传感器网络面临的关键问题。MAC 协议在支持整个网络范围内的信道分配和数据传输中具有重要作用。

因此，在设计 MAC 协议时，主要涉及下列几点。

① 能源有效性：传感器节点一般将电池作为电源，因此设计的 MAC 协议应该能够最大限度地减少节点的能耗，延长网络的生命周期；使用低功耗睡眠模式、快速唤醒机制和定时器调度，以最小化节点在活动和空闲状态之间的切换能耗。

② 可扩展性：在设计 MAC 协议时，鉴于应用场景和环境条件的多样性，应确保 MAC 协议具有灵活的可扩展性和良好的适应性，以满足不同规模的传感器网络部署。

③ 性能的综合测评：测评指标包括能耗和功耗、实时性、吞吐量和效率、冲突管理和碰撞率等。评测方法可使用仿真工具、实验平台、对比分析、场景验证等。

④ 分布式算法：考虑到传感器网络可能会动态改变拓扑结构和节点布局，MAC 协议应该能够适应网络拓扑的变化，并自动调整节点的角色和协作方式；提供有效的路由信息和邻居发现机制，确保节点之间能够有效地通信和协作。

⑤ 安全性：在传感器网络中，数据常常面临隐私和安全方面的挑战，MAC 协议应能够提供数据的加密和认证机制。

8.4.5 路由技术

在无线传感器网络中，路由协议运行需遵循一定的规则和条件，选择从源节点到目标节点的合适路径，并根据网络条件和网络拓扑对数据进行分组转发。路径选择的标准包括最短路径、最优路径、负载均衡等。在确定路径后，还需对数据包进行封装、转发决策和延迟控制。科学合理地设计路由协议能够进一步提升网络性能，有效满足各类网络应用场景的需求，并保障网络的可靠性和安全性。在设计路由协议时，需重点考虑节点部署、能耗、数据报告模型、鲁棒性与容错性、网络动态性、数据融合等因素。这些因素的合理权衡有助于实现高效、稳定的网络运行。

节点部署对整个无线传感器网络性能、运行效率以及拓扑结构有直接影响。节点分布和部署密度不仅在路由路径选择过程中发挥着重要作用，还对数据传输效率以及网络容错能力产生着一定影响。

在设计无线传感器网络路由协议时，应全面考虑节点交互通信、数据聚合优化以及合理任务分配等关键因素，才能更好地实现网络的低能源消耗和高通信效率的目的。所以，设计特定应用场景的路由协议，需要深入了解应用环境和节点部署情况，并结合部署策略合理优化和调整路由协议。

路由设计中，能耗控制是关键，既要保证数据传输的精确性，又要保证能耗最低。为此，可在几个方面采取能耗优化策略：数据传输量、选择路由路径、传输频率、节点休眠和唤醒等。数据传输量优化应在节点层面数据传输前进行数据聚合，合并相近的数据点，以减少冗余数据传输。路由路径选择应避免不必要的中继节点和长距离传输。而传输频率需根据应用需求和数据重要性，合理降低传输频率。节点休眠和唤醒则根据工作负荷和实际需求，动态调整节点状态，在保障传输可靠的前提下，尽可能让节点休眠，以降低能耗并延长网络寿命。

数据报告模型的核心是有效地收集、传输和处理数据。在数据报告模型中，节点获取大量数据，对于非实时传输和处理的数据，可考虑在节点层面对数据进行聚合和过滤，将其合并成一个报告，以降低数据传输量和处理压力。在设计路由协议时，应基于数据报告模型的需求（如数据重要性、传输优先级）及网络拓扑（涉及的节点和中继），综合优化路径选择。路由协议需平衡传输时效性、节点能耗与可靠性，确保不同优先级的数据报告按需求高效传输至目的地，而非仅追求最短时间。

鲁棒性与容错性是评估网络性能的关键指标，对网络的整体效能具有重要影响。因此，为提高网络的适应能力和灵活性，在设计路由协议时，应采取有针对性的策略。多路径路由策略是一种有效的方法，当某条路径出现闭塞时，数据可通过备用路径进行传输，以增强网络在复杂环境下的适应能力。有效的检测机制同样不可或缺，在数据传输过程中，该机制利用校验和、循环冗余校验等技术，对数据进行实时监测，及时、精准地识别出可能出现的错误数据或数据丢失情况，并通过重传、纠错编码等方式进行修复，从而保障数据的完整性与准确性。综合优化设计应全面考虑路径选择、错误处理、拓扑管理和安全保障等因素，结合优化算法和智能决策机制，实现各要素的协同工作，确保在复杂多变的网络环境中始终保持稳定、高效的传输。上述策略的综合运用，能够显著提升路由协议的鲁棒性和容错性，为各类网络应用提供可靠的技术支撑。

在路由协议设计中，网络动态性不仅要适应频繁的网络状态变化，更要能够灵活、高效地满足未来的网络扩展需求，尤其要适应网络拓扑和流量模式的演进。针对网络拓扑变化和链路状态更新，路由选择算法应动态调整，路由决策应基于实时网络状态和性能指标（如带宽、延迟、丢包率），实现快速响应。对于新增节点或者节点配置变化，路由协议应具有拓扑发现和网络配置、动态识别并更新路由信息的能力，并做出实时调整。

数据融合是设计路由协议的一个重要因素，对优化路由决策、提高网络效率和性能具有重要意义。常见的数据融合策略有多源数据整合、综合性能评估、动态路径调整等。多源数据整合通过整合多源数据，能够更准确地评估网络状况和可用路径，为路由决策提供有力的支撑。综合性能评估有助于路由协议在选择路径时权衡带宽、延迟等各种因素，从而优化数据的传输过程。动态路径调整则基于实时数据融合，使路由协议根据路径变化灵活改变路径选择策略，保障网络的稳定运行。

(1) Flooding 路由协议

Flooding 路由协议是一种网络数据包传播机制，在传统网络、无线传感器网络中得到了广泛应用。其基本思想是网络中的节点接收到数据包，并启动对该数据包处理的校验流程，若经校验判定该数据包未被处理，接收节点会根据协议将数据包广播给邻近节点。上述过程持续重复，直到数据包达到目标或实现网络内每个节点的覆盖接收。

当节点接收到数据包时，先检查数据包是否已接收过，通常，节点会有一个含有存储已处理过数据包标识符的“已接收数据包”表，如果接收的数据包没有存在于表中，表示该包第一次接收，节点会将数据包广播到所有邻近节点，邻近节点会以同样方式接收和处理该数据包，直到到达目的地并返回响应，或其他节点停止转发该包，则传播停止。Flooding 路由协议采用生存时间或序列号记录等机制，避免数据包在网络中循环传播。

(2) 定向扩散路由协议

定向扩散路由协议是一种适用于无线传感器网络的数据驱动传输模型。在网络运行过程中，节点向整个网络发布含有期望数据类型、数据源及其他参数的兴趣信息。当传感器节点收到兴趣请求并满足条件时，该节点会生成相应的数据，并沿着兴趣传播路径将其回传至兴趣请求的发起节点。兴趣传播路径是一条从源节点到目标节点的多跳路由路径。为提高数据传输效率和节省网络资源，节点会根据网络的实时状态对路径进行优化，并选择最合适的传输路径。此外，定向扩散路由协议还支持数据聚合机制，该机制的中间节点会对数据进行合并或聚合处理，以减少数据传输的冗余信息，该机制不仅节省带宽资源，还能有效降低网络负载。

(3) LEACH 路由协议

LEACH 路由协议是一种用于无线传感器网络的、基于簇和簇头的自适应分层路由协议。LEACH 路由协议将传感器节点分为多个簇，每个簇内有一个簇头，簇头通过概率算法选举产生，负责协调簇内节点通信并将数据转发至基站。LEACH 协议的工作过程包括簇头选择、簇内通信、簇头到基站的通信及周期性轮换。每一轮的簇头选择，传感器节点会根据剩余能量和概率选择是否成为簇头。簇内通信是簇内的普通节点和簇头的通信，普通节点将数据发送到簇头，簇头进行数据聚合。聚合后的数据传输到远距离基站。为平衡单个节点的能量消耗，需定期重新选择簇头。

(4) GRID 路由协议

GRID 路由协议是一种主要应用于低功耗无线局域网、稀疏网络等场景的路由协议。其核心思想是：将整个网络空间划分为多个正方形网格区域，每个节点通过所在网格的编号（网格号）进行地理位置标识。这些网格区域称为地理网格，协议基于节点的网格编号构建分层网络架构，并通过网格路由算法实现路由路径的动态决策。每个节点都会进行位置感知，当源节点需要发送数据时，它将选择邻近节点来传输数据包，并选择靠近目标的节点作为转发节点，从而减小路径长度。该协议适合低功耗无线通信和不稳定的网络环境，具有低能耗、适应性强、不依赖全局拓扑、简单高效等优点。同样，GRID 路由协议也存在一些挑战，如位置误差问题、邻近节点发现问题等。

8.4.6 网络拓扑控制技术

网络拓扑控制技术是一种用于优化无线网络拓扑结构的技术，旨在通过调整节点之间的连接关系来优化网络性能，提升通信效率，降低能耗。网络拓扑控制对自组织的无线传感器网络的性能有非常大的影响。

无线传感器网络的拓扑控制与优化不仅能延长网络的使用周期，提高路由协议效率，减少节点间通信干扰，还确保了在环境变化下，网络的鲁棒性和自适应性。不同场景下的拓扑控制需求各不相同，因此，在设计传感器网络拓扑结构时，应根据应用场景选择合适的拓扑控制方法和优化策略，其中，拓扑控制中的目标设计和网络性能优化至关重要。常见的目标设计和网络性能优化参数有能量消耗、网络延迟、覆盖度、连通性、算法分布式程度等。

传感器网络中的拓扑控制通过功率控制和拓扑管理优化网络性能，降低网络功耗，延长网络寿命，如图 8-11 所示。

8.4.7 网络覆盖技术

网络覆盖技术是指在监测区域内大量布置微型传感器节点，通过各种合理的技术手段和规划共同组成一个无线传感器网络，确保无线通信网络能够在指定的

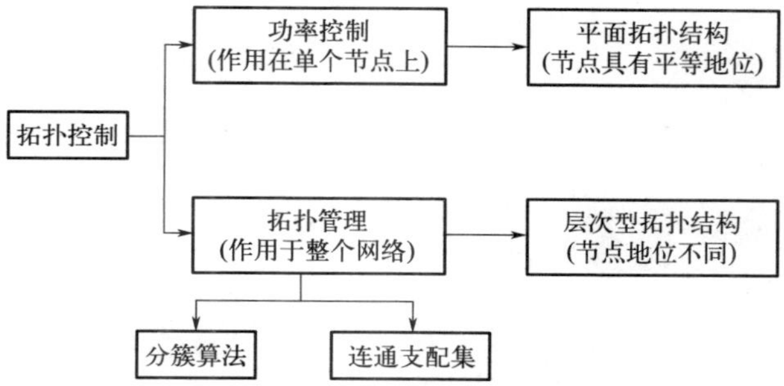

图 8-11　网络拓扑控制技术

区域内提供持续、稳定、可靠的信号覆盖。网络覆盖可以优化传感器网络空间资源分配，更好地完成网络任务，并达到网络覆盖范围最大化。影响网络覆盖的关键因素包括信号强度、频谱资源、网络节点布局和信道条件。网络覆盖技术同样面临若干挑战，如干扰管理、容量和用户密度、异构网络协同等问题。

8.5　无线传感器自组网

无线传感器自组网通过节点和无线通信技术，实现数据采集、信息传输和监测等功能。其特点主要表现为去中心化、自适应性、自修复性和节能性等。去中心化是指所有节点参与通信和决策并自主协调和组织，网络中无控制节点。去中心化能够更好地适应复杂且动态变化的环境。自适应性是指无线传感器网络节点根据环境状况和任务需求自动调整和优化网络拓扑结构、路由方式和数据传输策略等参数。自修复性是指在发现节点或路径失效时，允许无线传感器网络通过重新配置网络拓扑和路由路径来自行修复和恢复网络功能，继续完成工作。能源是无线传感器网络最关键的资源，因此，节能性成为其自组网设计和优化的核心目标。通常，网络节点通过休眠模式、调整发送频率等方式来延长电池寿命，从而在不影响网络整体性能的前提下，最大限度地降低能源消耗。这种节能性在长时间运行的场景中尤为重要。

传感器网络的组网方式各有特点，应用场景也不同。下面介绍几种常用的无线传感器网络组网技术。

(1) 蓝牙组网

蓝牙组网采用低功耗无线电技术，实现短距离的数据传输，特别适用于近距离传感器网络。在蓝牙组网时，通过多个具备蓝牙功能的传感器设备相互连接构建无线通信网络。该组网方式很好地满足了目标识别、定位和传感等需求，如图 8-12 所示。

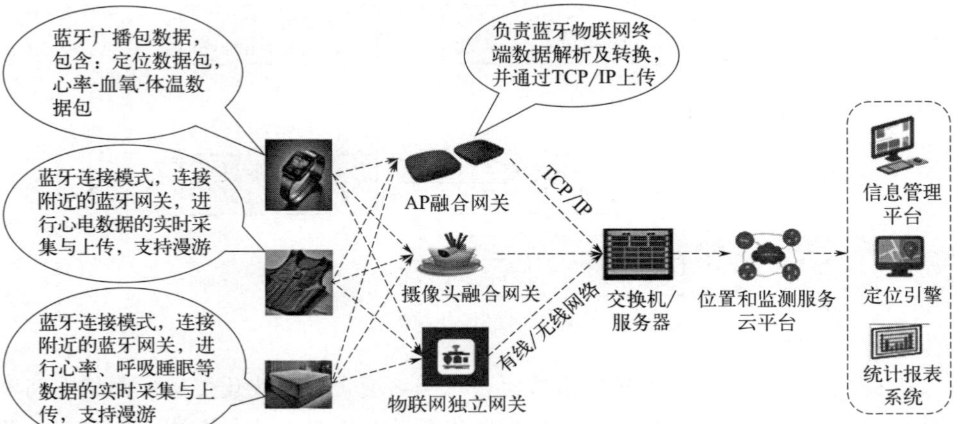

图 8-12　传感器蓝牙组网方式

蓝牙组网通常有两种连接方式，分别是点对点连接和广播连接。点对点连接是指主设备与从设备之间建立的一对一连接。广播连接是主设备将数据发送到所有从设备，从设备接收到数据后进行处理。

相比于有线传感器组网和其他无线传感器组网，传感器蓝牙组网包括以下特点。

① 低功耗：传感器蓝牙组网使用低功耗蓝牙技术。

② 安全性高：传感器蓝牙组网采用了基于 AES-CCM 的加密方式，保证了数据的安全性。

③ 成本较低：相比于有线传感器组网，传感器蓝牙组网的部署和维护成本较低。

④ 传输速率高：蓝牙 5.0 技术支持更高速率的数据传输，但仍然受到距离和障碍物等因素的影响。

（2）LoRaWAN 组网

LoRaWAN（long range wide area network）是使用 LoRa 调制技术和 Alohanet 方式的通信架构，专为物联网设计的低功耗广域网协议，具有长距离传输、低功耗、低带宽等特性，已成为物联网的重要通信技术。

LoRaWAN 主要特点如下。

① 长距离通信：通信距离可达到 2～5km 或更长距离。

② 低功耗：LoRaWAN 采用电池供电，因此适合不方便接电源的应用场景。

③ 高容量：LoRaWAN 基站可支持上万个终端设备，适合在广域大规模部署。

④ 星形拓扑：所有终端设备可通过基站与网络连接，网络结构简单。

LoRaWAN 适用于需要远程监控和数据传输的场景。例如，可用于环境监测、智能路灯、智慧停车场、物流监控等场景。

（3）ZigBee 组网

ZigBee 是一种基于 IEEE 802.15.4 标准的开放式无线通信协议，广泛应用于物联网和工业等领域。

ZigBee 组网通过协调器、路由器和终端设备构成分布式网络结构，并采用不同的拓扑结构和协议栈，满足不同物联网应用场景的通信需求。ZigBee 组网可采用星形结构、网状结构、混合网络结构等拓扑结构。如图 8-13 所示为由温度传感器、湿度传感器等组成的 ZigBee 组网系统。

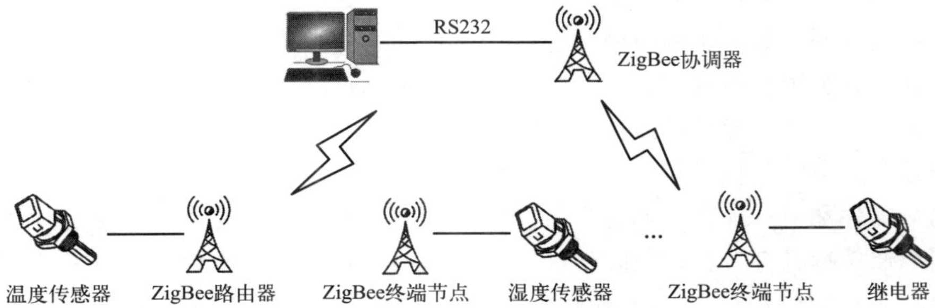

图 8-13　ZigBee 组网

ZigBee 协议具有安全性、自组织、自修复及多对多通信等特点。其中，自修复功能可在设备出现故障或离线时，通过其他设备自动恢复网络连接，确保通信的持续稳定。在通信方式上，ZigBee 网络支持点对点、点对多点和多点对多点等多种通信方式，能够高效地实现多设备间的数据交互。在安全性方面，ZigBee 协议内置了多重数据加密、身份认证和访问控制机制等，这些措施共同作用，有效防止未经授权的访问和数据泄露，保障网络通信的安全性和隐私性。

8.6　无线传感器网络设计原则及优化方法

8.6.1　设计原则

为确保无线传感器网络高效、可靠地运行，发挥其最大优势，无线传感器网络设计原则需要包括以下内容。

（1）有效利用节点资源

WSN 面临的一个关键技术挑战是最大限度地延长网络生命周期，这需要使节点资源得到充分的有效利用。从 WSN 体系结构角度考虑，可通过以下设计延长网络寿命：低功耗设计，采用节能机制减少不必要的计算与通信，例如低功耗通信协议、节点工作模式动态调整；资源调度与管理，优化节点资源分配，保障多任务环境下的计算与通信需求，具体措施包括任务划分、负载均衡、资源共享（避免资源过度消耗）；分布式处理设计，通过在传感器本地处理数据，减轻数据传输负担，降低中央集中计算需求。

（2）支持网内数据处理

支持网内数据处理是无线传感器网络实现数据采集、处理和传输的重要环节。支持网内数据处理的设计应考虑多方面的因素，以提升网络的整体性能和效率。这些设计因素包括数据聚合与压缩、分布式数据处理、能量高效设计、实时性和延迟控制及数据传输与网络协议等。

通过数据聚合与压缩，可有效减少数据冗余和带宽占用，延长电池寿命，降低数据包丢失率，确保数据传输的完整性和准确性。分布式数据处理通过将数据处理任务分散到各传感器节点，避免了单点故障导致的网络瘫痪风险，增强了网络的可靠性和可扩展性。能量高效设计通过采用低功耗传感器并结合优化算法，精确控制数据处理过程，以降低传感器节点的能量消耗，确保其长期稳定工作。实时性和延迟控制设计则确保数据在规定时间内得到有效处理，满足应用场景的实时性要求。此外，数据传输与网络协议的合理选择，能够进一步优化数据传输过程，提升数据传输的效率和可靠性。综上所述，支持网内数据处理的合理设计可有效提高网络性能，满足应用场景实际需求。

（3）支持协议跨层设计

跨层设计通过让网络体系各层共享信息、调整操作，来提高整体效率。网络各层共享关键信息，便于上层协议做出更优决策，同时通过联合优化不同层协议来提升整体性能，并根据环境变化和网络状态动态调整传输策略。

（4）增强安全性

由于 WSN 在开放环境中工作，易受各种攻击，例如，通信信道缺少屏蔽和保护，易受攻击和窃听。因此，应增强安全性设计，包括：采用数据加密算法来保护数据机密性，防止信息泄露；考虑采用认证机制对网络各节点进行身份认证，确保只有合法节点才能加入网络；通过数据签名或完整性校验机制来保障数据传输中的安全性；适当采用防御策略来增强网络安全性，避免拒绝服务攻击等对网络的影响。

（5）支持多协议

由于 WSN 的形式与应用具有多样性，需要设计多种协议以满足不同需求。网络协议应支持不同层次的协议标准，以满足多样化的应用需求；同时需根据网络的不同需求选择合适协议，例如，蓝牙、Wi-Fi 适用于短距离高速传输，

LoRa、ZigBee 适用于长距离低速传输；此外，为适应实际环境变化，在多协议设计中应考虑支持不同环境下的协议切换或优化机制。

(6) 支持可靠的低延时通信

为适应应用场景中各种参数的快速动态变化，要求网络协议具有实时性。低延时通信设计通过优化传输路径，使用适应性强、低延迟的实时传输协议，可使数据快速地从源节点传输到目标节点；通过数据流分配更高优先级，可减少冗余信息、防止数据丢失。

(7) 开放性

开放性推动了 WSN 更好地满足不同领域的需求。开放性主要体现在协议标准化、设计模块化、设计开源、可扩展性等方面。WSN 的开放性推动了 WSN 新技术的发展，促进了 WSN 资源共享，降低了设计、研发成本，提升了系统的适应性和灵活性。

8.6.2　优化方法

跨层优化设计是无线传感器网络常用的一种策略，其核心是通过协调不同层的功能和协议以提高无线传感器网络整体性能和效率，其目的是充分发挥无线传感器网络的技术潜力，以更好地满足实际应用中的技术需求。跨层优化设计打破了传统开放式系统互联（OSI）模型中严格的协议分层束缚，建立了协议层之间的接口机制，实现了协议层之间的信息传递和共享。跨层优化设计通过利用各协议层之间的相互依赖与影响，耦合协议层的服务质量支持机制，从而全局适应特定应用的服务质量需求和网络状况变化。

跨层优化设计技术的不足在于，几个协议层在调配网络接口与参数时的协同结合，势必导致算法复杂度增加。但是，对于通信资源和节点能量都十分有限、网络拓扑结构多变的无线传感器网络而言，跨层优化设计方法对提高网络效能的作用大于协议层交互带来的复杂度增加。参照传统网络层次模型，无线传感器网络跨层设计模型结构如图 8-14 所示。跨层优化设计的协议层不仅负责各自独立的任务，还需与其他层进行信息交互。协议栈每层的自适应机制需抵消网络状态时变带来的影响，因此需考虑建立公平对比的基本标准。

为了应对无线传感器网络节点在能量和计算能力方面的限制，要求节点之间避免频繁地进行数据交互。因此，网络 QoS(quality of service，QoS）体系需要建立分布式与集中式相结合的网络跨层优化模型和节点管理调度模式，同时，需要建立能够节约能耗和保障 QoS 的无线传感器网络跨层约束优化集合，协调网络结构中各层级之间的信息交流，从网络全局的角度解决传输速率控制、拥塞控制、功率控制以及扩频参数优化等关键问题，从而在整体上优化网络性能；还可以通过建立全局目标函数构建优化模型，对网络中的各层协议进行优化管理。

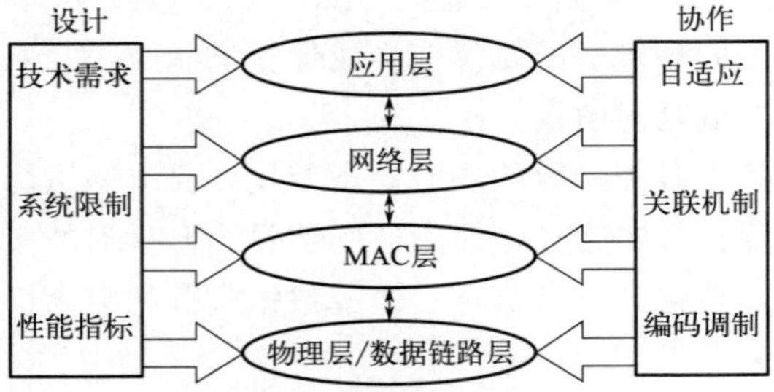

图 8-14　无线传感器网络跨层设计模型结构

本章小结

本章探讨了无线传感器网络的基本原理，主要讲述了无线传感器网络的节点结构、整体结构、关键技术以及设计原则等内容。首先介绍了无线传感器网络的基本原理、特性以及发展历史，重点讲述了无线传感器网络的节点部署、数据采集、数据传输、协同处理、控制与管理等内容。其次重点讲述了无线传感器网络系统的基本结构和网络拓扑结构。其中网络拓扑结构主要介绍了平面网络结构、层次网络结构、混合网络结构和 Mesh 网络结构。然后介绍了节点的基础知识和无线传感器网络关键技术，包括定位技术、时间同步技术、物理层技术、MAC 层技术、路由技术、网络拓扑控制技术、网络覆盖技术等。最后介绍了常用的无线传感器组网方法和网络设计原则及优化方法。

思考题

1. 无线传感器网络与传统无线网络的区别是什么？
2. 简述无线传感器网络体系架构包括哪些部分，各部分功能是什么。
3. 简述无线传感器网络的要素及各要素作用。
4. 简述 MAC 协议的作用。
5. 信息获取计算模式包含哪两种？
6. 简述 ZigBee 无线传感器网络架构。
7. 简述无线传感器网络路由协议有哪几类？路由协议设计要求是什么。
8. 无线传感器网络设计原则包括哪些内容？简述其优化方法。

第9章 多传感器数据融合技术

多传感器数据融合技术是一门涉及数学、信息学、人工智能等多学科的复杂技术，其目的是克服单一传感器的不足，通过融合不同类型传感器，从而获取更准确、全面和可靠的数据信息，使得系统在面对不确定性和环境变化时，能够表现得更加稳定和高效。

9.1 多传感器数据融合概述

9.1.1 发展历程

随着传感器技术和信息技术的发展，多传感器数据融合经历了多个重要阶段。

20世纪60年代至70年代为初始阶段。早期的多传感器数据融合多用于军事中的雷达系统和导航系统，由于该阶段计算能力有限，数据融合方式简单，卡尔曼滤波和加权平均法等线性滤波算法在多传感器融合中得到了广泛应用，通过对传感器数据加权、降噪，提高了传感器定位精度。

20世纪80年代至90年代为发展阶段。信息技术和传感器技术的快速发展，推动了多传感器数据融合技术的发展。在该时期，多种传感器开始大量应用，计算能力的提升促进了复杂数据融合算法的发展，贝叶斯滤波、离子滤波等非线性滤波算法应用到多传感器数据融合中，提升了多模态传感器数据融合的感知能力。

2000年至2010年期间为成熟阶段。随着物联网、智能驾驶、环境监测等技术的发展，更多应用场景要求实时、精确的多传感器数据融合。在该阶段，多传感器数据融合进入从感知层、特征层到决策层的多层次融合算法。深度学习同多传感器数据融合相结合，进一步提高了融合系统的鲁棒性和精确性。

2010 年至今为现代阶段。复杂环境对检测参数种类和数量有了更高的要求，实时性和大数据处理成为该阶段的关键技术。分布式数据融合、边缘计算和云计算等技术的兴起，为广域传感器网络的融合处理提供了技术支持。该阶段，多传感器数据融合开始同神经网络、自适应算法及深度学习相结合，在智慧城市建设、工业物联网发展以及自动驾驶等领域得到了应用。

随着量子计算、增强现实和虚拟现实的快速发展，多传感器数据融合技术在智慧医疗、智能制造、智慧农业等领域的应用将更加广泛。量子计算凭借其超强的计算能力，能够为多传感器数据融合提供更高效的数据处理能力。而增强现实与虚拟现实呈现的沉浸式体验和交互，将进一步推动多传感器数据融合技术不断优化，进而提升各类系统的智能化水平与应用效能。

9.1.2 基础知识

多传感器数据融合是指利用多传感器在不同时间、空间维度采集的数据资源，通过计算机对按时间序列采集的数据进行自动分析与综合，旨在形成对被测对象的一致性解释或描述，进而实现特定决策和估计的信息处理过程。同传统传感器系统相比，多传感器数据融合具有更好的性能优势，可提高数据的完整性、准确性和可信度。多传感器数据融合是用于多类传感器信息处理的一种方法。

多源信息是指由多个不同类型的信息源（如传感器等）采集、产生的数据，经处理后形成的具有互补性、关联性的有意义内容。多源信息协调优化和综合处理是多传感器系统的核心任务。对多源信息进行关联综合分析，选择合理的融合模式和处理算法，目的是通过整合不同传感器的信息来提高目标检测的准确性，增强目标识别能力，提高目标跟踪的鲁棒性。发挥多传感器联用优势，从而提高检测数据的质量，提高传感器系统的性能，弥补单个传感器的局限性，为信息提取、分析奠定基础。

例如，在环境监测多传感器数据融合系统中，通过对由多个传感器获取的监测数据进行融合处理、综合和分析，以全面了解环境状态和变化。该系统显著提升了监测系统的准确性，为环境管控、预警预报等工作提供了重要数据支持。环境监测多传感器数据融合系统如图 9-1 所示。

对于复杂场景的信息采集，单一传感器存在明显的局限性，只能获取环境或检测对象的局部信息。而多传感器融合技术通过融合多种传感器数据，能够提供更全面、完整的信息，准确地呈现环境特征。这一技术显著增强了传感器系统对环境状况和各类事件的感知与决策能力。

（1）多传感器数据融合特点

① 增强了环境感知能力　在广域多传感器布设区域，不同类型传感器可更全面地感知温度、湿度、压力、风向、位置等环境信息，可实现更及时的监测和

分析，更快速地捕捉环境变化和突发事件，这有助于提高对复杂环境的理解和识别。

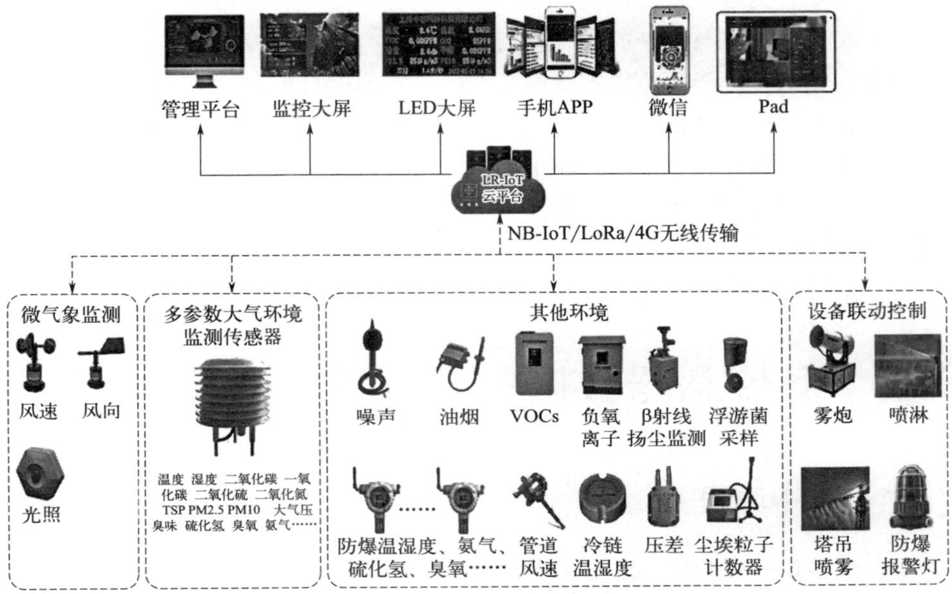

图 9-1　环境监测多传感器数据融合系统

② 提高系统性能和可靠性　多传感器数据融合通过对多源数据的整合，减少单一传感器的局限性，保证在复杂系统、不确定环境中高效、稳定运行，有效降低误报率和漏报率，其检测结果可以互为补充，从而提高系统的整体性能和鲁棒性。

③ 增强抗干扰能力　多传感器融合通过融合处理多个单一传感器数据，并通过互补、冗余和自适应机制，从而提高系统对恶劣环境的适应能力，增强系统的抗干扰能力。

④ 提高准确性和可信度　通过将多个传感器的数据进行交叉验证和互补，可以有效提高单一传感器的环境适应性和数据质量，从而提高系统的准确性和可信度。

(2) 多传感器数据融合功能

多传感器数据融合在多传感器系统中发挥着重要作用，具有目标探测、数据关联、跟踪与识别、评估和预测等功能。

目标探测是指在复杂环境中，通过数据关联方法对各类数据进行匹配和关联，进而识别和跟踪目标。

数据关联通过整合不同传感器数据，运用数据关联算法，对各类数据进行匹配和关联，进而确定数据目标来源。在实际应用中，常用的数据关联技术包括时空关联、特征匹配、标识符关联及上下文关联等。

跟踪与识别融合了数据融合算法、目标检测与识别算法、信号处理、机器学习等多种技术，而且传感器协同工作、数据融合策略、通信和计算资源合理分配等也是实现高效跟踪与识别的关键因素。

评估和预测是基于多传感器数据开展的综合分析与预测活动。首先通过数据融合进行信息提取与分析，以此评估多传感器系统的整体性能，包括对目标或事件的探测能力、测量精度等多方面指标。多传感器预测的关键是根据不同传感器提供的信息，对未来可能发生的事件进行预判、预测和预警。通过运用多传感器的时空数据，实现对未来环境状态、天气变化、交通状况等的预测。在工业和制造业中，多传感器系统可用于设备故障和维护需求分析。

9.2 多传感器数据融合原理

9.2.1 基本原理

多传感器数据融合技术通过将来自多个传感器的信息进行有效互补与合理优化处理，最终实现对检测环境的全面理解。其目标是获得各传感器对目标或环境的离散观测信息，以及多层次、多级别的有效信息。在大多数情况下，不同传感器的源数据可能存在冗余或矛盾，因此需要合理处理和融合信息，依据优化组合策略，以产生对观测环境一致的解释和描述。

多传感器数据融合原理如图 9-2 所示，其关键步骤包括数据融合、特征提取、识别和决策，从而构成了完整的数据处理和分析流程。通过上述步骤，可以提高系统的感知能力和识别精度。

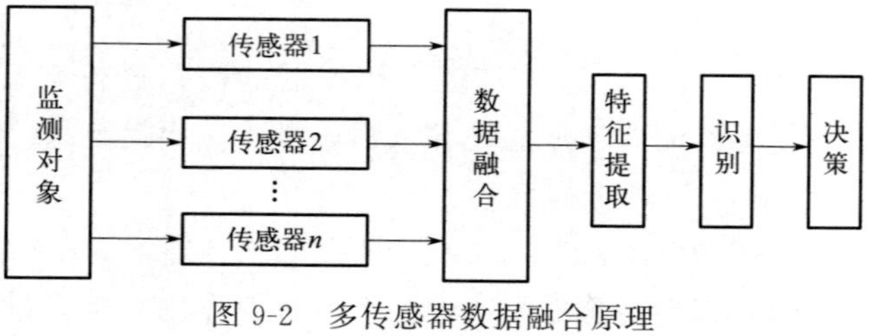

图 9-2　多传感器数据融合原理

(1) 数据融合

数据融合通过整合不同类型传感器数据而生成准确、全面的信息。数据融合按照层次不同可分为低层数据融合、特征级数据融合和决策级数据融合。

低层数据融合是指对传感器数据进行数据校准、时间同步、空间对齐等处理，以消除数据的不一致性和误差。例如通过融合激光雷达、摄像头等设备的数据构建环境的 3D 模型。

特征级数据融合是指整合从不同传感器获取的特征信息。例如，无人机通过摄像头提取目标的速度、方向、外形特征等，为后续融合处理提供基础。

决策级数据融合是指将来自不同传感器的信息用于支持系统决策。例如使用机器学习算法对车载数据进行分类、聚类或预测。

（2）特征提取

特征提取是指利用多个传感器数据，通过合理的方法和技术从数据中提取出具有代表性的特征。通过对采集的传感器数据进行特征提取与变换，生成更能准确反映检测目标的特征向量，从而增强模型的准确性。常用的特征提取方法有多模态特征联合、深度学习以及特征选择与降维等。例如，结合红外传感器、激光传感器、摄像头数据，可提取复杂环境的异常温度、湿度分布等信息，从而实现对周围环境的全面感知。

（3）识别

在特征提取后需要对目标进行识别。识别是根据特征信息对目标进行分类、标定或识别。根据不同传感器的数据特征，识别的目的是将提取的特征与目标模板进行匹配或识别目标状态。识别常用的方法有机器学习算法和深度学习算法。

（4）决策

根据数据的可信度和应用需求，综合考虑约束条件、优化目标和环境变化，实现全局最优决策。常用的决策方法有贝叶斯推理、卡尔曼滤波、支持向量机、人工神经网络、模糊逻辑等。

如图 9-3 所示为多传感器数据融合技术在自动驾驶领域的应用场景。汽车用于感知周围环境的激光雷达、摄像头、超声波雷达，在实现自动驾驶的控制层、执行层和感知层中必不可少。系统通过融合各类传感器获取的周围环境图像、车辆与障碍物距离、物体轮廓等数据，由控制单元对融合后的信息进行处理、判断并生成决策，最终由车身各部件执行控制单元下发的指令。

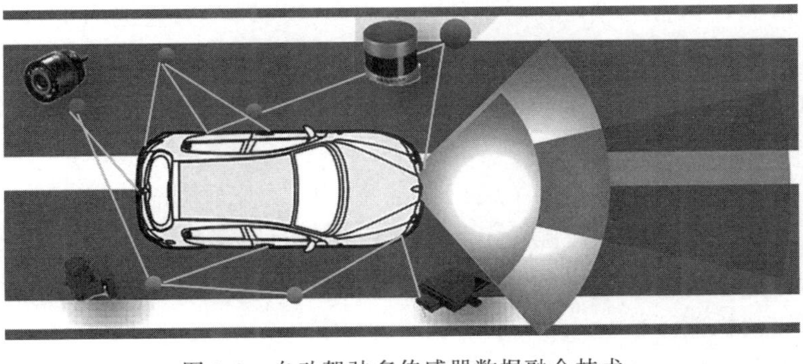

图 9-3　自动驾驶多传感器数据融合技术

9.2.2 数据融合特点

(1) 冗余性

通过多传感器数据融合处理，系统可补充缺失信息、去除冗余信息，从而获取准确且全面的环境特征信息，避免单个传感器失效或局部误差对整个系统造成的风险。

(2) 互补性

不同类型的传感器感知的环境特征各不相同，且有不同的优缺点，通过数据融合，实现特征互补，可以使系统对检测目标有更全面和准确的理解。多传感器数据的互补性，能够弥补单一传感器数据的不足和不确定性。

(3) 协同性

多传感器数据融合技术通过多传感器数据的协同处理，能够更全面地描述目标状态和环境，从而有效弥补单一传感器在提供综合信息和可靠数据方面的不足。该技术通过多源数据协同处理，显著提升了数据的准确性和精度，同时增强了传感器在复杂环境中的适应能力。

9.2.3 关键技术

多传感器数据融合技术涉及传感器智能化管理、数据预处理、数据融合算法、融合性能评估等关键技术。

(1) 传感器智能化管理

广域传感器类型多样，数量庞大，且分布范围广，因此，传感器智能化管理需借助物联网、互联网技术，实现对传感器状态的远程监控，提升传感器管理的智能化水平，发现传感器故障或预测传感器可能产生的故障，提高传感器运维效率。

(2) 数据预处理

由于原始数据常有噪声、时空偏差、波动较大以及数值范围不一致等问题，数据预处理通过对原始数据的清洗、对齐、平滑、归一化等过程，能够有效提升数据质量，为后续融合算法提供高质量数据和规范化输入。

(3) 数据融合算法

数据融合算法通过整合多个传感器信息，以提升系统的感知能力、鲁棒性、运算速度等。数据融合算法涵盖了数据融合各层的处理逻辑，且每个层级对应不同的算法应用。

(4) 融合性能评估

融合性能评估是通过构建科学的评估模型、确立评价标准指标体系以及评价准则，运用评估技术对算法和系统性能进行量化和分析的过程。融合性能评估是研究多传感器数据融合系统的重要手段。融合性能评估不仅可以帮助分析和衡量系统效果，还可以为系统优化、改进算法性能以及提高传感器协同效能提供依据。

9.3　多传感器融合层次结构

多传感器融合通常采用数据层融合、特征层融合和决策层融合的多层结构，从而有效地实现不同传感器信息的整合，并实现对系统的分析和决策。多传感器融合各层都有其优势和应用场景，具体应用哪一种融合方式要根据传感器类型、应用需求和系统要求来确定。多传感器数据融合层次示意图如图 9-4 所示。

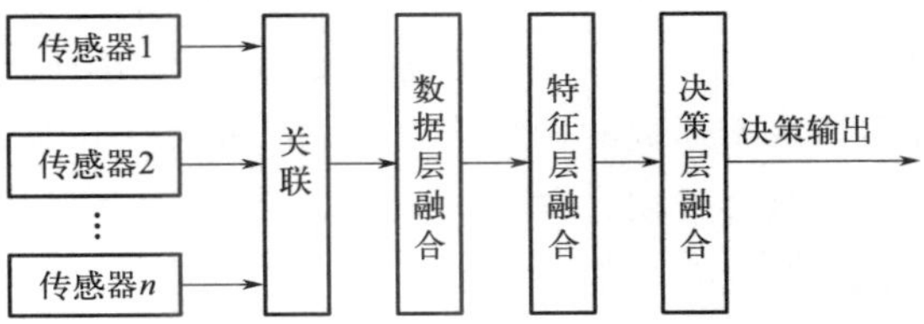

图 9-4　多传感器数据融合层次示意图

9.3.1　数据层融合

数据层融合是直接融合多个传感器原始数据并生成新的信息，并从新的信息中提取特征向量，进一步用于目标判断、辨识和状态估计。数据层融合通常要求传感器数据是同一物理量，即传感器观测数据为同质数据。但是，更多情况下，传感器数据是异质数据，即传感器数据并非同一个物理量，那么数据只能在特征层或决策层融合。数据层融合特点如下。

① 多源原始数据集成：数据层融合直接将采集到的同类型传感器的原始同质数据进行融合。

② 数据质量管理：由于数据来自原始信息，需要进行数据清洗、转换、平滑和标准化处理，确保融合的数据具有较高的可信度。

③ 冗余数据消除：由于原始观测信息是最低层的数据，需要去除重复和冲突数据，以提高数据质量。

④ 数据实时性：传感器通过物联网技术，将数据进行实时处理并快速传输到特征层，为实时决策提供了支持。

⑤ 安全性：在数据融合过程中，应采取有效措施确保数据的安全性，防止数据的泄露和未授权访问。

数据层融合是低层数据的融合，因此需要保证数据可靠性和数据准确性，尽可能多地保留原始信息，为其他两层融合提供全面、细节信息。但是，数据层融合也存在着局限性，其局限性主要有以下几点。

① 由于低层数据量大，需要传感器具有强大的处理能力和通信传输能力。

② 数据融合是在传感器层进行，数据受干扰因素影响大，使得原始数据具有不确定性、不完全性和不稳定性等特点，这要求在融合时有较高的纠错和补偿能力。

③ 由于传感器类型的多样性，所产生的数据常具有异质特性，因此需要进行数据的同质处理。

9.3.2 特征层融合

介于数据层融合和决策层融合之间的是特征层融合，图 9-5 所示为多传感器特征层融合示意图。特征层融合从传感器原始数据中提取有代表性的特征信息，如形状、纹理等特性。由于提取的特征来自不同传感器，可能存在差异，因此需要对特征矢量进行分类组合关联。常见的做法是对特征矢量进行拼接、加权或通过算法进行关联，然后形成统一的特征表示。

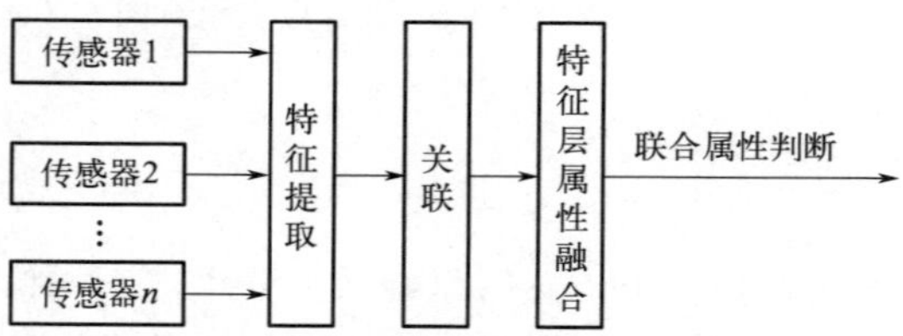

图 9-5 多传感器特征层融合示意图

目标状态数据融合通过融合不同传感器状态信息，精确地估计目标位置、速度、加速度等动态状态，是一种重要的目标跟踪技术。目标状态数据融合的核心技术是模式识别和特征层联合识别。模式识别是从传感器观测数据中提取目标的关键特征，有助于区分不同目标类别、识别目标的运动状态，实现复杂环境的多目标跟踪。目标状态数据融合可应用于自动驾驶、目标跟踪等领域。目标状态数据融合主要流程：首先进行传感器数据预处理和校准，然后进行目标状态向量估计和特征层融合与模式识别，最后进行目标特性融合。

特征层融合技术发展较为完善，构建的特征关联技术为融合信息的一致性提供了保障。目标状态数据融合能够有效地减少数据量，通常不需要使用复杂的特征提取算法，因此计算量相对较低，但是目标状态数据融合也舍弃了部分数据，从而导致数据准确性下降。特征层融合的优点在于，能够对来自不同特征空间的多源特征进行综合分析，既突破了数据层融合对同质数据的限制，又避免了决策层融合对原始信息的过度压缩，因此保留的信息较多，适合多模态数据融合。

9.3.3 决策层融合

决策层融合通过对多传感器的决策结果进行综合，从而得出最终的联合决策，是多传感器融合的高层级融合。理论上，决策层融合比任何单个传感器做出的决策更精确，能更好地反映环境或目标不同类型的信息。但是，决策层融合面临着决策信息不一致、细节信息缺乏和计算复杂度高等问题的挑战。图 9-6 所示为一个简单的决策层融合结构示意图，其输出结果可为检测、控制、指挥、决策提供依据。

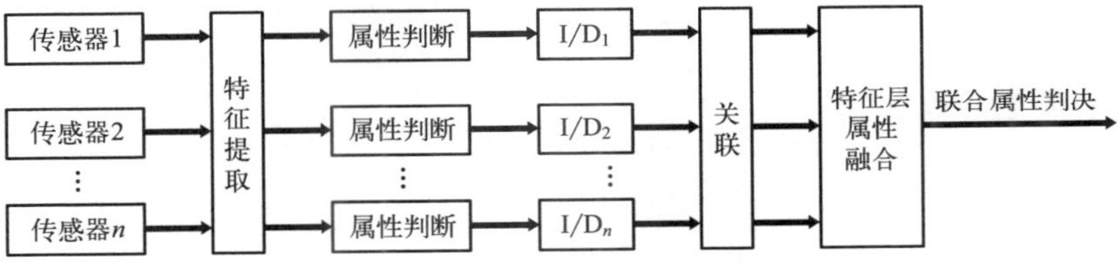

图 9-6　决策层融合示意图

决策层融合具有较强的实时性和容错性，以及对传感器依赖性低等特点。在实际应用中，当个别传感器出现故障时，其他传感器的数据能够及时补充和修正，并结合融合算法，从而确保系统做出正确的决策判断。但是，决策层融合也存在一定的局限性。例如在对原始传感器信息进行预处理时，会增加系统的计算量和时间延迟，特别是在处理海量数据时，融合算法的复杂性会更明显，进而增加系统计算负担和成本。因此，在实际应用中需要权衡融合算法的复杂性与系统性能之间的关系。

9.4 数据融合算法

融合算法依据功能需求，在各个融合层上运用各种数学方法实现数据融合。根据融合的层次和功能需求，常用的数学方法有估计算法、人工智能算法、参数方法和识别算法，如图 9-7 所示。估计算法从观测数据中推断出系统的未知参数或状态。常用的估计算法有加权平均法、卡尔曼滤波法、最小二乘法、贝叶斯估计法等。人工智能算法则包括专家系统、神经网络、模糊集理论等。参数方法有贝叶斯理论、D-S 证据理论、产生式规则等。识别算法有参数模板法、聚类分析法、学习量子法等。下面介绍几种常用的多传感器数据融合算法。

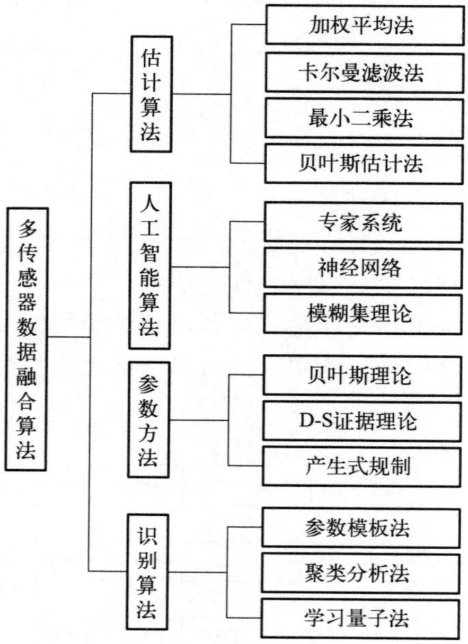

图 9-7　多传感器数据融合算法

9.4.1 加权平均法

加权平均融合算法（mean value fusion algorithm）基于数学平均式对多个传感器的测量值进行加权平均，从而得到数据处理结果。传感器权重动态调整不仅和环境、传感器状态变化有关，还与传感器精度等因素相关。合理设定权重，结合动态调整策略，可有效去除传感器冗余信息，从而确保加权平均融合算法应用的有效性。为实现对同一个目标进行状态估计，假设系统中有 $T_1,T_2,\cdots,T_n$ 共 n 个传感器，且每个传感器测量值相互独立，记为 $x_1,x_2,\cdots,x_n$，待估计的真值记为 X，其对应的方差分别为 $\sigma_1^2,\sigma_2^2,\cdots,\sigma_n^2$。设各个传感器的权重分别是 $w_1,w_2,\cdots,w_n$，则融合后的状态估计值和权重满足的条件为：

$$\tilde{x}=\sum_{i=1}^{n}w_i x_i \quad 且\sum_{i=1}^{n}w_i=1 \tag{9-1}$$

假设权值相等且为 w，由式(9-1) 可知 $w=1/n$，经过局部融合后的状态估计值 $\tilde{x}$ 为：

$$\tilde{x}=\sum_{i=1}^{n}w_i x_i=\frac{1}{n}\sum_{i=1}^{n}x_i \tag{9-2}$$

总均方误差 σ^2 为：

$$\sigma^2=E\left[(x-\tilde{x})^2\right]=E\left[\sum_{i=1}^{n}w_i(x-x_i)\right]^2$$

$$=E\left[\sum_{i=1}^{n} w_i^2 (x-x_i)^2 + 2\sum_{j=1}^{n} w_i (x-x_i) w_j (x-x_j)\right] \tag{9-3}$$

因为 $x_i(i=1,2,\cdots,n)$ 彼此相互独立，且为 x 的无偏估计量，所以

$$E[(x-x_i)(x-x_j)]=0(i,j=1,2,3,\cdots,n,i\neq j) \tag{9-4}$$

因此总均方误差 σ^2 为：

$$\sigma^2=E\left[\sum_{i=1}^{n} w_i^2 (x-x_i)^2\right]=\sum_{i=1}^{n} w_i^2 \sigma_i^2 \tag{9-5}$$

结合式(9-3) 和式(9-5) 可知，总均方误差为：

$$\sigma^2=\frac{\sum_{i=1}^{n}\sigma_i^2}{n^2} \tag{9-6}$$

多传感器加权平均法 MATLAB 程序示例如下所示。

```
% 示例传感器数据
ss_data=[25.1,23.2,24.5;          % 温度传感器 1 的数据
         9.7,10.1,10.0;            % 压力传感器 2 的数据
         20.0,21.0,20.0];          % 湿度传感器 3 的数据
% 给出权重
qz=[0.6,0.3,0.4];                  % 传感器 1,2,3 的权重
% 检查权重是否归一化
if sum(qz)~=1
   qz=qz/sum(qz);
end
% 进行加权平均
qz_data=sum(ss_data.*qt',1); % 沿行方向计算加权平均
% 显示融合后的数据
disp('融合后的数据:');
disp(qz_data);
```

计算结果如下所示。

```
融合后的数据:
                    19.9769     19.5000     19.7692
```

9.4.2　贝叶斯估计法

贝叶斯（Bayes）估计法是统计决策理论的重要方法。其核心是基于贝叶斯

定理，结合先验知识或经验数据，动态更新对未知状态的估计，利用贝叶斯公式修正先验概率，从而实现对未知状态的最优推断和决策。

先验概率是指根据已知背景知识，或者在某些假设前提下进行估计的概率，一般用 $P(A)$ 来表示。条件概率是指在已知事件 B 发生的前提下，事件 A 发生的概率，其数学表达式为 $P(A \mid B)$。这个条件概率称为 A 的后验概率。

假设有 n 个 $(A_1, A_2, \cdots, A_n)$ 完整、互斥的事件，则贝叶斯公式为：

$$P(A_i \mid B) = \frac{P(B \mid A_i)P(A_i)}{\sum_{i=1}^{n} P(B \mid A_i)P(A_i)} \tag{9-7}$$

其中：$\sum_{i=1}^{n} P(A_i) = 1$；

$\sum_{i=1}^{n} P(B \mid A_i)P(A_i) = P(B)$；

$P(A_i \mid B)$ 表示在 B 发生的情况下 A_i 发生的可能性。

贝叶斯理论描述了如何利用新证据更新先验概率，其推理过程包括几个步骤：

① 根据先验知识或经验数据，确定每个假设的初始概率；

② 收集与假设相关的新证据或观测数据；

③ 根据假设和新证据确定证据在假设条件下出现的概率；

④ 利用贝叶斯定理，计算后验概率。

贝叶斯推理方法融合多个传感器信息，通过计算后验概率得出给定假设为真的概率。设不同类的 n 个传感器对同一个有 m 个属性的目标进行属性检测，记为 $P(B_i), i=1,2,\cdots,n$，有 m 个命题，记为 $A_j, j=1,2,\cdots,m$。贝叶斯融合推理过程如图 9-8 所示。

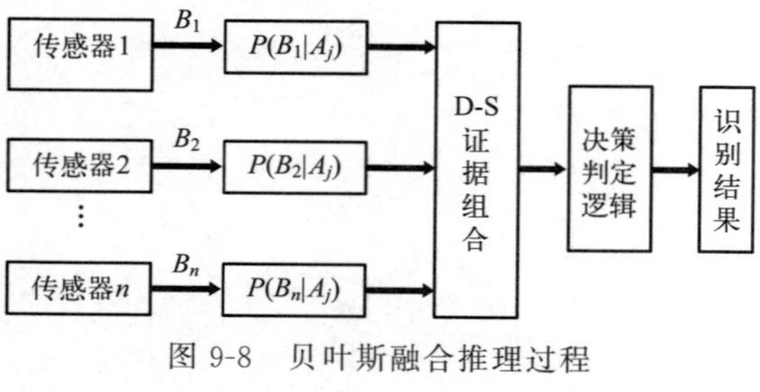

图 9-8　贝叶斯融合推理过程

多传感器融合贝叶斯估计法的 MATLAB 计算过程示例如下所示。

```
% 传感器数据(假设每个传感器的测量值都是一维的)
s1_data=[23.0,23.3,23.3,23.2];  % 温度传感器 1 的测量值
```

```
s2_data=[9.7,10.1,10.0,10.1];          % 压力传感器 2 的测量值
% 传感器的噪声方差(假设为已知值)
sigma1=0.4^2;                           % 传感器 1 的噪声方差
sigma2=0.5^2;                           % 传感器 2 的噪声方差

% 初始化
n=length(s1_data);                      % 测量值的数量
fused_data=zeros(1,n);                  % 存储融合结果
% 贝叶斯估计法进行数据融合
for i=1:n
    % 传感器 1 的后验分布参数
    mu1=s11_data(i);
    variance1=sigma1;
    % 传感器 2 的后验分布参数
    mu2=s2_data(i);
    variance2=sigma2;
    % 计算融合后的均值和方差
    fused_variance=1/(1/variance1+1/variance2);
    fused_mean=fused_variance*(mu1/variance1+mu2/variance2);
    % 存储融合后的结果
    fused_data(i)=fused_mean;
end
% 显示融合结果
disp('融合后的数据:');
disp(fused_data);
```

计算结果如下所示。

```
融合后的数据:
                  17.8098    18.1488    18.1098    18.0878
```

9.4.3　证据推理方法

证据推理方法即 D-S（Dempster-Shafer）方法。作为贝叶斯推理的扩展，D-S 方法通过基本概率赋值函数、信任函数和似然函数来表示和处理证据的不确定性。D-S 方法尤其适用于处理多个传感器信息的相互冲突。D-S 推理结构分为目标 ID 合成、推断和更新等自上而下的三级结构，如图 9-9 所示。第一级为目

标ID合成，是将独立的多源检测结果合成为总的输出结果（ID）；第二级为推断，其作用是通过收集传感器观测信息，应用合成规则，计算传感器观测结果的信任度，在逻辑上给出结论；第三级为更新，随着新证据或信息的加入，动态地对已有推理结果进行更新调整。

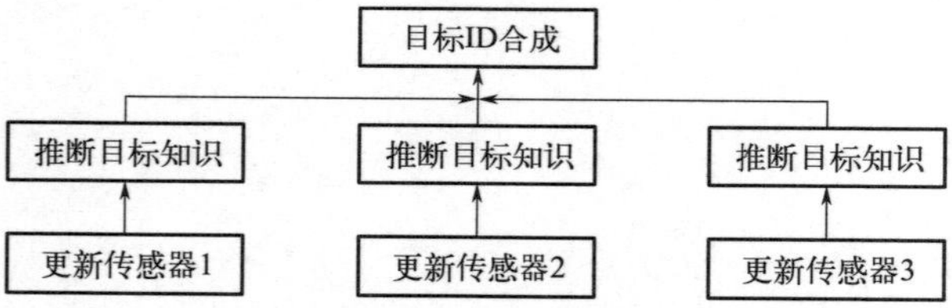

图 9-9　D-S方法推理结构

D-S方法是一种基于不确定性理论的决策支持方法。该方法通过引入信任度和不确定度来描述和处理信息，不仅适用于动态且复杂的工作环境，而且可为决策提供可靠的技术支撑。

9.4.4　卡尔曼滤波法

卡尔曼滤波法是基于状态空间模型的递归滤波算法，主要用于融合低层实时多传感器冗余数据并从中提取最优状态估计，其最优性体现为，在最小化估计误差的均方误差（MSE）意义下，能提供最优的估计结果。由于卡尔曼滤波法具有操作简单、实时性强等优点，得到了最为广泛的研究和应用。卡尔曼滤波法通过对每个传感器数据的噪声特性进行建模，并自动调整各个传感器数据的权重，特别适用于高斯白噪声模型。

下面介绍一种采用卡尔曼滤波法构建多传感器离散线性动态系统模型的分布式数据融合状态估计算法。设系统模型如式(9-8)、式(9-9) 所示。

$$\boldsymbol{x}(k+1)=\boldsymbol{A}(k)\boldsymbol{x}(k)+\boldsymbol{w}(k) \tag{9-8}$$

$$\boldsymbol{z}(i,k)=\boldsymbol{C}(i,k)\boldsymbol{x}(k)+\boldsymbol{v}(i,k),i=1,2,\cdots,N \tag{9-9}$$

式中　$\boldsymbol{x}(k)\in\mathbf{R}^{n\times 1}$——系统状态向量；

$\boldsymbol{A}(k)\in\mathbf{R}^{n\times n}$——转移矩阵；

$\boldsymbol{z}(i,k)\in\mathbf{R}^{q_i\times 1}(q_i\leqslant n)$——第 i 个传感器的观测向量；

$\boldsymbol{C}(i,k)\in\mathbf{R}^{q_i\times n}$——观测矩阵；

$\boldsymbol{w}(k)\in\mathbf{R}^{n\times 1}$——系统噪声；

$\boldsymbol{v}(i,k)\in\mathbf{R}^{q_i\times 1}$——观测噪声序列。

模型引入了两个噪声项和一个量测方程。通常，这两个噪声项被视为正态分布。卡尔曼滤波主要通过转移矩阵和观测矩阵分别实现对系统状态的估计和量测，然后再对两个结果进行“融合”，实现对系统状态的准确估计。

9.4.5 最优加权平均法

最优加权平均法根据各种数据的精度和可靠性等因素，给不同数据赋予不同权重，生成一个综合评价值，从而有助于在不同选项之间做出决策。这种方法特别适用于处理具有不同重要性和特征的多种指标。对于不同精度的数据，正确给定权重非常重要，精度高的数据赋予的权重应大，而精度低的数据赋予的权重应小。测量数据按照其精度常采用误差标准差、经验或测量次数来确定权重，有利于提高估计值的准确性。

最优加权平均法的一般结构如图 9-10 所示。

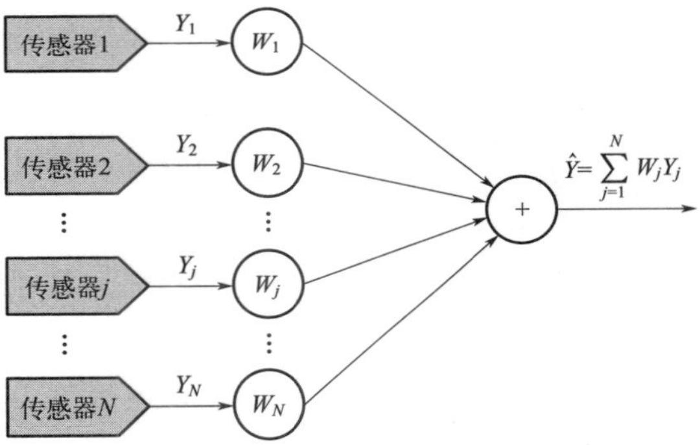

图 9-10　最优加权平均法

假设使用 N 个传感器检测一个被测量 Y，传感器观测值分别为 $\{Y_j\}$（$j=1,2,\cdots,N$）。设第 j 个传感器的观测可表达为：

$$Y_j(t)=Y(t)+n_j(t) \tag{9-10}$$

其中，$n_j(t)$ 为叠加在真实信号 $Y(t)$ 上的白噪声。$n_j(t)$ 的方差表示为：

$$\sigma_j^2-E\left[n_j^2(t)\right]$$

其中，E 为数学期望。

假设观测相互独立，且无偏，则 Y 的估计可表示为：

$$\widehat{Y}=\sum_{j=1}^{N} w_j Y_j \tag{9-11}$$

其中，w_j 为加权系数，并且 $\sum_{j=1}^{N} w_j=1$，估计方差为：

$$\sigma^2=\sum_{j=1}^{N} w_j^2\sigma_j^2 \tag{9-12}$$

式中，σ_j^2 为第 j 个传感器的噪声方差。

当所有观测的加权系数相同时，$w_j=1/N$，则估计方差的公式表示为：

$$\sigma_{\text{ave}}^2=\frac{1}{N^2}\sum_{j=1}^{N}\sigma_j^2 \tag{9-13}$$

式(9-13) 平均加权并非最小方差估计。因此，为求得式(9-12) 中方差 σ^2 最小的 w_j，构造辅助函数

$$f(w_1,w_2,\cdots,w_N,\lambda)=\sum_{j=1}^{N} w_j^2\sigma_j^2+\lambda\left(\sum_{j=1}^{N} w_j-1\right) \tag{9-14}$$

在条件 $\sum\limits_{j=1}^{N} w_j=1$ 下的最小值问题可归结为如下条件极值问题。

$$\begin{cases}\dfrac{\partial y}{\partial w_1}=2w_1\sigma_1^2+\lambda=0\\ \dfrac{\partial y}{\partial w_2}=2w_2\sigma_2^2+\lambda=0\\ \qquad\vdots\\ \dfrac{\partial y}{\partial w_N}=2w_N\sigma_N^2+\lambda=0\\ \sum\limits_{j=1}^{N} w_j-1=0\end{cases} \tag{9-15}$$

其中，

$$\begin{cases}w_j=\dfrac{\mu}{\sigma_j^2},j=1,\cdots,N;\mu=-\dfrac{\lambda}{2}\\ w_1+w_2+\cdots+w_N=1\end{cases}$$

由上式得

$$w_1+w_2+\cdots+w_N=\mu\left(\frac{1}{\sigma_1^2}+\frac{1}{\sigma_2^2}+\cdots+\frac{1}{\sigma_N^2}\right) \tag{9-16}$$

即

$$1=\mu\sum_{j=1}^{N}\frac{1}{\sigma_j^2}$$

则：

$$\mu=\frac{1}{\sum\limits_{j=1}^{N}\dfrac{1}{\sigma_j^2}} \tag{9-17}$$

将此结果代入 $w_j=\dfrac{\mu}{\sigma_j^2}$，$j=1,2,\cdots,N$，即得：

$$w_j = \frac{\mu}{\sigma_j^2 \sum_{j=1}^{N} \frac{1}{\sigma_j^2}}, \quad j=1,\cdots,N \tag{9-18}$$

从式(9-18)看出，各个传感器的方差 σ_j^2 决定了最优加权因子 w_j，虽然 σ_j^2 未知，但是可根据各传感器测量值通过算法求出。

例如，设任意两个不同传感器 i 和 j，其测量值分别为 Y_i、Y_j，所对应的观测误差分别为 n_i、n_j

$$Y_i = Y + n_i \tag{9-19}$$

$$Y_j = Y + n_j \tag{9-20}$$

因为 n_i、n_j 互不相关，且均值为零，与 Y 也不相关，所以 Y_i、Y_j 的自相关系数 R_{ij} 满足

$$R_{ij} = E[Y_i 、Y_j] = E[Y^2] \tag{9-21}$$

Y_i 的自相关系数 R_{ii} 满足

$$R_{ii} = E[Y_i 、Y_i] = E[Y^2] + E[n_i^2] \tag{9-22}$$

于是可得：

$$\sigma_j^2 = E[n_j^2] = R_{ii} - R_{ij} \tag{9-23}$$

对于 R_{ii} 和 R_{ij} 的求取，可由时间域估计值得出。

多传感器融合最优加权平均法的 MATLAB 程序示例如下所示。

```
% 传感器数据(假设每个传感器的测量值都是一维的)
s1_data=[10.0,10.5,11.0,9.8,10.2];        % 传感器 1 的测量值
s2_data=[10.5,9.7,11.2,10.1,10.3];        % 传感器 2 的测量值
% 传感器的噪声方差(假设为已知值)
sigma1=0.5^2;                             % 传感器 1 的噪声方差
sigma2=0.3^2;                             % 传感器 2 的噪声方差
% 初始化
n=length(s1_data);                        % 测量值的数量
fused_data=zeros(1,n);                    % 存储融合结果
% 最优加权平均法进行数据融合
for i=1:n
    % 传感器 1 和传感器 2 的测量值
    nu1=s1_data(i);
    nu2=s2_data(i);
    % 计算加权系数
    weight1=1/sigma1;                     % 传感器 1 的权重
    weight2=1/sigma2;                     % 传感器 2 的权重
    % 计算融合后的均值
```

```
    fused_data(i)=(weight1 * nu1+weight2 * nu2)/(weight1+weight2);
end
% 显示融合结果
disp('融合后的数据:');
disp(fused_data);
```

计算结果如下所示。

```
融合后的数据:
          10.3676    9.9118    11.1471    10.0206    10.2735
```

9.5 多传感器系统设计

多传感器系统通过整合多个传感器数据，显著提升了对环境的感知和理解能力。根据应用场景、功能需求和性能要求，多传感器系统设计一般包括传感器选型、传感器布局、数据采集与处理以及数据融合算法实现等步骤。

9.5.1 传感器选型

传感器选型是多传感器数据融合的关键技术之一。传感器的选择和配置直接影响数据质量和可靠性。传感器选型主要依据以下几个方面。

① 根据测量对象与环境条件选型　首先要考虑传感器检测原理，这需要分析传感器的应用环境和环境适应能力；传感器在应用环境下稳定工作是确保数据质量的重要条件。

② 根据互补性选型　通过选择不同类型的传感器，使传感器相互取长补短，为检测提供更全面的信息。例如，结合使用惯性传感器和视觉传感器可以提高定位和导航系统的准确性。

③ 根据成本选型　需要平衡传感器成本和性能，选择既满足需求又具有合理价格的传感器。

④ 根据可靠性和稳定性选型　选择具有良好可靠性和稳定性的传感器，能够长时间稳定地工作而不易受外部干扰影响。

⑤ 根据接口与兼容性选型　考虑传感器与系统之间的接口和集成方式，选择与系统兼容并且易于集成的传感器类型。

综合考虑以上原则，可以选择最适合特定应用环境的传感器，并通过多传感器融合的方式实现更准确、可靠的数据采集和信息提取。

9.5.2　传感器布局

根据监测目标和环境特点，合理布局传感器，以获取全面、准确的有效信息，并确保覆盖所要检测的区域并减少盲区。传感器布局主要考虑空间布局，应注意布设位置选择、布设间距确定和布设干扰影响。

传感器布设位置选择应通过目标分析和环境因素影响分析，确定传感器覆盖范围，确保整个检测区域都被覆盖。合理的布设间距可避免传感器布局存在盲区，必要时可适当地重叠覆盖，但要避免造成资源浪费。在考虑布设干扰影响时，应避免传感器之间相互干扰，同时还要考虑环境因素影响，保证传感器数据传输的可靠性。

综合考虑以上因素，需要根据具体的应用场景和需求对传感器进行合理布设，以实现系统对环境的全面感知和有效信息获取。

9.5.3　数据采集与处理

多传感器系统设计中，由于传感器类型多样且接口标准不统一，数据采集接口设计需明确各传感器的数据传输接口类型。常见的接口类型包括串行接口、CAN 总线接口等。设计时不仅要应对高频率数据流处理要求，还需根据数据采集的具体应用场景选择合适的接口类型和通信协议。此外，还需考虑错误处理和容错机制，以应对数据传输中可能发生的网络中断、数据丢失或传感器故障等异常情况。因此，多传感器融合数据采集接口设计需兼顾数据整合、实时性、安全性以及稳定性等多方面因素，以满足复杂环境下的数据采集和应用需求。

多传感器融合数据预处理是提高数据质量和融合有效性的关键，其直接影响融合算法性能和最终结果的准确性。在选择数据预处理方法时，需综合考虑传感器特性、环境条件及应用需求。常用的预处理算法包括数据清洗、数据归一化、数据融合、时序数据处理等。上述方法能够有效提升数据的可用性，为后续的融合算法提供高质量的数据输入。

9.5.4　数据融合算法实现

数据融合算法的实现，需先根据传感器的噪声特性、系统非线性以及实时处理要求选择合适的融合算法。数据融合算法实现主要包括算法选择、算法实现和算法性能评估。

(1) 算法选择

基于数据融合算法特点，根据实际应用需求，选择合适的数据融合算法。选择有效的数据融合算法，应全面考虑传感器特性、数据特点、应用场景以及系统约束条件等多个因素，应用理论分析和实验验证，尤其针对复杂环境下的实际应用，可根据具体情况选择和组合多种数据融合算法来达到最优的融合效果。

（2）算法实现

多传感器数据融合算法是一个多步骤协同且复杂的过程。其核心步骤一般包括数据获取、数据预处理、特征提取、数据融合、融合结果决策和评估优化等。每个步骤不仅要同其他步骤紧密配合，还要根据具体的应用场景需求和传感器特性进行有针对性的优化。因此，在设计多传感器数据融合算法时，需全面考虑以下关键因素：

① 充分利用传感器的多样性和互补性，整合不同类型传感器的特性和优势；

② 确保数据的一致性与完整性，为融合结果的可靠性奠定基础；

③ 构建合理的系统模型，以实现多源数据的高效整合；

④ 紧密结合实际应用场景，确保算法能切实满足实际需求；

⑤ 在准确性、实时性等关键性能指标上达成平衡，以满足实际应用中的性能要求。

（3）算法性能评估

多传感器数据融合算法性能评估是检验多传感器数据融合系统实际应用有效性的关键步骤，也是分析、测试系统性能的重要手段。算法性能评估指标主要包括算法准确性、鲁棒性、实时性、融合质量等方面。鉴于应用场景的不同，性能评估指标侧重点不尽相同。因此，需借助仿真实验或实际测试对数据融合算法的性能开展全面评估。

9.6 多传感器数据融合应用

9.6.1 工业环境监测

工业环境监测已不再仅局限于传统的空气质量和水质监测，而是涉及整个生态环境的各个方面，如噪声、恶臭、辐射等监测。工业环境监测不仅需要多种类型的传感器，而且工业环境的恶劣性对传感器的可靠性、安全性提出了很高的要求。下面以煤矿井下环境监测为例分析。

煤矿井下环境监测，需要各种传感器实现对煤层气、一氧化碳、粉尘、温度、井下设备工作状态等的监测。矿井环境的多传感器信息融合采用二级信息融合方式进行设计，如图 9-11 所示。采用贝叶斯估计法从某一传感器的多次测量值中计算出最接近真值的数值作为当前采样值，然后对某一监测点的各检测参数利用神经网络进行综合评价，从而得到当前该点的环境状况。

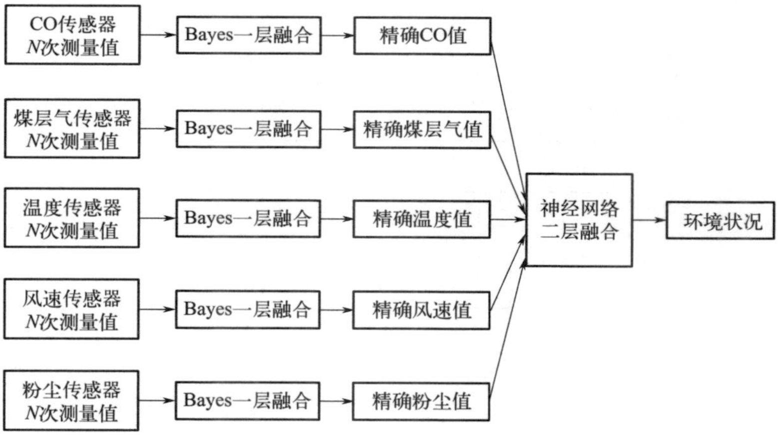

图 9-11　矿井环境的多传感器信息融合结构图

矿井环境的多传感器信息融合系统设计包括数据层融合和决策层融合两层融合结构。数据层信息融合方式是针对各类传感器检测信息不同、测量数据格式不同等情况，采用自适应加权数据融合算法，对不同类型传感器赋予不同权值系数，使融合后的数据达到最优。例如，该系统中的传感器包括 CO 传感器、煤层气传感器、温度传感器、风速传感器等，因此，应根据实际需求对不同传感器的重要性加以区分。决策层信息融合采用的是 BP 神经网络算法，该 BP 神经网络设计为一个包括输入层、隐含层、输出层的三层反向传播网络，输入层包含 5 个节点，分别代表煤层气浓度、一氧化碳浓度、风速、粉尘浓度和温度信息。隐含层包含 7 个节点，输出层由 5 个节点构成，分别代表安全、较安全、一般安全、较不安全和不安全五种不同的安全状态判断结果。

9.6.2　地图构建

高精度地图提供了比传统地图更加详细的实时动态数据和细节化的空间信息，是自动驾驶重要的核心组成部分。高精度地图为自动驾驶提供了精确定位、碰撞避让、障碍物检测、智能调速、转向和引导等功能。大规模场景下的高精度地图构建需要通过激光雷达、高清摄像头等不同类型传感器实现，这就需要数据融合技术实现对车道信息、道路几何形状信息等的融合，从而完成复杂场景的地图构建。

高精度地图提供的大量行车辅助信息对实现自动驾驶至关重要。行车辅助信息包括车道信息、交通标志与标线、交通信号灯、交叉道信息、路面坡道信息、道路变化信息以及停车区域信息等多种信息。因此，高精度地图的构建不仅涉及多种传感器，而且数据量大且数据类型多样。地图构建的多传感器信息融合结构如图 9-12 所示。

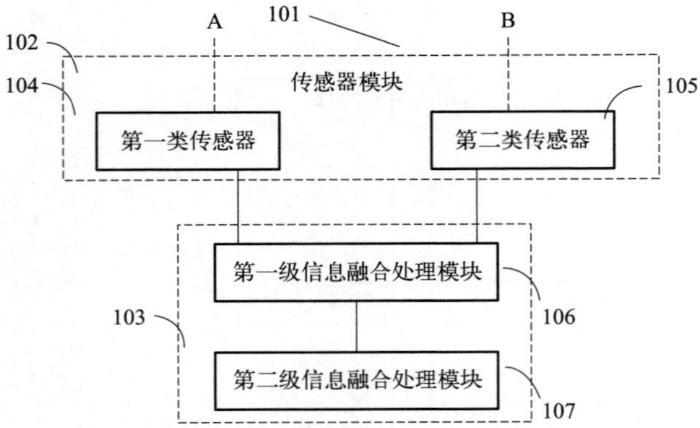

图 9-12　地图构建的多传感器信息融合结构图

9.7　数据融合发展趋势

近年来，物联网和互联网呈现爆发式增长，为多传感器数据融合技术不断创新注入了强劲动力。目前，多传感器数据融合技术已广泛应用在智能机器人、图像处理、智能制造等多个领域，显著提高了各行业的智能化水平。随着人工智能、传感器技术、电子技术的不断更新迭代，数据融合技术正朝着大规模、分布式、智能化和集成化的方向发展。展望未来，数据融合技术有望在理论研究、算法优化以及模态融合等方面取得重大突破。

（1）数据融合处理方法理论研究

随着网络技术的发展，多传感器信息融合将面临多模态、海量数据的处理和分析的挑战，主要表现为计算量大且复杂度高，数据来源呈现出数据类型多样化、数据格式各异等问题。数据融合处理方法理论研究通过对不同来源数据进行综合和分析，以获取更全面的数据，可提高系统决策质量、增强系统可靠性及鲁棒性、解决多模态数据整合等问题。

（2）边缘计算结合

边缘计算作为一种新兴的分布式计算范式，将数据处理和存储功能从集中式数据中心转移到靠近数据源的边缘网络设备。这种架构有效避免了传统模式下数据需长距离传输至远程数据中心进行处理的问题。边缘计算采用就近处理数据的模式，不仅提高了数据处理效率，同时降低了传输过程中数据泄露的风险。从运行机制来看，边缘计算依托网络多个节点协同作业，将负载分散到靠近数据源的设备，从而增强了系统的实时响应能力，减少了对网络带宽的依赖，缓解了网络传输的压力。随着 5G 等新一代通信网络的普及和应用，边缘计算同多传感器数据融合技术的深度结合，有望在多个领域引发创新性的变革。

(3) 多模态信息融合

未来，多传感器信息融合将致力于实现不同数据类型传感器的多种模态信息融合与处理技术。随着人工智能的发展及其在多模态信息融合系统中的深入应用，多模态信息融合技术主要表现为跨模态学习与推理、增强现实与虚拟现实结合和大规模数据处理与分析等几个方面，并在工业制造智能化升级、智慧医疗健康、智能驾驶等多个领域得到广泛应用。多传感器与多模态信息融合也面临着不同模态数据的异构性、时空同步、数据质量不一致等问题的挑战。

本章小结

数据融合结构、融合算法在多传感器融合技术中发挥着重要作用，未来的多传感器融合将会是一个更加复杂的信息处理过程。本章主要从数据融合原理、融合结构、融合算法以及多传感器系统设计等内容进行讲述。首先介绍了多传感器数据融合发展历程及基础知识等。其次讲述了多传感器数据融合基本原理、数据融合特点以及关键技术，并对数据层融合、特征层融合和决策层融合的多传感器融合结构进行了介绍。然后讲述了多传感器数据融合算法，包括加权平均法、贝叶斯估计法、证据推理方法、卡尔曼滤波法和最优加权平均法等估计算法，并给出了部分算法的 MATLAB 程序，另外重点讲述了多传感器系统设计，并对传感器选型、布局、数据采集与处理以及算法实现等系统设计内容进行讲述。最后介绍了多传感器数据融合应用，包括在工业环境监测以及地图构建等领域的应用，以及数据融合发展趋势。

思考题

1. 什么是多传感器数据融合技术？其目的是什么？
2. 简述多传感器数据融合功能。
3. 简述多传感器数据融合的原理，并画出其示意图。
4. 列举几种常用的多传感器数据融合算法，并说明各算法特点。
5. 简述多传感器系统设计步骤。

第10章

机器视觉检测技术

机器视觉检测技术是一种基于计算机视觉和图像处理的新兴检测技术。近年来在各领域发挥着重要作用。随着视觉技术、人工智能、计算机技术、图像处理技术等技术的快速发展，利用计算机对图像进行处理分析，从而在多个领域实现了自动化检测和识别分析。

10.1 机器视觉检测基本理论

10.1.1 视觉检测基本概念

机器视觉检测技术是模拟人类视觉功能，通过传感器等设备获取检测对象图像信息，利用计算机进行数字化分析处理，以提取图像特征信息，并运用相关算法或模型对图像特征信息进行检测。该技术在现代工业中得到了广泛应用。

10.1.2 视觉检测特点

视觉检测技术具有传统检测技术无法比拟的优点，特别是在智能制造领域，机器视觉显著提高了加工件的加工精度和效率，尤其在生产线和重复性工作中具有更大的应用价值。视觉检测技术为企业实现智能化、自动化生产迈出了重要的一步。视觉检测技术的特点主要体现在以下几个方面。

(1) 效率

机器视觉在生产过程中提供了及时、准确、丰富的检测对象信息，特别是在重复性工作和生产线上的大批量产品检测中，机器视觉检测技术的出现减少了对人工检测的依赖，降低了人工工作量和人为错误，从而提高了生产效率。先进的图像处理技术，加强了检测过程中对图像信息的捕捉和分析能力，显著提高了检测速度。而且，随着人工智能和视觉设备的更新迭代，视觉检测效率将会大大提高。

（2）检测精度

机器视觉在检测精度方面优势明显。同人工检测相比，其不受主观因素影响，能够通过先进的摄像头和图像处理算法，在很短时间内识别出产品的缺陷和尺寸偏差等问题，这不仅保证了产品合格率，而且提高了检测精度。随着深度学习模型和算法的不断优化、硬件配置的不断升级，机器视觉可以在不适合人工的各种复杂场景下精确地检测产品。

（3）重复性

机器视觉可以在相同条件下完成重复、繁重的检测工作，确保了每次检测结果的一致性，避免了环境因素、人为因素等干扰产生的误差。机器视觉检测系统安装完成后，可以长时间运行和高效稳定地重复检测。为保证良好的视觉检测重复性和不同工作环境下重复检测结果的一致性，可通过优化算法模型、定期校准检测设备或升级检测设备等途径实现。

（4）非接触性

机器视觉是一种非接触式检测。在检测产品的过程中，通过图像设备获取检测目标的图像信息而不直接接触被检测产品，避免了产品损失、检测设备损害和人员伤害等，从而延长了检测设备的使用寿命，降低了检测运维成本。同时，由于不涉及化学检测试剂，其不存在对环境的污染，因此符合现代绿色制造的要求。

（5）成本

机器视觉检测属于一次性投入、长期产出。随着机器视觉的快速发展，视觉检测系统硬件成本和软件成本越来越低，同时，减少了人工检测成本，因此视觉检测系统大幅降低了建设成本和运维成本。而且，机器视觉检测显著提高了生产效率，降低了产品不合格率，因此从长期来看，机器视觉检测实现了成本节约。

（6）信息丰富

机器视觉检测技术可通过多种检测方式获取检测对象详细的三维信息，捕获高分辨率图像信息，有助于更精确地进行测量和识别。机器视觉检测技术支持尺寸测量、缺陷检测、颜色识别等多种检测方式，通过获取检测对象的颜色、形状、表面质量等视觉信息，可提供检测对象的特征和三维信息，有助于更全面地理解和分析检测对象，从而有效保障了产品质量。而且，其能够快速进行图像获取和信息处理，及时识别检测产品的缺陷等问题，提高了产品管理效率。

（7）数字化

机器视觉数字化主要表现在图像采集、图像处理、图像分析等检测过程中。机器视觉获取的测量数据可进行数字化存储和分析，这有助于对生产过程的统计和分析，从而实现对产品质量的追溯，发现生产过程中存在的问题，并进行产品生产工艺优化。

10.1.3 机器视觉检测原理

机器视觉检测在工业生产过程中具有重要作用。该技术含有多个步骤：图像信息获取、图像预处理、特征提取、目标检测和识别等。

(1) 图像信息获取

图像信息获取是指通过视觉传感器等设备获取图像数据的过程。获取的图像可以是二维图像，也可以是三维点云数据。为保证图像保真，关键在于捕获检测对象的视觉传感器。随着视觉技术的不断进步，视觉传感器不仅提供丰富和准确的图像数据，而且智能化程度更高。常用的图像获取方法有相机捕捉、视频采集、红外热成像、3D视觉检测等。如图10-1所示的光学影像测量仪，可通过CCD彩色镜头实现对工件圆度、直线度、弧度等的测量。

图 10-1 光学影像测量仪

1）图像捕捉

工业相机是最常见的图像采集设备。图像传感器作为其核心组件，对成像效果起着决定性作用。目前市场上有CCD(charge coupled device，电荷耦合器件）和CMOS(complementary metal oxide semiconductor，互补金属氧化物半导体）两种工业图像传感器。这两种传感器均基于光电效应原理进行图像采集，但在信号读取机制上存在显著差异。CCD传感器采用集中式信号读取方式，通过单一输出节点传输数据，进而保证了较高的图像均匀性。而CMOS相机采用分布式读取方式，每个像素点带有独立的信号放大或转换装置，CMOS显著降低了系统功耗和生产成本。在成像质量方面，在相同像素尺寸条件下，CCD传感器具有更好的曝光效果和色彩还原性。

CCD由多个光敏元件组成，即像素，在光照射下光子被吸收并产生电子，生成的电子在像素上积累，形成与光强度成正比的电荷，最终转换为模拟信号。例如，200万像素CCD就是一个由200万个光电二极管构成的集成体。

同CCD类似，CMOS中的每个像素都包含一个光敏元件，不同的是CMOS每个像素都内置有放大器和处理电路，输出的模拟信号经过A/D转换器转换为数字信号输出。

2）视频采集

机器视觉检测系统的视频采集是指将通过摄像头实时采集的视频信号传输到处理单元的过程。视频采集过程主要包括摄像设备选择、视频信号捕获、数据传输、数据处理和存储管理。视频采集卡是视频采集的主要设备，大多数视频采集卡是基于 PCI 总线的模拟图像采集卡。视频采集卡的选取应注意以下几点。

① 接口类型和带宽：视频采集卡接口类型必须与相机接口匹配，例如，USB、SDI、HDMI 等，并且尽量选择支持高带宽的接口，以满足视频高分辨率和高帧率的传输要求。

② 分辨率和帧率：分辨率和帧率是评估视频采集卡性能的重要指标。分辨率是指视频图像的清晰度，以像素（宽×高）表示。例如，超高清 4k(3840×2160)。帧率是指每秒传输的帧数，通常以 FPS(frames per second) 表示。合理选择分辨率和帧率，可提升视频采集和处理的效果。

③ 图像格式：一般采集卡支持的视频编码和图像格式有 MJPEG、YUV 等，因此要根据应用需求选择采集卡。

④ 扩展性：为适应应用场景的多个视频采集要求，需要选择多通道视频采集卡。同时，为提高图像处理能力，适应更高负载需求，在选择视频采集卡时应充分考虑扩展性特点。

⑤ 环境适应性：在选择采集卡时，应考虑检测环境的温度、湿度等环境要求，以及抗干扰能力、振动冲击耐受性、电源适应性、长时间工作稳定性等因素。通过选择适合应用场景的视频采集卡，确保视觉检测系统在检测环境中稳定可靠工作。

⑥ 实时性要求：为满足视觉检测快速性要求，应选择低延迟的采集卡，同时考虑采集卡的数据速率。视频采集卡的数据速率是指设备在单位时间内能够处理的数据量，通常以比特每秒（bit/s）或更常用的兆比特每秒（Mbit/s）来表示。数据速率公式如下：

$$v=r\times f\times d/8 \tag{10-1}$$

其中，r 为相机的分辨率，f 为相机的帧率，d 为相机的数字深度（或灰度级）。实际数据速率一般要大于 1.2 倍的相机数据速率。

⑦ 控制信号：为保证视频采集卡与外部视频信号的定时同步，视觉检测系统通过控制信号异步触发相机和采集卡，实现对运动目标的同步检测。

3）红外热成像

红外热成像是一种利用光电技术检测物体红外辐射信号来获取物体温度分布信息的技术。红外热成像常采用红外传感器或红外线热像仪来获取热红外图像。红外线热像仪主要组件包括红外探测器、光学系统、信号处理单元、显示单元、存储单元以及分析软件单元等。如图 10-2 所示，利用红外热成像检测电路板时可以通过温度变化来判断电路板的故障点，从而高效地实现电路板质量控制。

红外热成像检测方法能够高效地提供高精度的温度监测和温度分布信息，因此，广泛应用于医疗诊断、电气监测等领域。但是，该方法易受环境温度、光照等因素的影响。

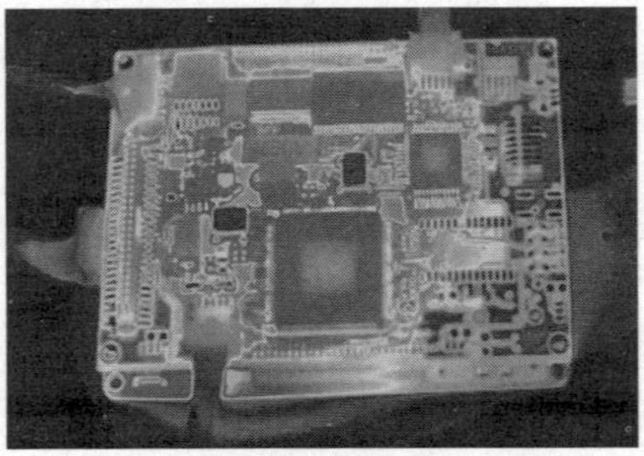

图 10-2 红外热成像电路板加工检测

4）3D 视觉检测

3D 视觉检测是基于先进光学技术和计算机视觉算法的感知技术，通过 3D 扫描获取被测工件的三维空间信息，从而实现对被测工件三维形状和尺寸的精准测量。相比传统的 2D 视觉检测，3D 视觉检测能够获取更全面丰富的三维信息和微小细节信息，具有更高的准确性。同时，由于 3D 视觉检测系统具有快速采集和处理信息能力，并集成了多个传感器，因此，检测速度快、抗干扰能力强，具有更全面、准确的环境感知能力。

风机叶片 3D 扫描测量系统如图 10-3 所示，可通过 3D 扫描测量技术实现对风机叶片局部特征信息的采集和处理。该系统同 AI 算法结合，实现了图像优化处理，最大程度地减小了测量误差和外部干扰。3D 扫描测量系统在数字建模、增强现实和虚拟现实等领域具有广泛用途。

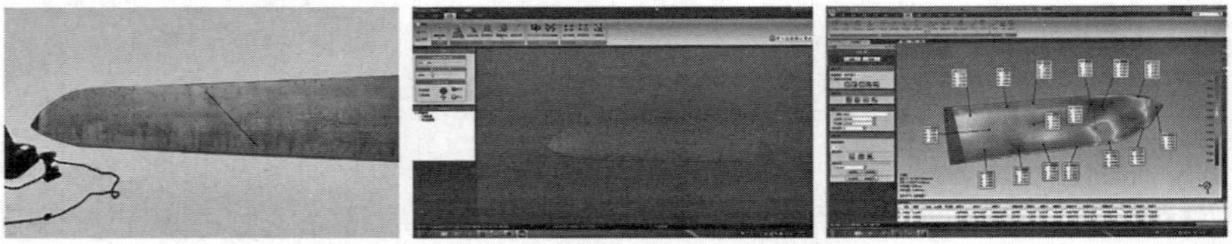

图 10-3 3D 扫描测量系统

通过上述分析，可知图像信息获取是机器视觉检测技术中的关键环节，它为后续的图像处理和分析提供了基础数据。

(2) 图像预处理

在视觉检测系统中，图像预处理发挥了重要作用。图像预处理不仅改善了图像质量，增强了特征信息，还为后续图像算法提供了稳定和可靠的数据支撑。图像预处理通过强化关键信息、消除检测环境噪声和干扰以及复原丢失的真实细节，不仅提高了信息的可辨识度，而且最大限度地减少了数据量。此外，图像预处理过程还实现了对图像的标准化处理。

图像预处理步骤可根据具体的任务需求和图像特点进行组合和调整，其步骤包括图像去噪、图像滤波、图像锐化、图像增强等内容。

1）图像去噪

对于数字图像信号，噪声来源有多种，常见的噪声有模糊噪声、椒盐噪声、压缩损失等。这些噪声会改变像素的原始灰度信息，造成图像中出现异常明暗区域，进而影响后续的分析和处理工作。图像去噪是图像处理的重要环节，其目的是去除图像中的噪声干扰，以提高图像清晰度和信息细节。图像去噪常用的方法有基于滤波器方法、基于模型方法等。这些方法适用于简单的噪声处理，但在应对复杂噪声或需要保持细节完整性的场景中存在局限性。随着深度学习的发展，基于深度学习的去噪方法逐渐成为图像处理的主流，这类方法通常能够实现更优的噪声抑制效果。

① 基于滤波器方法　基于滤波器方法是通过对图像中的像素分布远近进行加权计算或替换来消除噪声。常见的基于滤波器方法有均值滤波、中值滤波、高斯滤波等。

均值滤波是一种基础的图像平滑技术，其核心思想是将目标像素周围邻域的灰度值进行平均运算，并将其作为该像素的新值，从而达到抑制噪声的目的。这种滤波方式具有算法简单、运算速度快的特点，但在处理过程中容易造成图像边缘和细节信息的丢失，导致画面清晰度下降。

中值滤波是指在指定邻域内将像素排序后取中位数代替该像素原始值。该方法常用于椒盐噪声等异常噪声。中值滤波的优点是保留了图像边缘和细节信息，从而避免图像模糊，其缺点是对于高斯噪声等平滑噪声效果不如其他方法，而且计算相对复杂。

高斯滤波是通过高斯函数对指定像素的邻域内像素进行加权平均，距离指定像素越远的像素权重越小。高斯滤波的优点是较好地保留了图像边缘信息，缺点是容易导致细节丢失，且计算量大。

② 基于模型方法　基于模型方法是利用数学模型或统计模型对噪声进行建模，从而有效地去除噪声。常用的方法有小波变换、总变差去噪方法等。

小波变换通过将图像分解为不同频带，能够有针对性地处理高频区域的噪声成分而保留图像主要信息。该技术具有时频局部化特性，可同时提供信号的时间和频率信息，其采用的正交基函数确保了信号重构的效率，有助于更高效地重构信号。因此，小波变换是一种高效的图像降噪技术，在消除各类噪声的同时，能较好地保留图像的边缘特征与细节信息，在处理复杂图像的去噪任务中表现突出。

③ 基于学习方法　基于学习方法是使用机器学习或深度学习，通过模型训练自动学习去噪的方法，该方法可分为传统的基于学习方法和基于深度网络的学习方法。随着深度学习技术的发展，基于深度网络的学习方法已成为主流方法，该方法通过自动特征学习和复杂的网络结构，能够处理更复杂的任务和大规模数据，因此相比于滤波、模型驱动以及早期的学习算法，其在图像去噪方面更具有优势和前景。目前基于深度网络的学习方法有卷积神经网络、循环神经网络和迁

移学习等。

在实际应用中，由于噪声产生原因各不相同，各种去噪方法对噪声的去除效果各有差异，因此，应根据噪声类型和分布特性选择合理的去噪方法。

2）图像滤波

图像滤波是图像预处理的重要部分，滤波的效果直接影响图像处理的质量。图像滤波通过滤波器实现有效去除噪声、增强图像特征、平滑图像、突出边缘信息的目的。在图像滤波中，应尽可能保留图像细节特征信息，在此前提下对图像进行去噪，实现图像平滑、锐化、边缘增强等操作。但是，受到成像系统、传输通道、成像环境等因素影响，图像中必然会产生噪声干扰，噪声的大小会导致不同程度的图像质量问题，干扰后续图像处理算法的设计和图像中关键特征的有效提取，降低图像质量，进而影响后续图像处理和分析。

常用的图像滤波方法有均值滤波、中值滤波和高斯滤波。其中均值滤波和高斯滤波的处理算法都是基于二维离散卷积，二维离散卷积的数学公式如下。

$$g(i,j)=\sum_{k,l}f(i-k,j-l)\cdot h(k,l)=\sum_{k,l}f(k,l)\cdot h(i-k,j-l) \tag{10-2}$$

式中 (i,j)——图像像素点；

$g(i,j)$——卷积输出值；

$f(i-k,j-l)$——图像像素点 (i,j) 邻域中对应的像素点值；

$h(k,l)$——与 $f(i-k,j-l)$ 这个值在卷积核对应位置处的像素点值。

图像处理中的二维离散卷积包括反转、移动、乘积和求和等步骤。二维离散卷积的效果是通过对图像的每个像素点的邻域内的像素点值加权求和，来代替该像素点的原始值，邻域的范围就是卷积核的大小。

① 均值滤波　均值滤波卷积核沿着卷积平面移动，用图像像素点邻域内像素的平均值作为该点像素值，输出图像每个像素点的像素值，为卷积核大小的邻域内输入图像对应像素点（卷积核中心像素）的像素值的平均值。其计算公式为：

$$h(r,c)=\frac{1}{M}\sum_{(x,y)\in N}f(x,y) \tag{10-3}$$

式中 M——邻域 N 内的像素点总数，邻域 N 的大小由卷积核决定；

(r,c)——像素点位置；

$h(r,c)$——(r,c) 位置的像素点值；

(x,y)——像素点周围的灰度值。

如式(10-3) 所示，平滑后 (r,c) 位置像素点的像素值 $h(r,c)$ 由 (x,y) 像素点周围灰度值的平均值来代替，而卷积核的大小决定了滤波的程度，卷积核越大，滤波程度越大，图像越模糊，反之滤波效果越低，需要根据图像实际情况来确定卷积核的大小。

均值滤波能以较快的速度完成图像滤波处理，但在进行滤波处理时会使图像的细节变得模糊，无法确保图像的清晰程度，比如均值滤波对于椒盐噪声处理效果不佳。

② 中值滤波　中值滤波是一种非线性图像处理技术，核心思想是对周围邻域目标像素的像素值进行大小排序，并选取序列中值替换原始位置的像素点值。比如一张原图，高为 R、宽为 C，在图像中选取任意坐标点（r,c）作为中心点（其中，$0\leqslant r\leqslant R$，$0\leqslant c\leqslant C$），构建宽、高为 $W\times H$ 的邻域（W 和 H 均为奇数）。对邻域内像素点的灰度值按升序或降序排序，并取序列中的中值作为输出图像在（r,c）位置处的灰度值。中值滤波公式为：

$$h(r,c)=\text{median}\{f(w,h),(w,h)\in K\} \tag{10-4}$$

式中　K——卷积核范围；

$h(r,c)$——滤波结果；

median——取中值操作；

$\{f(w,h)\}$——邻域内所有像素点的像素值的集合。

中值滤波是一种有效的去噪方法，尤其在处理椒盐噪声时具有突出效果。椒盐噪声通常是图像在采集过程中受到不确定因素的干扰而产生的，是随机分布在图像中的黑点或白点。

③ 高斯滤波（图 10-4）　高斯滤波通过高斯卷积核对图像中的每一个像素点进行扫描，将像素点邻域内的像素值和进行加权平均处理。高斯滤波公式为：

$$G(x,y)=\frac{1}{2\pi\sigma^2}e^{-\frac{-(x^2-y^2)}{2\sigma^2}} \tag{10-5}$$

式中　$G(x,y)$——卷积核（x,y）处的权值；

σ——标准差。

图 10-4　高斯滤波效果

通过高斯函数公式来确定卷积核的权值大小，将权值进行归一化处理，数值约束在0～1之间，权值的和为1。权值的分布呈现中心高、两边低的特征，随着与中心点距离的增大，其对中心点的影响减弱，相应的权值随之减小。由式(10-5)，总结如下。

在核大小固定的情况下，σ值越大，权值分布越分散且越平缓，滤波器会对较远的邻域像素产生影响，则整体模糊效果越强。

在核大小固定的情况下，σ值越小，权值越集中在核中心，分布越突起，滤波器对较近的邻域像素产生影响，则整体模糊效果越弱。

高斯滤波效果的MATLAB程序如下。

```
ORGimage=imread('000.jpg');              % 请确保图像文件在当前目录中
if size(ORGimage,3)==3
    GRimage=rgb2gray(ORGimage);          % 转为灰度图像
else
    GRimage=ORGimage;                    % 如果已经是灰度图像
end
% 转为双精度格式
GRimage=im2double(GRimage);
% 定义高斯滤波器的参数
filter_size=5;                           % 过滤器大小(5×5)
sigma=1.0;                               % 标准差
% 创建高斯滤波器
gaussian_filter=fspecial('gaussian',filter_size,sigma);
% 应用高斯滤波
filtered_image=imfilter(GRimage,gaussian_filter,'same');
% 显示结果
figure;
% 显示原始图像
subplot(1,2,1);
imshow(GRimage);
title('原始图像');
% 显示高斯滤波后的图像
subplot(1,2,2);
imshow(filtered_image,[]);
title('高斯滤波图像');
% 保存滤波后的图像(可选)
imwrite(filtered_image,'filtered_image.jpg');
```

3）图像锐化

图像锐化是基于微分运算思想的一种处理图像细节和边缘清晰度的技术。图像锐化提升了图像的高频信息，从而强化了边缘特征和边界细节，使图像呈现更清晰的效果，有助于对图像的形状特征等进行更好的识别。该技术通过增强图像轮廓边缘细节和增强灰度及对比度，使模糊图像变得清晰。图像锐化的主要方法有微分锐化、梯度锐化等。

① 微分锐化　微分锐化是用微分运算求取信号的变化率，通过加强高频分量使图像轮廓清晰。微分运算可以使边缘和轮廓清晰，但是要求该运算是各向同性。微分锐化主要有一阶微分锐化和二阶微分锐化两种方法。

一阶微分锐化利用图像一阶导数运算来突出特定方向的边缘信息。这种方法分为单方向一阶微分锐化和无方向一阶微分锐化。单方向一阶微分锐化通常通过计算该方向的梯度来实现，适用于特定方向的边缘增强。无方向一阶微分锐化是综合考虑水平方向和垂直方向梯度信息，从而实现整个图像的全面锐化，常用于图像边缘增强和细节描述。水平方向一阶微分锐化效果如图 10-5 所示，垂直方向一阶微分锐化效果如图 10-6 所示。

图 10-5　水平锐化效果

图 10-6　垂直锐化效果

水平锐化效果 MATLAB 程序如下。

```
clear;
clc;
img=imread('001.jpg');                    % 替换为图像文件路径
```

```
img_gray=rgb2gray(img);                        % 转换为灰度图像(如果是彩色图像)
h=fspecial('laplacian',0.5);                   % 创建拉普拉斯算子
sharpened_img=imfilter(img_gray,h);            % 应用滤波器
result_img=imadd(img_gray,sharpened_img);      % 将锐化后的图像与原图像结合
figure;% 显示结果
subplot(1,3,1);
imshow(img_gray);
title('原始图像');
subplot(1,3,2);
imshow(sharpened_img);
title('锐化图像');
subplot(1,3,3);
imshow(result_img);
title('合成图像');
img=imread('002.jpg');                         % 替换为图像文件路径
img_gray=rgb2gray(img);                        % 转换为灰度图像(如果是彩色图像)
h=fspecial('laplacian',0.5);                   % 创建拉普拉斯算子
sharpened_img=imfilter(img_gray,h);            % 应用滤波器
result_img=imadd(img_gray,sharpened_img);      % 将锐化后的图像与原图像结合
figure;% 显示结果
subplot(1,3,1);
imshow(img_gray);
title('原始图像');
subplot(1,3,2);
imshow(sharpened_img);
title('锐化图像');
subplot(1,3,3);
imshow(result_img);
title('合成图像');
```

垂直锐化效果 MATLAB 程序如下。

```
img=imread('002.jpg');                 % 替换为图像文件路径
img_gray=rgb2gray(img);                % 转换为灰度图像(如果是彩色图像)
% 创建垂直 Sobel 滤波器
sobel_vertical=[10 -1;20 -2;10 -1];
% 应用滤波器
```

```
sharpened_img=imfilter(double(img_gray),sobel_vertical);
% 归一化结果图像
sharpened_img=mat2gray(sharpened_img) * 255;  % 转换为 0~255 范围的图像
% 合成图像(将原始图像和锐化图像相加)
% 需要确保两者都是 uint8 类型,且在 0~255 范围内
result_img=uint8(double(img_gray)+sharpened_img);
% 显示结果
figure;
subplot(1,3,1);
imshow(img_gray);
title('原始图像');
subplot(1,3,2);
imshow(sharpened_img,[]);
title('垂直锐化图像');
subplot(1,3,3);
imshow(result_img);
title('合成图像');
% 读取图像
img=imread('002.jpg');           % 替换为图像文件路径
img_gray=rgb2gray(img);          % 转换为灰度图像(如果是彩色图像)
% 创建垂直 Sobel 滤波器
sobel_vertical=[10 -1;20 -2;10 -1];
% 应用滤波器
sharpened_img=imfilter(double(img_gray),sobel_vertical);
% 归一化结果图像
sharpened_img=mat2gray(sharpened_img) * 255;  % 转换为 0~255 范围的图像
% 合成图像(将原始图像和锐化图像相加)
result_img=uint8(double(img_gray)+sharpened_img);
% 显示结果
figure;
subplot(1,3,1);
imshow(img_gray);
title('原始图像');
subplot(1,3,2);
imshow(sharpened_img,[]);
title('垂直锐化图像');
subplot(1,3,3);
imshow(result_img);
title('合成图像');
```

单方向一阶微分锐化需要进行后处理以便解决像素值为负的问题，后处理方法不同产生的效果也不一样，而且，单方向一阶微分锐化对于形状规则图像的边缘特征提取存在信息缺失的问题，为解决该问题，则采用无方向一阶微分锐化方法。无方向一阶微分锐化能够检测并强化任何方向上的边缘特征。

二阶微分锐化是针对一阶微分锐化对灰度变化特性描述不明确问题而提出的算法。二阶微分锐化是通过计算图像的二阶导数来增强图像边缘和细节的技术，通常采用拉普拉斯算子等方法增强图像中的边缘特征和细节，该算法适用于多种图像处理任务。二阶微分锐化效果如图 10-7 所示。

图 10-7　二阶微分锐化效果

二阶微分锐化 MATLAB 程序如下。

```
ORGimage=imread('003.jpg');                                  % 替换为图像文件路径
GRimage=rgb2gray(ORGimage);                                  % 转换为灰度图像
laplacian_filter=[0 -10;-14 -1;0 -10];                       % 定义拉普拉斯算子
% 应用拉普拉斯算子进行二阶微分
filtered_image=imfilter(double(GRimage),laplacian_filter,'replicate');
sharpened_image=double(GRimage)-filtered_image;% 锐化图像
sharpened_image=uint8(sharpened_image);                      % 将结果转换为 uint8
figure;  %显示结果
subplot(1,3,1),imshow(GRimage),title('原始灰度图像');
subplot(1,3,2),imshow(filtered_image,[]),title('拉普拉斯滤波器输出');
subplot(1,3,3),imshow(sharpened_image),title('锐化后的图像');
```

② 梯度锐化（图 10-8）　梯度锐化是图像锐化的常用方法，是通过计算图像的梯度实现锐化效果。由于梯度是具有大小和方向的量，图像 $f(x,y)$ 在 (x,y) 处的梯度定义如下：

$$\mathrm{grand}(x,y)=\begin{bmatrix} f'_x \\ f'_y \end{bmatrix}=\begin{bmatrix} \dfrac{\partial f(x,y)}{\partial x} \\ \dfrac{\partial f(x,y)}{\partial y} \end{bmatrix} \tag{10-6}$$

图 10-8　梯度锐化效果

梯度值：

$$\text{grand}(x,y)=\sqrt{f_x'^2+f_y'^2}=\sqrt{\left(\frac{\partial f(x,y)}{\partial x}\right)^2+\left(\frac{\partial f(x,y)}{\partial y}\right)^2} \tag{10-7}$$

梯度方向：

$$\theta=\sqrt{f_y'/f_x'}=\sqrt{\frac{\partial f(x,y)}{\partial y}\Big/\frac{\partial f(x,y)}{\partial x}} \tag{10-8}$$

因此，在数字图像中，边缘区域通常表现出较大的梯度变化，而平滑区域的梯度值相对较小。对于灰度值恒定的区域，其梯度值为零。

梯度锐化 MATLAB 程序如下。

```
ORGimage=imread('004.jpg');            % 替换为图像文件路径
GRimage=rgb2gray(ORGimage);            % 转换为灰度图像
% 定义 Sobel 算子
sobel_x=[-1 0 1;-2 0 2;-1 0 1];        % 水平方向
sobel_y=[1 2 1;0 0 0;-1 -2 -1];        % 垂直方向
% 计算图像的梯度
gradient_x=imfilter(double(GRimage),sobel_x,'replicate');
gradient_y=imfilter(double(GRimage),sobel_y,'replicate');
% 计算梯度幅值
gradient_magnitude=sqrt(gradient_x.^2+gradient_y.^2);
% 对梯度幅值进行归一化
normalized_gradient=uint8(255*mat2gray(gradient_magnitude));
% 锐化图像
sharpened_image=double(GRimage)+double(normalized_gradient);
% 将结果转换为 uint8
sharpened_image=uint8(sharpened_image);
% 显示结果
figure;
subplot(1,3,1),imshow(GRimage),title('原始灰度图像');
subplot(1,3,2),imshow(normalized_gradient),title('梯度幅值图像');
subplot(1,3,3),imshow(sharpened_image),title('锐化后的图像');
```

4）图像增强

受到工作环境的光线、亮度等因素影响，获取的图像清晰度和对比度通常比较差，不仅影响图像的视觉效果，而且对后期图像的分析和处理产生一定的影响。图像增强的目的是通过图像处理提升图像的整体视觉效果，使局部特征更加清晰，从而加大图像中各目标特征的差异性，提高图像信息质量，增强图像判读和识别效果，满足图像分析需要。根据处理方式的不同，图像增强主要分为空间域增强和频率域增强两类。

① 空间域增强　空间域增强是直接对图像各像素的灰度值进行变换，通过对图像邻域采用滤波、平滑、锐化等方法，从而实现图像效果增强。空间域增强分为点运算和邻域去噪算法两类。

点运算是对图像每个像素进行处理，其特点是简单且计算高效。常用的点运算操作包括灰度变换、直方图修正和灰度级校正等。灰度变换在特征提取、图像分析等领域具有广泛应用，合理的灰度变换可改善图像可视化。直方图修正通过分配图像灰度级使输出图像直方图更加均匀，从而提高图像细节操作，直方图修正在改进图像对比度、视觉效果方面存在优势。灰度级校正是指调整图像像素的灰度值来改善图像视觉质量。灰度级校正在消除图像亮度不均匀性和色彩失真方面具有优势。空间域增强效果如图 10-9 所示。

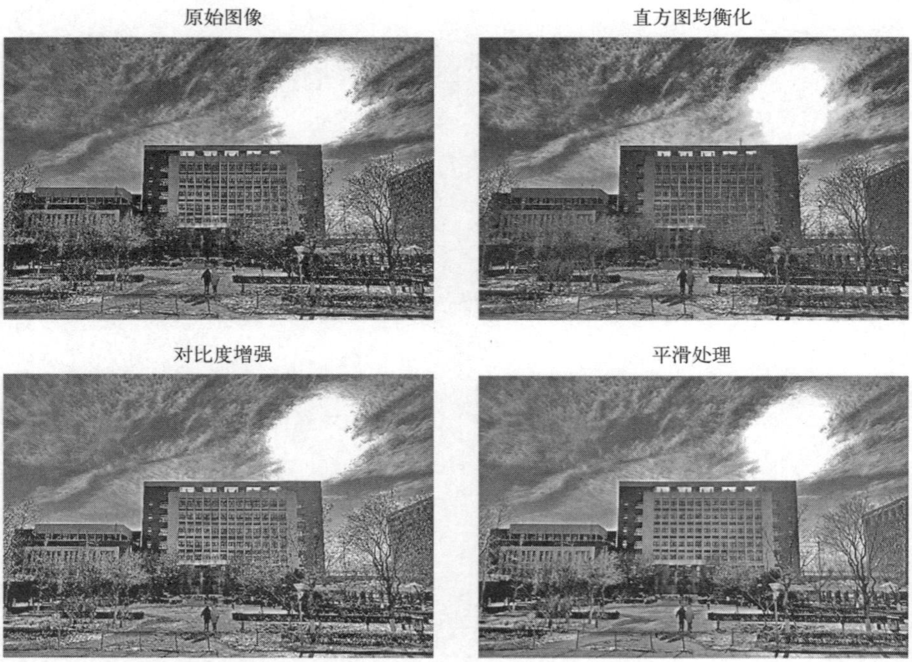

图 10-9　空间域增强效果

空间域增强 MATLAB 程序如下。

```
ORGimage=imread('005.jpg');
GRimage=rgb2gray(ORGimage);          % 转为灰度图像
% 直方图均衡化
equalized_image=histeq(GRimage);
% 对比度增强
contrast_enhanced_image=imadjust(GRimage,stretchlim(GRimage),[]);
% 采用平均滤波器进行平滑
h=fspecial('average',[5 5]);          % 创建 5×5 平均滤波器
smoothed_image=imfilter(GRimage,h);
% 显示结果
figure;
subplot(2,2,1);
imshow(GRimage);
title('原始图像');
subplot(2,2,2);
imshow(equalized_image);
title('直方图均衡化');
subplot(2,2,3);
imshow(contrast_enhanced_image);
title('对比度增强');
subplot(2,2,4);
imshow(smoothed_image);
title('平滑处理');
```

② 频率域增强　频率域增强通过对图像经傅里叶变换后的频谱成分进行特定处理，再借助逆傅里叶变换重构目标图像。在图像处理中常见的频率域增强技术包括高通滤波和低通滤波。

低通滤波是低频成分通过而抑制或削弱高频成分，通过低通滤波可去除图像中的高频噪声，只保留信号的低频成分。常见的低通滤波器有均值低通滤波器、高斯低通滤波器等。

高通滤波通过选择性保留高频成分来实现信号增强。该技术能够有效提升图像中的高频信息，使画面轮廓更加分明、细节更加突出，特别是在边缘强化方面效果显著。在实际应用中，常用的高通滤波器包括高斯高通滤波器、切比雪夫滤波器、椭圆滤波器等。

(3) 特征提取

特征提取是机器视觉检测的核心环节。特征提取是指从图像数据中抽取出具有代表性的特征和内容，为后续分析、识别和分类提供基础。特征提取的质量和效率直接影响视觉检测系统的整体性能，决定了计算机对视觉信息的理解程度。图像特征信息一般分为图像自然特征和图像人为特征。图像自然特征包括边缘特征、颜色特征、亮度特征、尺度特征、形状特征等。图像人为特征包括标注、图形、人工物体、伪影等。

基于相对尺度，图像特征提取可分为全局特征提取和局部特征提取，两者具有不同的应用场景和技术特点。全局特征提取通过对完整图像进行分析和处理，获取能够表征图像整体属性的特征信息。局部特征提取是对图像的局部区域进行分析和处理，提取出局部区域的特殊表征。

特征提取通常分为特征点检测和描述子计算两个步骤。

① 特征点是指图像识别和定位的特征点，特征点检测的目的是在具有显著几何和纹理特征的图像位置中找出稳定的、重复性强的关键点，例如图像的边缘、角点、轮廓或纹理等特征。

② 描述子是对特征点区域的数学描述，它基于特征点区域的图像信息，用于描述特征的性质和区域特征；通常通过计算对检测到的特征点生成一个数值向量，以表征该点周围区域的特征信息，常用于目标检测、图像匹配等任务。描述子可分为浮点型和二进制型两类。浮点型的优点是精度更高，二进制型的优点是速度更快。

特征提取不仅局限于图像的几何结构分析，还可从频域、时域和空域等多维度进行多尺度分析。常见的特征提取算法有主成分分析、线性判别分析、小波变换等。

主成分分析将高维特征空间映射到低维空间，同时保持数据的主要变异信息。该方法主要步骤包括数据标准化、协方差矩阵计算、特征值计算、选择主成分和数据变换等过程。

线性判别分析是指通过最大化类间散度和最小化类内散度来寻找最佳投影方向，将不同类型的数据在新特征空间分开并保持同一类数据的聚集，与主成分分析不同的是线性判别分析不仅考虑数据方差还要考虑类间距。线性判别分析更适用于监督学习。

小波变换是在时间和频域中分析信号的处理方法。小波变换利用特定的小波基函数对信号进行分解，获取不同频率和尺度信息，具有局部性，可以在不同的时间尺度上分析信号特征，是一种有效的特征提取技术。小波变换广泛应用于信号处理、图像处理和模式识别等领域。小波变换类型有连续小波变换、离散小波变换。基于颜色的特征提取分析如图 10-10 所示。

(a) 原图

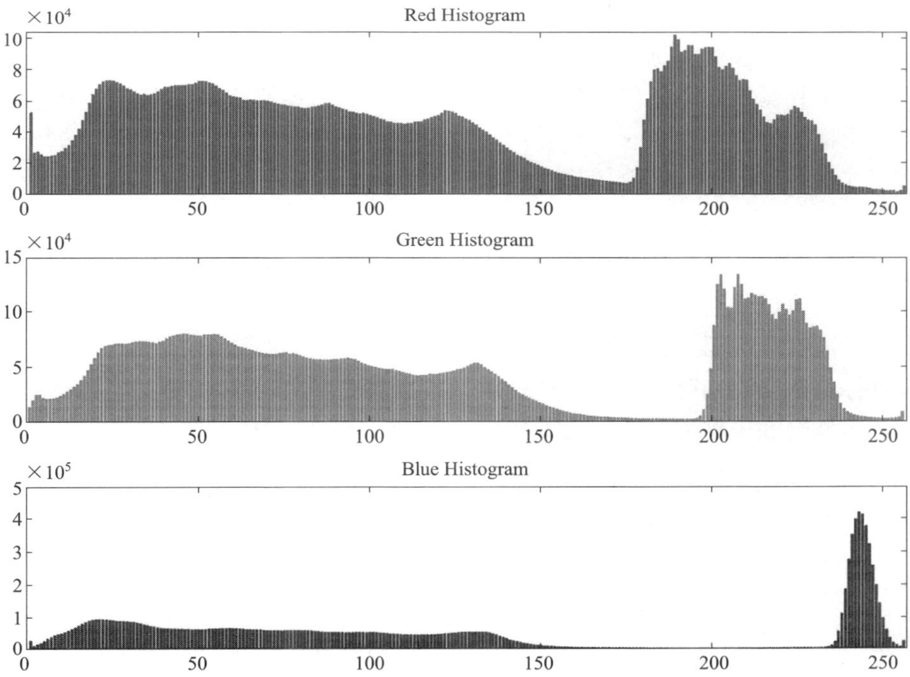

(b) 颜色特征提取分析图

图 10-10　基于颜色的特征提取分析

颜色特征提取分析 MATLAB 程序如下。

```
img=imread('006.jpg');      % 替换为图像文件
% 计算颜色直方图
redHist=imhist(img(:,:,1));
```

```
greenHist=imhist(img(:,:,2));
blueHist=imhist(img(:,:,3));
% 显示直方图
figure;
subplot(3,1,1);
bar(redHist,'r');
title('Red Histogram');
subplot(3,1,2);
bar(greenHist,'g');
title('Green Histogram');
subplot(3,1,3);
bar(blueHist,'b');
title('Blue Histogram');
```

(4) 目标检测和识别

计算机视觉中，目标检测和识别是一项基本且关键的技术，在医疗图像、自动驾驶图像及智能制造等领域有着广泛应用。目标检测和识别是将提取的特征与已知模式进行比较，实现对图像内容和目标物体的识别和分类。

目标检测是从图像或视频中识别并确定特定目标对象的空间位置和类别属性，以坐标和尺寸等内容的边界形式输出。其核心在于通过特征提取和区域建议技术来确定目标候选区域，利用分类器对该区域进行目标类别的识别，并根据目标特征，通过分类器对边界框的图像进行类别预测。

目标检测和识别是一个迭代的过程，通过需要多次训练和评估来优化模型性能。目标检测和识别通常包括以下步骤：

① 数据收集和预处理　通过视觉传感器获取目标图像后进行目标位置和类别标注，采用缩放、旋转、平移等操作对图像进行处理，为提高模型训练稳定性，还要对图像像素值进行调整。

② 特征提取　特征提取主要分为手工特征提取和自动特征提取。手工特征提取是通过图像处理算法提取边缘、纹理、角点等特征。自动特征提取是采用卷积神经网络算法，自动学习图像特征的过程。由于卷积神经网络能够捕获到图像中的高级特征表示，因此在目标检测和识别任务中表现出色，显著提高了检测和识别的准确性和效率。

③ 模型选择和训练　根据任务需求选择目标检测模型，并对标注的数据集进行训练。检测模型包括 YOLO、SSD 等。模型选择和训练的关键是利用之前训练好的模型或神经网络对目标对象的特征进行识别和分类，从而确定对象属于哪一类。

④ 目标检测　将待检测的图像输入训练模型，模型输出类别概率和边界框，如有重叠边界框则进行处理，去除冗余框而保留置信度最高的边界框。

⑤ 目标识别　使用分类模型对每个检测目标进行识别，从而确定目标的类型，然后对每个目标分配置信度分数。

目标检测和识别会受到特征值提取的准确性、训练数据集的质量和规模等多种因素的影响。目标检测和识别两者相辅相成，目标检测获取图像中的特征后通过目标识别对特征进行分类。

10.2　图像颜色处理原理

图像预处理是机器视觉检测的关键技术。图像预处理有利于后续目标提取和模式识别，有利于提升图像质量和检测结果的精确度。常用的图像预处理算法有颜色处理、图像平滑去噪、形态学处理等。本节主要对颜色处理原理进行介绍。

10.2.1　色度

颜色划分为两大类：彩色和非彩色。非彩色涵盖了黑色、白色，以及介于黑白之间、深浅不同的白黑系列颜色。彩色是除白黑系列以外的其他颜色。在光学范畴里，颜色通过色度和亮度表征。颜色中除去亮度以外所有的颜色都具有一定特性，这种性质称为色度，色度的大小体现出颜色的饱和度和色调的大小。

10.2.2　颜色空间

颜色空间是描述和表示颜色的模型，通常通过特定基色（如 RGB 空间的红、绿、蓝三原色）的分量占比（或数值）来记录颜色；其中，RGB 空间常用红、绿、蓝通道的分量值来展现和区分颜色。

根据对色彩的感知特性，颜色空间分为混合型颜色空间、非线性亮度/色度型颜色空间和强度、饱和度、色调型颜色空间三类。混合型颜色空间是依据三种基础色，按不同比例调和生成各种色彩。非线性亮度/色度型颜色空间是采用单一维度来表征非彩色的亮度，而彩色则由两个独立的维度分别表示其色度信息。强度、饱和度、色调型颜色空间则通过色彩的强度、饱和度及色调三个维度来全面描述色彩属性。

（1）RGB 颜色空间

RGB 是图像处理中使用频率最高的颜色空间，R（red，红）、G（green，绿）、B（blue，蓝）三原色作为基本颜色，将每个三原色分为 256 个等级，经过不同程度的叠加，从而体现各种各样的颜色。

RGB颜色空间可以使用三维空间中的正方体来表示，如图10-11所示，正方体主对角线红绿蓝三色的强度相同，形成灰度值大小不同、由暗到明的灰色，(0,0,0)为黑色，(1,1,1)为白色。但是，RGB颜色空间将亮度、色调和饱和度混合在一起表示各种颜色，且R、G、B三个变量的变化存在显著关联，因此，在图像处理时，只使用RGB颜色空间并不合适。

（2）HSI颜色空间

在HSI（hue-saturation-intensity）颜色空间中，H代表颜色色调，S代表饱和度，I代表亮度。HSI颜色空间的表示形式比RGB颜色空间的表示形式更加接近人对外界颜色的感知。HSI颜色空间可用如图10-12所示的理想化的双锥体模型来表示。图中双锥体模型饱和度S以极坐标的形式表现，即距离锥体轴线的长度；色调H用与锥体轴线的夹角表示；亮度I用锥体轴线表示。

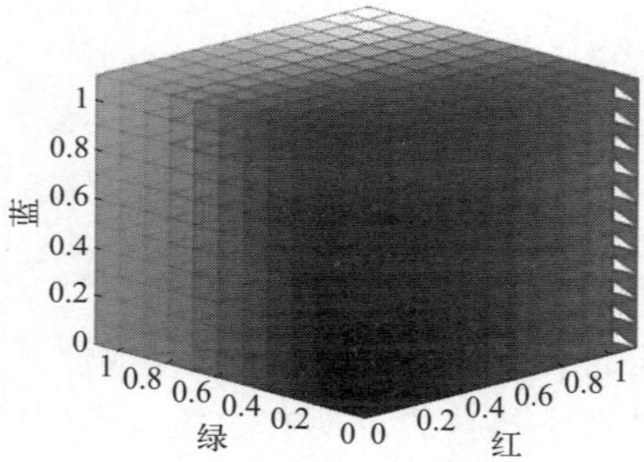

图10-11　RGB颜色空间

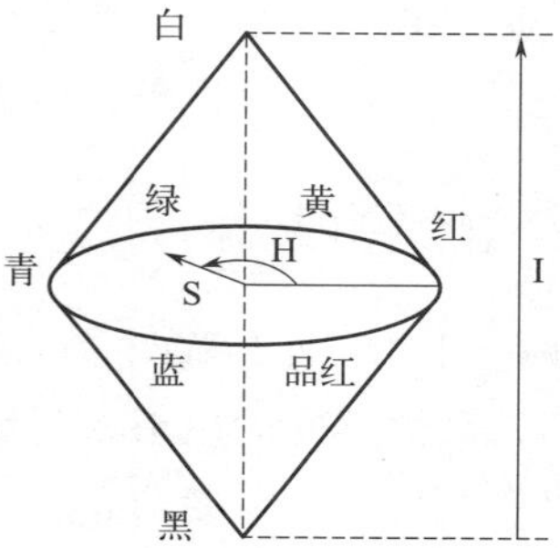

图10-12　HSI颜色空间

HSI与RGB不同，HSI颜色空间中的色调、饱和度、亮度三个分量之间是互不相关的，可单独进行分析处理。色调和饱和度表示颜色信息，亮度表示色彩的明暗程度。将HSI颜色空间与RGB颜色空间相结合，选取图像的R、G、B、H、S、I六个颜色特征，创建与检测对象的某种关系。

RGB颜色空间与HSI颜色空间可进行相互转换，常用的转换方法包括几何推导法、坐标变换法、分段定义法、标准模型法等。其中，几何推导法转换公式如下：

$$H=\begin{cases}\theta & B\leqslant G\\ 2\pi-\theta & B>G\end{cases} \tag{10-9}$$

$$\theta=\arccos\left[\frac{(R-G)+(R-B)}{2\left[(R-G)^2+(R-B)(G-B)\right]^{1/2}}\right] \tag{10-10}$$

$$S=1-\frac{3}{R+G+B}\left[\min(R,G,B)\right] \tag{10-11}$$

$$I=\frac{1}{3}(R+G+B) \tag{10-12}$$

式中，θ 是计算色相的中间角度。公式中的 RGB 在计算前归一化为［0,1］区间。

几何推导法转换的 MATLAB 计算过程如下。

```
function[H,S,I]=rgb2hsi(R,G,B)
    R=120;
    G=255;
    B=130;
    % 将 RGB 归一化到[0,1]范围
    R=double(R)/255;
    G=double(G)/255;
    B=double(B)/255;
    % 计算亮度 I
    I=(R+G+B)/3;
    % 计算饱和度 S
    min_RGB=min(min(R,G),B);
    S=1-(3./(R+G+B+eps)).*min_RGB;  % eps 防止除以零
    % 计算色相 H
    max_RGB=max(max(R,G),B);
    Delta=max_RGB-min_RGB;
    H=zeros(size(I));                % 初始化 H
    % 计算 H
    fori=1:numel(R)
        if Delta(i)==0               %灰色
            H(i)=0;
        elseif max_RGB(i)==R(i)
            H(i)=60*mod((G(i)-B(i))/Delta(i),6);
        elseif max_RGB(i)==G(i)
            H(i)=60*((B(i)-R(i))/Delta(i)+2);
        elseif max_RGB(i)==B(i)
            H(i)=60*((R(i)-G(i))/Delta(i)+4);
        end
    end
    %处理 H 的负值,使其在[0,360]范围
    H(H<0)=H(H<0)+360;
end
```

运行程序，其结果如下所示。

```
> > rgb2hsi
ans=
    124.4444
```

10.2.3 滤波处理

图像噪声主要来源包括光源和成像环境的噪声、生成和传输图像信息过程中产生的噪声和图像在转换与处理过程中产生的噪声。图像噪声影响图像质量，为提升图像质量，减小图像中噪声干扰，必须对图像进行滤波处理。

10.2.4 形态学方法

图像预处理形态学方法的基本理论和思想来源于数学形态学，是建立在格论和拓扑学理论上的图像处理理论。形态学方法在滤波去噪、目标的分离、区域的连通/合并、图像边缘特征提取等方面具有一定效果。

在图像预处理中，基于形状和结构分析，形态学方法通过腐蚀运算、膨胀运算、开运算和闭运算等基本运算提取图像中的特征。

(1) 腐蚀运算

腐蚀运算通过结构元素在二值图像上滑动实现：将结构元素的原点依次对准每个前景像素点，当结构元素覆盖的所有邻域像素均为前景时，该点保留为前景；否则被腐蚀为背景。此操作通过局部逻辑与运算实现边界收缩。运算公式如下：

$$A \otimes B = \{(x, y) \mid B_{xy} \subseteq A\} \tag{10-13}$$

式中，$A \otimes B$ 表示用结构元素 B 对图像 A 进行腐蚀处理。

腐蚀运算可用于去除小的噪声、分离连接物体等应用。

(2) 膨胀运算

膨胀运算与腐蚀运算互逆，它通过结构元素在图像上滑动实现：将结构元素的原点对准每个背景像素点，当结构元素覆盖的邻域内存在至少一个前景像素时，该背景点被膨胀为前景。此操作通过局部逻辑或运算实现特征边缘的扩展与连接。膨胀运算的表达式为：

$$A \oplus B = \{(x, y) \mid B_{xy} \cap A \neq \varnothing\} \tag{10-14}$$

式中，$A \oplus B$ 表示用结构元素 B 对图像 A 进行膨胀处理。

膨胀运算可应用于填充小孔和连接相邻物体等。

(3) 开运算

形态学的开运算常用来处理图像特征元素之间的细小连接部分，让特征边缘变得明显，有利于物体特征边缘的检测。开运算首先要缩小物体边缘进行腐蚀运算，然后进行恢复物体原始形状的膨胀运算。其表达式为：

$$A \circ B = (A \otimes B) \oplus B \tag{10-15}$$

式中，$A \circ B$ 表示用结构元素 B 对原图 A 进行形态学开处理；$(A \otimes B) \oplus B$ 表示先进行腐蚀运算，然后对腐蚀后的图像进行膨胀运算。

开运算可用于去除小噪声，保持物体形状和大小。

(4) 闭运算

闭运算和开运算相反，闭运算是先进行膨胀运算，然后进行腐蚀运算。

其表达式为：

$$A \cdot B = (A \oplus B) \otimes B \tag{10-16}$$

式中，$A \cdot B$ 表示用结构元素 B 对原图 A 进行形态学闭处理；$(A \oplus B) \otimes B$ 表示先进行膨胀运算，然后对膨胀后的图像进行腐蚀运算。

闭运算主要用于填充物体内部的小孔，连接断开物体。

下面给出运用形态学方法读取图像的 MATLAB 程序，如下所示。

```
img=imread('007.png');
% 创建结构元素
se=strel('disk',5);
% 进行各种形态学操作
eroded_img=imerode(img,se);      % 腐蚀运算
dilated_img=imdilate(img,se);    % 膨胀运算
opened_img=imopen(img,se);       % 开运算
closed_img=imclose(img,se);      % 闭运算
% 显示结果
figure;
subplot(2,3,1);imshow(img);title('原始图像');
subplot(2,3,2);imshow(eroded_img);title('腐蚀图像');
subplot(2,3,3);imshow(dilated_img);title('膨胀图像');
subplot(2,3,4);imshow(opened_img);title('开运算图像');
subplot(2,3,5);imshow(closed_img);title('闭运算图像');
```

运行结果如图 10-13 所示。

图 10-13　形态学方法效果图

10.3　机器视觉检测应用

视觉检测技术在环保、医疗、交通、安防等领域得到了应用。如图 10-14 所示空气质量监测系统，通过获取城市和工业区的监控视频和图像，采用机器视觉检测技术，可检测大气中的颗粒物浓度和空气质量，并预测大气污染发生趋势。空气质量监测系统为相关部门制定大气污染防治策略提供了科学依据。同时，机器视觉检测系统结合物联网以及云计算，融合各类传感器，可用于多种场景的实时在线监测，监测指标有扬尘浓度、噪声指数等。视觉检测技术是大气污染物排放控制评价、污染排查、来源分析、监测评价和执法的重要手段。

在水资源监管应用中，应用机器视觉检测技术通过对水域和水库图像进行分析，从而获取水源地的水位、水质参数等数据。如图 10-15 所示，结合无人机影像监测模型，精确检测乱占、乱建、乱堆等违法违章现象，并分析水库、河道和保护区水质污染情况。

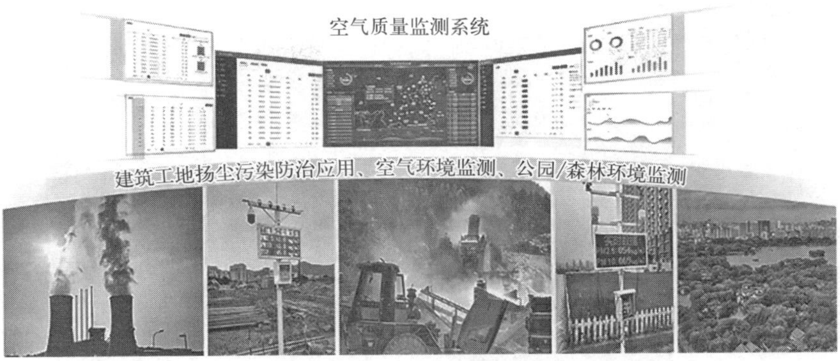

图 10-14　空气质量监测系统

图 10-15　水资源管理分析

在海洋生态监测领域，机器视觉检测技术可用于海洋生态系统的物种分布、栖息地污染情况分析。例如，研究人员为获取海洋空间分布和时间动态的全面信息，借助机器视觉检测技术，提出了适用于可视数据分析的流水线，该流水线整合了视频图像注释工具，运用了视频图像增强技术，并结合深度学习算法，实现了对数据集的定义、采集以及训练。而且，为验证该流水线的有效性，研究人员以在 260m 深海下拍摄的视频作为测试原型，对该流水线进行了测试，如图 10-16 所示。

人工智能和深度学习技术推动了视觉检测技术的快速发展。目前视觉检测前沿技术包括三维视觉、多模态视觉、弱监督学习等。未来，随着自然语言处理、语音识别等技术的深度融合，机器视觉将变得更加智能和高效。

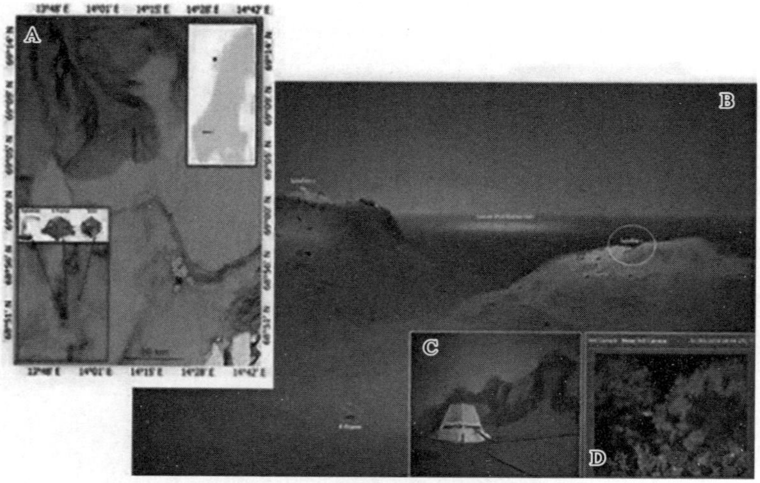

图 10-16 机器视觉检测原理

10.4 机器视觉水质检测案例分析

10.4.1 机器视觉水质检测原理

在水质检测指标中，色度是一项重要的检测指标。色度检测中，通过配比不同浓度的试剂，对待测水样进行稀释、消解等处理后，水样会显示出不同深浅的颜色，随后采用机器视觉检测技术测定水体色度。

水的颜色可分为表色和真色。水体中悬浮物被去除后所呈现的色度称为表色。而没有去除悬浮物的水体表现的色度为真色。实验证明，对于洁净或低浊度的水样，真色和表色之间的区别可以忽略不计，根据国家标准中测定水质参数的方法，可将表色作为待测水样色度。

下面主要介绍一种采用机器视觉检测技术进行水质六价铬检测的应用案例。

利用机器视觉检测技术检测水质六价铬的原理是采用显色剂二苯碳酰二肼与六价铬溶液反应，反应后的溶液颜色为紫红色，不同浓度的溶液在显色反应后颜色由浅入深，利用工业 CCD 相机采集显色反应后的溶液图像，提取图像颜色特征参数，建立重金属离子六价铬浓度与溶液特征值之间的定量关系模型，从而实现水中六价铬离子浓度的测定。

检测流程：首先将试剂注入检测池进行显色反应，然后以去离子水和空白试剂做对照，在稳定光源条件下使用 CCD 相机采集不同浓度的六价铬溶液的显色图像。通过分析 RGB、HSI 颜色特征值，构建六价铬浓度标准曲线，最终依据该曲线计算出样品中六价铬的浓度值。

10.4.2　机器视觉水质检测系统

六价铬离子视觉检测系统硬件主要包括检测池、光源、工业相机、工业镜头以及图像处理单元等。视觉检测工作流程：通过照明光源预热使光源处于稳定状态，减少干扰，提升成像效果，在显色反应完成后，达到溶液稳定状态，通过图像传感器进行图像采集。六价铬离子机器视觉水质检测控制单元由工控机、系统控制单元、水样预处理单元、顺序注射单元、检测池单元等构成。

工业相机的选型是机器视觉系统设计的关键环节之一，工业相机的好坏直接决定了图像质量。CCD 相机具有很好的颜色还原性和成像一致性。成像一致性对于机器视觉检测系统的检测结果具有重要意义。综合考虑，选择 SONY 的 XCG-5005CR 型 CCD 工业相机，如图 10-17，图片传输接口为 GIGE 千兆网接口。

图 10-17　CCD 工业相机

在机器视觉检测系统中，光源的选择和照明的方式都以突出被测目标特征为目的，因此，光源和打光方式的选择就格外重要。不合理的打光方式会在成像表面形成凹凸不平的纹理，使图像处理和边缘检测的难度增大。光源过亮会导致曝光过度，丢失图像中的关键特征；光源过暗会产生更多噪声，这给图像处理增加难度；光源不均匀会形成阴影，影响图像处理时颜色特征值阈值的选择等。因此，在选择光源时要考虑光源的对比度、亮度、均匀性以及使用寿命等问题。本系统的被测目标的主要特征为颜色，以此为出发点，来进行光源和照明器件的选择。

机器视觉检测中，光源主要为白炽灯、荧光灯和 LED。白炽灯亮度相对较大，会产生太高的热量；荧光灯照射范围广，但是易产生明暗交替变化，从而引起物体的明暗变化，不适合颜色检测的应用场景。因此，结合光源特性，同时为还原溶液颜色，本案例选择白色环形 LED 作为检测光源，如图 10-18 所示。LED 光源特点如下：

① 具有较长的使用寿命；

② 具有较短的响应时间，几乎没有老化现象；

③ 供电电源为直流电源，容易控制亮度；

④ 能耗较低，发热量低；

⑤ 可自由选择光源的颜色；

⑥ 总体成本低，性价比高。

机器视觉检测系统中，关键元器件镜头直接影响图像质量。工业镜头选型主

图 10-18　环形光源

要考虑四个参数：焦距、视野、工作距离和景深。选择工业镜头时，镜头的成像尺寸应不小于工业相机图像传感器的尺寸，并根据检测池结构计算出合适的工作距离。本案例选择了与工业相机适配的工业镜头，镜头焦距 8mm，工作距离 100mm。

机器视觉水质检测控制单元如图 10-19 所示，工控机负责图像采集、处理和数据分析等核心算法，并通过 RS232 串行接口与系统控制单元进行数据交互。顺序注射单元由阀岛组件、精密注射泵、储液环及特氟龙管组成，系统控制单元通过串口控制阀岛和注射泵等组件，实现试剂的顺序进样功能。水样预处理模块采用活性炭和高密过滤棉芯进行双重过滤，有效去除水样中的悬浮物和杂质。检测池作为核心反应和检测容器，进行各种试剂混合与化学反应，之后 CCD 相机进行图像采集和分析。

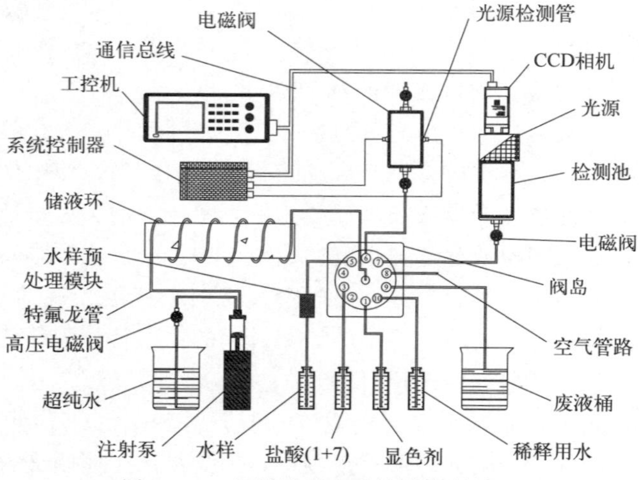

图 10-19　机器视觉水质检测控制单元

根据国家标准，以提高采样精度、检测精度、检测效率和降低试剂消耗、废液排量为目的设计检测控制流程如图 10-20 所示。

10.4.3　水质图像数据处理

(1) 阴影补偿算法设计

鉴于检测池的特殊结构、溶液附着以及气泡等因素影响，虽然图像已经过平滑滤波和形态学处理，但是仍存在明显的高亮区和阴影区，这些区域导致图片颜色特征值数据一致性变差，严重影响了检测结果的准确性。为进一步提高图像数据一致性，进行了阴影补偿算法，具体步骤如下。

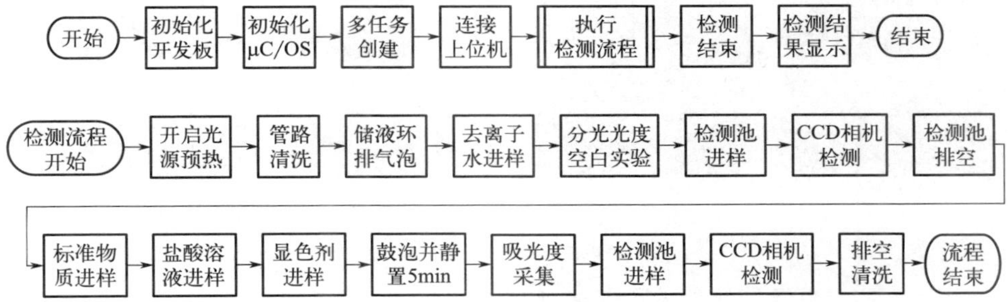

图 10-20　检测流程图

① 将 RGB 图片分离为 R、G、B 三色，颜色变量分别为 $\boldsymbol{R}^*$、$\boldsymbol{G}^*$、$\boldsymbol{B}^*$。

② 求取 $\boldsymbol{R}^*$、$\boldsymbol{G}^*$、$\boldsymbol{B}^*$ 三色变量的平均灰度，以 $\boldsymbol{R}^*$ 为例：

$$R\_\mathrm{mean}=\frac{\sum R(x,y)}{xy} \tag{10-17}$$

式中，R_mean 为 $\boldsymbol{R}^*$ 通道的平均灰度；$R(x,y)$ 为像素点 (x,y) 处的像素值；x、y 为图片的像素宽度和高度。

③ 将三个通道图像依据图片尺寸划分为 $m\times n$ 个子区域，计算每个子区域的平均亮度值，从而构建子区域的亮度矩阵 $\boldsymbol{V}_{mn}$：

$$\boldsymbol{V}_{mn}=\begin{bmatrix} v_{11} & \cdots & v_{1n} \\ \vdots & \ddots & \vdots \\ v_{m1} & \cdots & v_{mn} \end{bmatrix} \tag{10-18}$$

④ 亮度插值矩阵 $\boldsymbol{E}_{mn}$ 等于矩阵 $\boldsymbol{V}_{mn}$ 中的元素减去原图 $\boldsymbol{R}^*$ 通道的平均灰度：

$$\boldsymbol{E}_{mn}=\boldsymbol{V}_{mn}-R\_\mathrm{mean}=\begin{bmatrix} v_{11}-R\_\mathrm{mean} & \cdots & v_{1n}-R\_\mathrm{mean} \\ \vdots & \ddots & \vdots \\ v_{m1}-R\_\mathrm{mean} & \cdots & v_{mn}-R\_\mathrm{mean} \end{bmatrix} \tag{10-19}$$

⑤ 采用立方插值法将矩阵 $\boldsymbol{E}_{mn}$ 调整为与原图大小一样的亮度分布矩阵 $\boldsymbol{I}_{\mathrm{r}}$。

⑥ 校正后的色矩阵通过原图色矩阵减去相应的亮度分布矩阵得出，如：

$$\boldsymbol{R}_{\mathrm{c}}=\boldsymbol{R}^*-\boldsymbol{I}_{\mathrm{r}} \tag{10-20}$$

最后将 $\boldsymbol{R}_{\mathrm{c}}$、$\boldsymbol{G}_{\mathrm{c}}$、$\boldsymbol{B}_{\mathrm{c}}$ 合并，得到阴影补偿后的图像。

图 10-21 所示为图像预处理效果对比图，CCD 相机拍摄的原图为图 10-21(a)，ROI 提取区域为图 10-21(b)，高斯滤波后的效果图为图 10-21(c)、(d) 为阴影补偿后的效果图，由图可知，处理后图像平滑效果明显，图片质量也有很大提升，大部分阴影区域和高亮区域消失，图像一致性得到很大提高。

(a) 原图　(b) ROI提取　(c) 滤波处理　(d) 阴影补偿

图 10-21　图像预处理效果图

为直观展示图像预处理效果，将处理的图像转换为灰度格式，并以像素点坐标为基准构建网格，将灰度值作为 z 轴，使用 Origin 9 软件绘制三维曲面图，如图 10-22 所示，并借助 OpenCV 工具计算图像 RGB 特征值分布，运用 Python 编程软件绘制处理前和处理后的 RGB 直方图对比图，如图 10-23 所示。

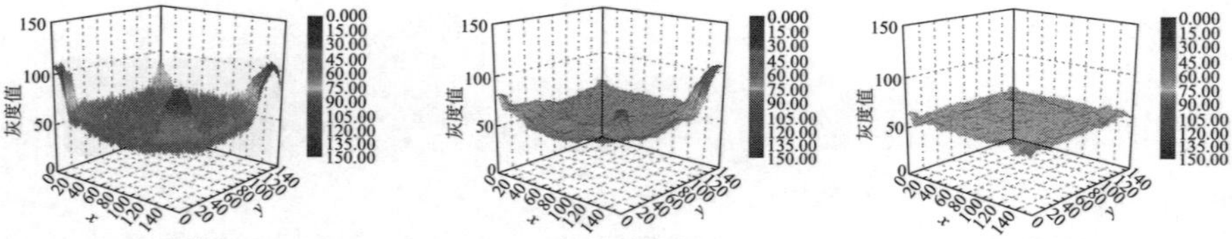

(a) 原图　(b) 滤波处理　(c) 阴影补偿

图 10-22　灰度图像 3D-surface 渲染图

由图 10-22 可以看出，处理前，灰度值大部分集中在 50 左右，四周高亮处灰度值部分达到 100，且聚集在 50 左右的像素点值波动大。滤波后，图像已经很平滑，但仍然存在高亮部分，且中部有凹坑，最后经过阴影补偿效果到达预期。由图 10-23 可以看出处理前后 R、G、B 的像素点值的分布情况，直观体现了图像预处理的效果。

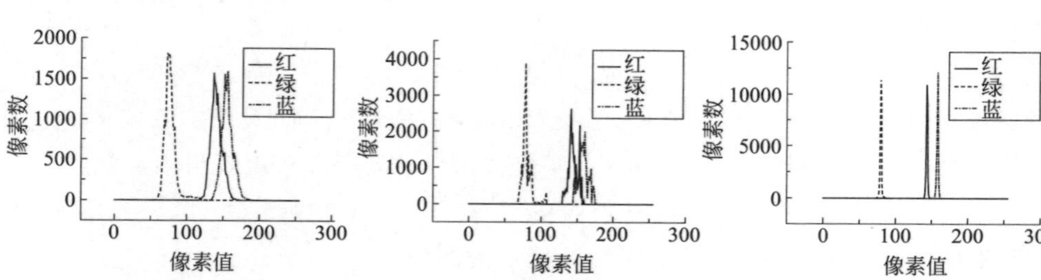

(a) 原图直方图　(b) 滤波处理直方图　(c) 阴影补偿直方图

图 10-23　RGB 直方图

（2）颜色特征值提取

六价铬浓度测量准确性取决于标准工作曲线的建立和回归分析方法，所以颜色特征值的选取尤为重要。依据国家标准配置 0～1.0mg/L 浓度范围内的 9 组六价铬标准溶液，利用顺序注射单元进行实验。待显色反应完成后，将样品输送到检测池中进行图像采集，通过分析 RGB 与 HSV 色域空间下的特征值变化，获取与六价铬浓度之间的对应关系，如图 10-24 所示。

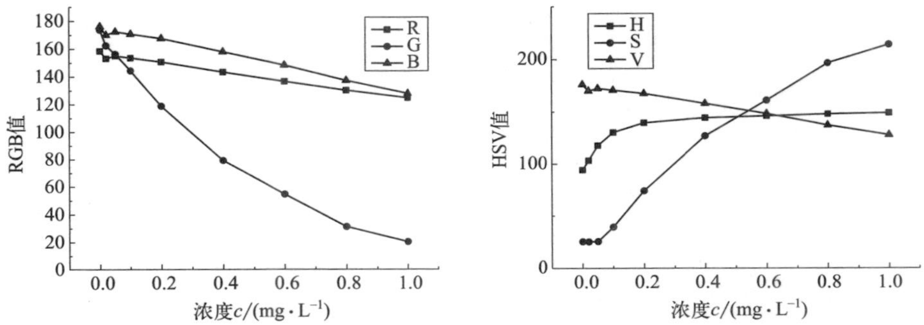

(a) 浓度与RGB特征值关系　　(b) 浓度与HSV特征值关系

图 10-24　颜色特征值与浓度关系图

分析图 10-24 可知，RGB 颜色空间三个特征值均随溶液浓度增大而减小，具有明显的线性关系，因此选择 R、G、B 特征值进行线性回归分析。

(3) 线性回归分析

以六价铬溶液浓度 c 为因变量，RGB 颜色空间的 R、G、B 特征值为自变量，使用 Python 机器学习库进行多元线性回归分析，回归模型的回归系数 R^2 为 0.999，调整后的回归系数 R^2 为 0.998；经 F 检验得 F 变化量为 1316.596，显著性在 0.01 以下，说明线性回归达到预期效果。

根据表 10-1，可由 R、G、B 三个特征值变量对应的系数得到模型预测方程：

$$c=0.051\times R-0.004\times G-0.043\times B+0.143 \tag{10-21}$$

回归系数 t 检验中，R 特征值的 $t=3.829$，显著性为 0.012；G 特征值的 $t=-5.713$，显著性为 0.002；B 特征值的 $t=-5.863$，显著性为 0.002。说明 R、G、B 三个特征值对六价铬浓度影响显著，结合表 10-1 的结果，可见多元线性拟合效果较好。

表 10-1　多元线性回归系数

模型		未标准化系数		标准化系数	t	显著性
		B	标准误差			
A	常量	0.143	0.757		0.188	0.858
	R	0.051	0.013	1.672	3.829	0.012
	G	−0.004	0.001	−0.703	−5.713	0.002
	B	−0.043	0.007	−1.983	−5.863	0.002

建立浓度残差图（图 10-25），残差为－0.03～0.02 之间的随机值，服从均值为零的正态分布，说明多元线性回归模型合理。

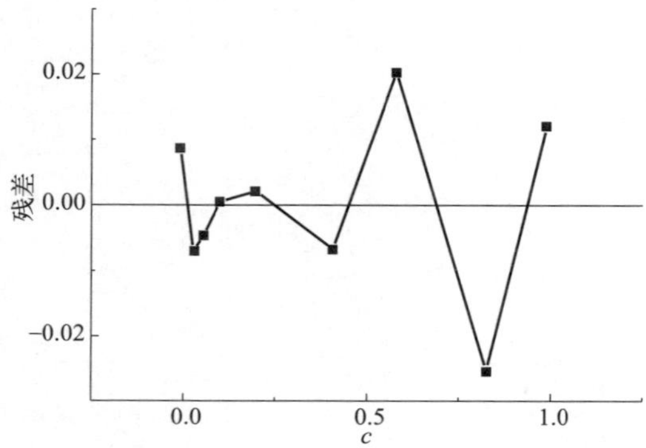

图 10-25　六价铬浓度残差图

(4) 工作曲线

依据国家标准配制浓度为 0mg/L、0.02mg/L、0.05mg/L、0.1mg/L、0.2mg/L、0.4mg/L、0.6mg/L、0.8mg/L、1.0mg/L 的铬溶液，使用制备好的盐酸和显色剂，按设计的实验流程进行实验，待显色反应完成后，采用 CCD 相机每间隔 5s 拍摄一张图像，共 5 张图像，对 5 张图像进行预处理，并取 RGB 值相对标准偏差较小的 3 张图像色度平均值作为检测结果。同时，按国标法进行分光光度检测，并与图像检测结果进行对比，实验数据和标准曲线见表 10-2。

表 10-2　实验数据和标准曲线

浓度 c/(mg/L)		0	0.02	0.05	0.1	0.2	0.4	0.6	0.8	1.0
吸光度 a		0.007	0.016	0.039	0.073	0.165	0.317	0.458	0.619	0.783
标准曲线		$c=0.7752a+0.0023$ $(R^2=0.999)$								
颜色特征值	R	158.58	153.21	155.18	153.64	150.73	143.42	136.61	130.19	124.67
	G	173.81	162.52	156.37	144.43	118.89	79.37	54.66	31.36	20.44
	B	176.28	170.15	172.50	170.83	167.65	158.03	148.32	137.24	127.91
标准曲线		$c=0.051\times R-0.004\times G-0.043\times B+0.143$ $(R^2=0.998)$								

本章小结

本章主要讲述了机器视觉检测技术的基本知识和图像颜色处理原理，并给出了机器视觉水质检测应用案例。首先讲述了机器视觉检测基本理论，包括视觉检测概念、特点以及视觉检测原理，重点讲述了机器视觉检测实现技术，包括图像信息获取、图像预处理、特征提取、目标检测和识别等内容，并给出了部分MATLAB示例程序。其次讲述了图像颜色处理原理，介绍了色度基本理论、颜色空间、滤波处理以及形态学方法等内容。然后给出机器视觉检测应用案例。最后详细讲述了机器视觉在水质检测中的应用案例。本章重点要掌握的知识点包括视觉检测概念、检测原理以及图像颜色处理原理。

思考题

1. 简述机器视觉检测基本原理及特点。
2. 简述机器视觉检测技术基本概念。
3. 简述机器视觉检测过程。
4. 简述图像颜色处理原理。
5. 列举机器视觉检测在制造行业的应用案例。

参考文献

[1] 张国忠．智能控制系统及应用［M］．北京：中国电力出版社，2007.

[2] Ryan G R. Intelligent visual inspection：Using artificial neural networks［M］. Springer，1997.

[3] 王三武，丁毓峰．测试技术基础［M］．北京：北京大学出版社，2020.

[4] 张志伟，曾光宇．光电检测技术［M］．北京：清华大学出版社，2018.

[5] 胡向东，徐洋，冯志宇，等．智能检测技术与系统［M］．北京：高等教育出版社，2008.

[6] Pham D T，Alcock R J. Smart inspection systems：Techniques and applications of intelligent vision［M］. Academic Press，2003.

[7] 彭书华，许晓飞．智能检测技术及仪表［M］．北京：科学出版社，2012.

[8] 曾孟雄，李力，肖露．智能检测技术及应用［M］．北京：电子工业出版社，2008.

[9] 孙福英，赵元，杨玉芳．智能检测技术与应用［M］．北京：北京理工大学出版社，2020.

[10] 王伟．智能检测技术［M］．北京：机械工业出版社，2020.

[11] 吕俊芳，钱政，袁梅．传感器调理电路设计理论及应用［M］．北京：北京航空航天大学出版社，2010.

[12] 秦洪浪，郭俊杰．传感器与检测技术［M］．北京：机械工业出版社，2021.

[13] 汪俊，李大伟，张沅．机器视觉智能检测技术及典型行业应用［M］．北京：科学出版社，2023.

[14] 王利民．基于图像识别技术的微试剂原位水质在线监测方法研究［D］．北京：北方工业大学，2021.

[15] 程俊森，吴文荣，等．智能微装配技术研究综述［J］．现代制造工程，2022（06）：143-151.

[16] 王海，徐岩松，等．基于多传感器融合的智能汽车多目标检测技术综述［J］．汽车安全与节能学报，2021，12（06）：440-455.

[17] Hyder A K，Shahbazian E，Waltz E. Multisensor fusion［M］. Springer，2002.

[18] Blum R S，Zheng L. Multi-sensor image fusion and its applications［M］. CRC Press，2005.

[19] 王耀南，陈铁健，等．智能制造装备视觉检测控制方法综述［J］．控制理论与应用，2015，32（03）：273-286.

[20] 王奉涛，马孝江，等．智能故障诊断技术综述［J］．机床与液压，2003（03）：6-8.

[21] 郭迎钢，石风森，徐嘉泽．多传感器融合的工业测量技术现状及展望［J］．测绘通报，2025（S1）：44-49.

[22] 李贝利，张达．基于深度学习与多传感器信息融合的液压系统故障诊断［J］．机床与液压，2025，53（14）：171-180.

[23] 李永强，唐旭东，等．移动机器人的多传感器信息融合［J］．西北工业大学学报，2021，39（S1）：59-65.

[24] Roshani R，Salahddine K，Prasenjit C. Machine vision for industry 4.0［M］. CRC Press，2024.

[25] Bruce B，Frederick W. Intelligent machine vision：Techniques，implementations and applications［M］. Springer London，2001.

[26] 许毅．无线传感器网络原理及方法［M］．北京：清华大学出版社，2012.

[27] 陈敏，王擘，李军华．无线传感器网络原理与实践［M］．北京：化学工业出版社，2011.

[28] Subir K M，Sambit K N，Suman K R. Building wireless sensor networks：Theoretical and practical perspectives［M］. CRC Press，2016.